Nouveau programme

1re

BAC PRO

Maths

Groupements A et B

Sous la direction de Gérald **Lafforgue**
Professeur de lycée professionnel
Professeur associé à l'INSPE de Toulouse Occitanie-Pyrénées

Philippe **Astor**
Professeur au lycée professionnel Odilon Redon à Pauillac

Laetitia **Barthe**
Professeur au lycée professionnel Notre-Dame à Castres

Marie-Laure **Beyt**
Professeur au lycée professionnel Jean Dupuy à Tarbes

Carole **Bonnet**
Professeur au lycée professionnel Antoine Bourdelle à Montauban

Peggy **Delthil**
Professeur au lycée professionnel Antoine Bourdelle à Montauban

Cédric **Mazeyrie**
Professeur au lycée professionnel Beau-Frêne à Billère

David **Pillaud**
Professeur au lycée professionnel Maréchal Lannes à Lectoure

Catherine **Thiaudière**
Professeur au lycée professionnel Gallieni à Toulouse

Crédits photographiques

Couverture : 123rf/Rattanachai Singtrangarns
p. 6 : iStockphoto/monkeybusinessimages ; **p. 9 :** iStockphoto/LumineImages ; **p. 11 :** iStockphoto/Alex Ishchenko ; **p. 16 :** iStockphoto/harygit ; **p. 19 :** iStockphoto/Kerkez ; **p. 20g :** iStockphoto/Roman Babakin ; **p. 20d :** iStockphoto/anatoliy_gleb ; **p. 21 :** iStockphoto/juststock ; **p. 22 :** iStockphoto/anyaivanova ; **p. 24 :** iStockphoto/panpote ; **p. 25 :** iStockphoto/Wipada Wipawin ; **p. 28 :** iStockphoto/scanrail ; **p. 30 :** iStockphoto/FourOaks ; **p. 33 :** iStockphoto/Remains ; **p. 34g :** iStockphoto/tdub303 ; **p. 34d :** iStockphoto/AntonioGuillem ; **p. 35 :** iStockphoto/Fertnig ; **p. 36 :** iStockphoto/zanskar ; **p. 38 :** iStockphoto/ArtistGNDphotography ; **p. 39 :** iStockphoto/frantic00 ; **p. 46 :** iStockphoto/Poike ; **p. 48 :** iStockphoto/shinpanu thamvisead ; **p. 49 :** iStockphoto/chutarat sae-khow ; **p. 51 :** iStockphoto/phadventure ; **p. 52 :** iStockphoto/Mihajlo Maricic ; **p. 53 :** iStockphoto/tilo ; **p. 54 :** iStockphoto/Rawpixel ; **p. 60 :** iStockphoto/Alina Buzunova ; **p. 61 :** iStockphoto/simpson33 ; **p. 62g :** iStockphoto/monkeybusinessimages ; **p. 62d :** iStockphoto/Grasseto ; **p. 63 :** iStockphoto/Niteenrk ; **p. 64 :** iStockphoto/takoburito ; **p. 65 :** iStockphoto/CAHKT ; **p. 66 :** iStockphoto/altmodern ; **p. 67 :** iStockphoto/flisk ; **p. 68 :** iStockphoto/manwolste ; **p. 74 :** iStockphoto/Tatiana Terekhina ; **p. 75 :** iStockphoto/Shanestillz ; **p. 77 :** iStockphoto/Totojang ; **p. 78 :** iStockphoto/Milos-Muller ; **p. 80 :** iStockphoto/gofugui ; **p. 81 :** iStockphoto/Eva-Katalin ; **p. 89 :** iStockphoto/vuk8691 ; **p. 90 :** iStockphoto/Malkovstock ; **p. 92 :** iStockphoto/MD Shahjehan ; **p. 93 :** iStockphoto/geogif ; **p. 94 :** iStockphoto/Creative-Family ; **p. 100g :** iStockphoto/JeanRee ; **p. 100d :** iStockphoto/Prostock-studio ; **p. 102 :** Collection personnelle ; **p. 104g :** iStockphoto/brizmaker ; **p. 104d :** iStockphoto/Vladdeep ; **p. 105 :** iStockphoto/alacatr ; **p. 108 :** iStockphoto/Rod Hill ; **p. 109 :** iStockphoto/vuk8691 ; **p. 119 :** iStockphoto/Kerkez ; **p. 122 :** iStockphoto/candu ; **p. 130 :** iStockphoto/Zhenikeyev ; **p. 131 :** iStockphoto/Max Labeille ; **p. 132g :** iStockphoto/Llepod ; **p. 132d :** iStockphoto/ciud ; **p. 135 :** iStockphoto/DalliDan ; **p. 138 :** iStockphoto/Phuchit ; **p. 141 :** iStockphoto/OSTILL ; **p. 142 :** iStockphoto/Klubovy ; **p. 152h :** iStockphoto/Clerkenwell ; **p. 152m :** iStockphoto/GlobalP ; **p. 152b :** iStockphoto/Gearstd.

Édition : Frédéric Gomariz
Couverture : Delphine d'Inguimbert et Valérie Goussot
Maquette intérieure : Anne-Danielle Naname ; Grafatom
Mise en page : Grafatom
Schémas : Grafatom et Béata Gierasimczyk/Domino (p. 123)
Iconographie (couverture) : Élise Paillonçy
Fabrication : Yoann Le Berre

PAPIER À BASE DE FIBRES CERTIFIÉES

hachette s'engage pour l'environnement en réduisant l'empreinte carbone de ses livres. Celle de cet exemplaire est de :
1,350 kg éq. CO_2
Rendez-vous sur www.hachette-durable.fr

www.hachette-education.com

ISBN : 978-2-01-712747-5

Paroles de professeurs, paroles d'auteurs

Chères et chers collègues,

Nous avons le plaisir de vous présenter notre cahier de mathématiques pour les classes de Première professionnelle.

Télécharger le programme de mathématiques de 1re professionnelle
Texte
hachette-clic.fr/21mab013

En concourant à la formation intellectuelle, citoyenne et professionnelle de l'élève, cet ouvrage répond aux objectifs fixés par le programme.

Les activités, les travaux pratiques et les problèmes proposés prennent appui sur des situations concrètes qui favorisent la mise en œuvre de la **démarche scientifique**, l'acquisition des **connaissances** et des **capacités** du programme ainsi que le développement des **compétences transversales**.

Chaque chapitre de 14 pages est organisé en **7 rubriques**.

- Les **activités** introduisent progressivement les connaissances et les capacités du chapitre. L'activité 1, courte, permet de mettre en œuvre la démarche scientifique pour découvrir une des notions. L'activité 2 est plus guidée, tandis que l'activité 3 invite à nouveau l'élève à pratiquer la démarche scientifique en choisissant une méthode, qu'il peut faire valider par son professeur.
- Les **travaux pratiques** permettent de mettre en œuvre les outils numériques que sont la calculatrice, le tableur ou le logiciel de géométrie (TP 1) et de prolonger le travail débuté en Seconde en matière d'algorithmique et de programmation en langage Python (TP 2).
- **L'essentiel** permet de définir et d'expliciter, à partir d'exemples, les connaissances abordées dans le chapitre.
- Les **exercices** sont une application directe du cours et permettent la mémorisation et l'entraînement aux automatismes nécessaires à la résolution des problèmes. Les typologies proposées sont variées : QCM, exercices en anglais, exercices de démarche mathématique pour travailler le raisonnement…
- Chacun des **problèmes** est structuré en fonction des compétences transversales. La dernière page invite les élèves à résoudre des problèmes par démarche scientifique en faisant appel à leur esprit d'initiative.
- L'**évaluation**, par compétences, permet d'évaluer le niveau des capacités et des connaissances acquises.
- L'**activité de co-intervention**, enfin, permet de répondre à des questions professionnelles nécessitant la mise en œuvre de travaux mathématiques.

En fin d'ouvrage, vous trouverez :

- des exercices dédiés à la **consolidation des automatismes** du programme ;
- 4 sujets d'**entraînement au CCF**, dont les modalités sont décrites p. 6 ;
- des pages consacrées au **vocabulaire ensembliste** ainsi qu'à l'**algorithmique et à la programmation** ;
- des **fiches pratiques** pour les outils numériques.

Les auteurs

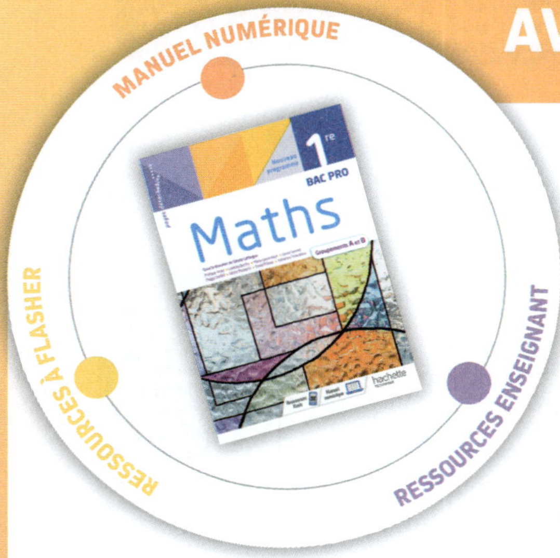

AVEC VOTRE MANUEL

Si les élèves sont équipés du manuel papier**

Flashez les ressources dans les pages ou retrouvez-les en saisissant le mini-lien sur **lycee.hachette-education.com**

LES RESSOURCES

- Fichiers tableur, géométrie dynamique et Python

Si les élèves sont équipés du manuel numérique*

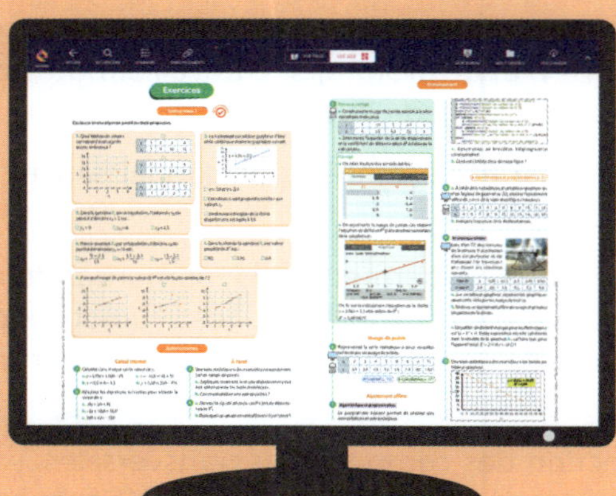

Votre manuel numérique premium à découvrir sur **jeteste.fr/3396759**

ACCÈS ET FONCTIONNALITÉS

- Création et assignation de devoir
- Annotations dans le manuel
- Vidéo projection
- Zones de saisie pour les élèves
- Affichage des corrigés pour l'enseignant
- Utilisation possible sans connexion Internet
- Téléchargement sur clé USB
- Accès via ENT et GAR
- Compatible ordinateurs, tablettes et smartphones

LES RESSOURCES

- Fichiers tableur, géométrie dynamique et Python
- QCM interactifs

Ressources **enseignant**

Des ressources exclusives à télécharger sur **hachette-education.com**

LES RESSOURCES

- Le livre du professeur
- Des fichiers tableur, géométrie dynamique et Python

*** Le manuel numérique est toujours offert à l'enseignant !**

* Offre Réforme Lycée : si les élèves sont équipés du manuel papier, les licences numériques élèves sont OFFERTES 1 an. Offre valable jusqu'au 31/12/2021 si vous équipez 100 % de la classe en manuels papier. Pour obtenir cette offre gratuite, la demande est à faire par votre gestionnaire sur le site du KNE kiosque-edu.fr.

ZOOM SUR...

Pour faciliter l'usage des outils numériques

Des fichiers tableur, de géométrie dynamique et Python

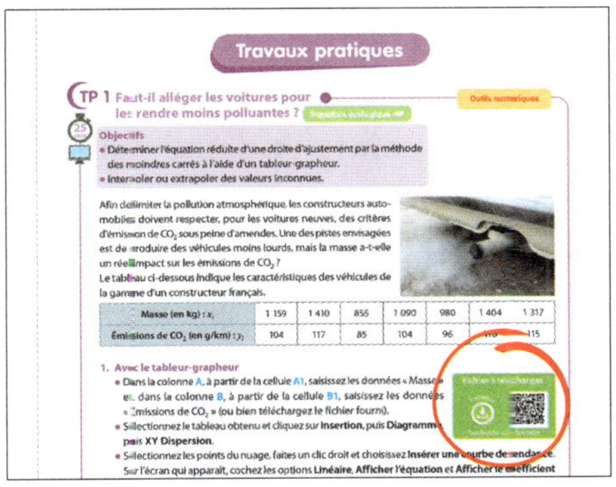

- Ces fichiers à télécharger permettent de réaliser les activités, les TP et les exercices qui nécessitent l'usage de logiciels.

Pour faciliter la trace écrite des élèves

L'affichage des corrigés dans le manuel numérique enseignant

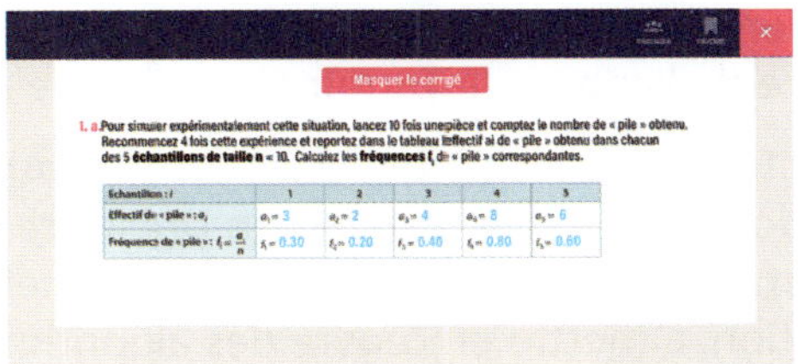

- En vidéoprojection, l'affichage des corrigés se fait en un clic.

Pour s'autoévaluer

Des QCM interactifs

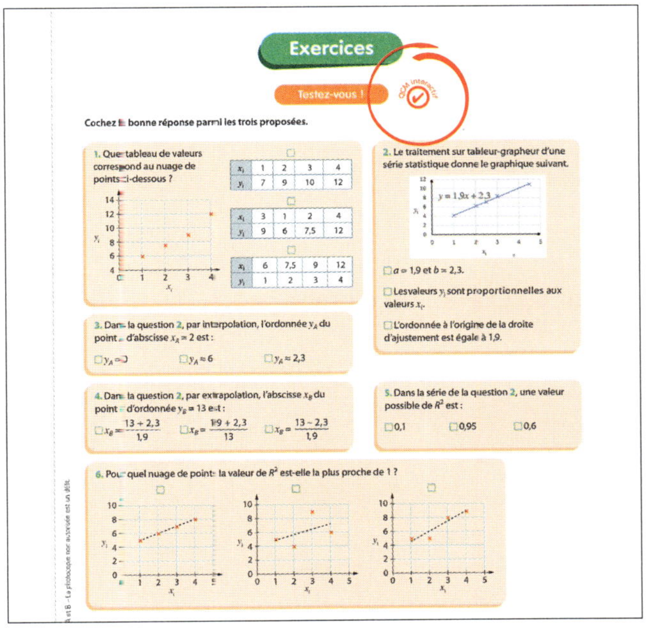

- Dans le manuel numérique, les élèves peuvent se tester avec des QCM interactifs et autocorrigés.

L'épreuve d'examen en CCF

- L'épreuve d'examen en contrôle continu en cours de formation (CCF) a pour objectif d'évaluer le candidat sur son niveau de maîtrise des :
  - cinq **compétences** S'approprier, Analyser/raisonner, Réaliser, Valider et Communiquer ;
  - **capacités** et **connaissances** du programme en vue de résoudre des problèmes ;
  - **outils numériques**, qui peuvent être une calculatrice graphique, un tableur-grapheur, un logiciel de programmation ou un logiciel de géométrie.
- L'épreuve comporte **deux situations** d'évaluation, chacune notée sur **10 points** et d'une durée de **45 minutes** environ.
- La première situation d'évaluation se déroule au **2e semestre de l'année de Première** ou au **1er semestre de l'année de Terminale**, et l'autre au cours du **2e semestre de l'année de Terminale**.
- Chaque situation d'évaluation comporte **un ou deux exercices**, dont un au moins avec une ou deux questions dont la résolution se fait **en présence du professeur**. Ces questions nécessitent l'utilisation d'**outils numériques** par les candidats et permettent d'évaluer les capacités à expérimenter, à utiliser une simulation, à mettre en œuvre des algorithmes, à émettre des conjectures ou contrôler leur vraisemblance.
- Le **coefficient** de l'épreuve de mathématiques (1, 1,5 ou 2) est fixé pour chaque baccalauréat professionnel en fonction des spécialités.

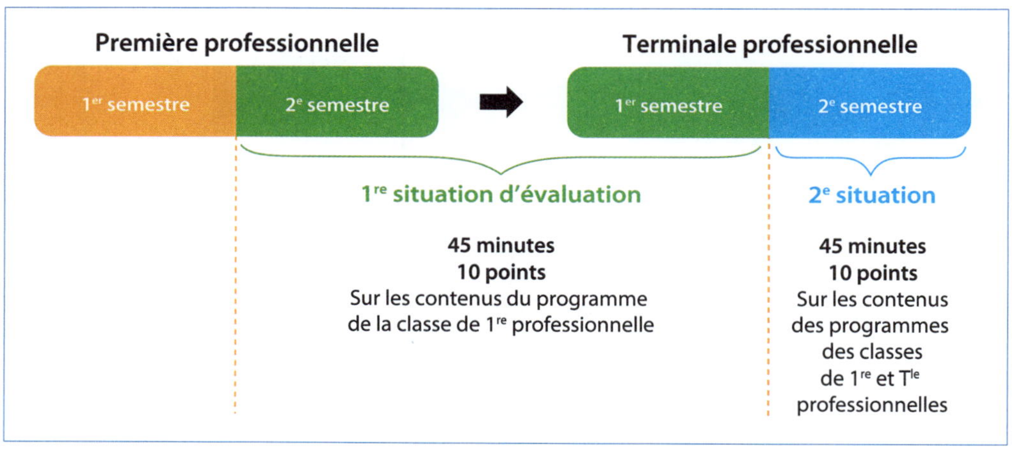

Retrouvez 4 sujets d'entraînement au CCF en fin d'ouvrage !

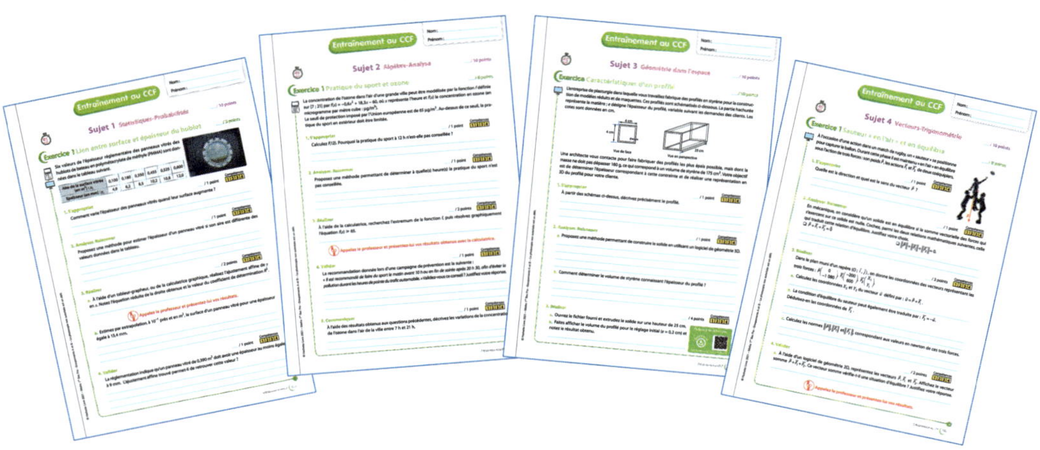

Sommaire

Statistiques et probabilités

Algèbre et analyse

Sommaire

Géométrie

Des ressources numériques en accès libre pour tous !

Flashez le **QR-code** avec votre smartphone
ou
saisissez le **mini-lien** dans votre navigateur.

- **20** fichiers **tableur**, **Python** et de **géométrie dynamique** pour réaliser les activités, les TP, les exercices ou les évaluations.

Tableur Python Géométrie
hachette-clic.fr/21mab001

- **13 vidéos documentaires** pour enrichir sa culture personnelle et professionnelle.

Tout comprendre sur le bruit
Lien vidéo 2 min 20 s
hachette-clic.fr/21mab001

- QCM interactif **9 QCM interactifs** dans le manuel numérique.

Les pictos du manuel

- Travail en petit groupe
- Appeler le professeur
- Travail avec la calculatrice
- Travail avec l'ordinateur

▶ Calculatrice
▶ Logiciel
▶ Algorithmique et programmation

Renvoi aux fiches pratiques sur la calculatrice et les différents logiciels ainsi qu'aux pages Algorithmique et programmation

1 Statistiques à deux variables

Activité 1 Peut-on prévoir l'évolution du prix du tabac ?

Démarche scientifique

10 min

Représenter graphiquement un nuage de points à l'aide d'outils numériques.

Afin de réduire le nombre de fumeurs en France, le gouvernement a décidé de passer en 2020 le prix du paquet de cigarettes à 10 €. Le tableau ci-dessous détaille l'évolution du prix du paquet de cigarettes le plus vendu sur les dernières années.

Année : x_i	2009	2010	2011	2012	2013	2014	2015	2016	2017	2018	2019
Prix (en €) : y_i	5,35	5,65	5,98	6,30	6,70	7,00	7,00	7,00	7,05	8,00	8,80

- En utilisant une calculatrice ou un tableur, représentez graphiquement le nuage de points de coordonnées (x_i ; y_i). Diriez-vous que 10 € était un prix « mathématiquement » prévisible pour 2020 ?

Logiciel p. 165 Calculatrice p. 171 à 176

Activité 2 Quelle est la section minimale des fils de cuivre ?

15 min

Évaluer la pertinence d'un ajustement affine.
Interpoler ou extrapoler des valeurs inconnues.

Pour protéger un circuit électrique, il faut accorder le calibre (en ampère) du disjoncteur divisionnaire et la section minimale des fils de cuivre du câble (en mm^2). Le nuage de points correspondant a été représenté ci-contre à l'aide d'un tableur-grapheur, ce qui a permis d'obtenir l'équation de la **droite d'ajustement** et le **coefficient de détermination R^2**.

R^2 indique la qualité d'un ajustement affine : s'il est proche de 1, les points du nuage sont presque alignés et il existe une forte corrélation entre les variables étudiées.

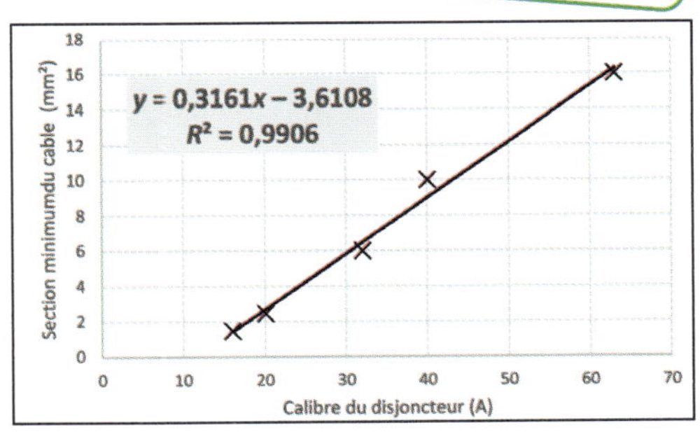

1. L'ajustement affine est-il pertinent ? Justifiez votre réponse.

2. Pour les circuits de chauffage, le disjoncteur utilisé est souvent de calibre 25 A. En utilisant l'équation de droite, calculez, en mm^2 et à 10^{-1} près, la section minimale du conducteur dans ce cas.

Activité 3 Comment se protéger du risque de surdité professionnelle ?

Démarche scientifique

20 min

Déterminer l'équation réduite d'une droite d'ajustement.
Extrapoler des valeurs inconnues.

Dans certains milieux professionnels (industrie, chantiers de construction…), les salariés peuvent être exposés sur de longues durées à des niveaux de bruit intenses et subir des pertes d'audition.
Les résultats d'audiogrammes d'un travailleur, exposé régulièrement et sans protections auditives à 95 dB, sont les suivants :

Nombre d'années d'exposition à 95 dB	1	5	15	30
Perte d'audition à 4 000 Hz (en dB)	12	32	47	61

Tout comprendre sur le bruit
Lien vidéo
2 min 20 s
hachette-clic.fr/21mab001

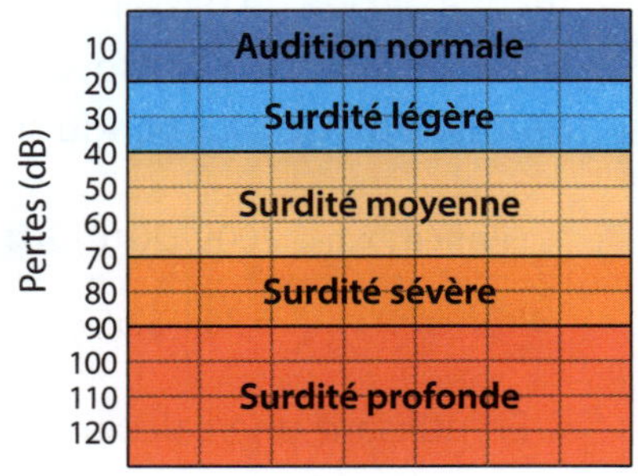

- Estimez la perte d'audition à 4 000 Hz du salarié au bout de 40 ans d'activité professionnelle dans ces conditions, puis proposez une solution pour se protéger d'un tel risque.

Pour bien démarrer ▶ **Réalisez un ajustement du nuage de points, après l'avoir construit avec un outil numérique.**

▶ **Logiciel** p. 165 ▶ **Calculatrice** p. 171 à 176

Appelez votre professeur pour une aide, ou lui montrer votre proposition.

Travaux pratiques

TP 1 Faut-il alléger les voitures pour les rendre moins polluantes ?

Transition écologique | Outils numériques

25 min

Objectifs

- Déterminer l'équation réduite d'une droite d'ajustement par la méthode des moindres carrés à l'aide d'un tableur-grapheur.
- Interpoler ou extrapoler des valeurs inconnues.

Afin de limiter la pollution atmosphérique, les constructeurs automobiles doivent respecter, pour les voitures neuves, des critères d'émission de CO_2 sous peine d'amendes. Une des pistes envisagées est de produire des véhicules moins lourds, mais la masse a-t-elle un réel impact sur les émissions de CO_2 ?
Le tableau ci-dessous indique les caractéristiques des véhicules de la gamme d'un constructeur français.

Masse (en kg) : x_i	1 159	1 410	855	1 090	980	1 404	1 317
Émissions de CO_2 (en g/km) : y_i	104	117	85	104	96	118	115

1. Avec le tableur-grapheur

- Dans la colonne A, à partir de la cellule A1, saisissez les données « Masse » et, dans la colonne B, à partir de la cellule B1, saisissez les données « Émissions de CO_2 » (ou bien téléchargez le fichier fourni).
- Sélectionnez le tableau obtenu et cliquez sur **Insertion**, puis **Diagramme**, puis **XY Dispersion**.
- Sélectionnez les points du nuage, faites un clic droit et choisissez **Insérer une courbe de tendance**. Sur l'écran qui apparaît, cochez les options **Linéaire**, **Afficher l'équation** et **Afficher le coefficient de détermination** (**R^2**).

Fichier à télécharger
Tableur
hachette-clic.fr/21mab001

▶ **Logiciel** p. 165

2. Analyse des résultats

a. À partir de l'équation de la droite d'ajustement, calculez la valeur de y pour $x = 1\,500$.

....

....

b. À partir de l'équation de la droite d'ajustement, calculez la valeur de x pour $y = 112$.

....

....

c. Double-cliquez sur la droite d'ajustement tracée. Dans la partie **Extrapoler en avant**, saisissez « 100 ». La droite est prolongée jusqu'à $x = 1\,500$. Les résultats graphiques coïncident-ils avec ceux obtenus par le calcul aux questions **2. a** et **2. b.** ?

....

....

d. En France, en 2019, les émissions moyennes de CO_2 étaient de 112 g/km. Les automobiles SUV, d'une masse moyenne de 1 500 kg, sont accusées d'être beaucoup trop polluantes.
Les résultats précédents vous permettent-ils de valider cette affirmation ?

....

....

TP 2 La note à l'examen est-elle liée à la moyenne annuelle ?

Algorithmique et programmation

30 min

Objectifs
- Obtenir la valeur de R^2 à l'aide d'algorithmes en utilisant les listes et en déduire la pertinence d'un ajustement affine.
- Concevoir et modifier un algorithme.

Le tableau ci-dessous indique, pour 8 élèves de Terminale, leur moyenne annuelle et la note (sur 20) qu'ils ont obtenue à l'examen de mathématiques du baccalauréat professionnel. En déterminant la valeur du coefficient de détermination R^2, vous allez vérifier s'il existe un lien entre ces deux variables.

Moyenne annuelle : x_i	13,4	11,6	12,2	9,4	8,2	12,9	10,3	14,6
Note obtenue à l'examen : y_i	14	12	12	10	7,5	12,5	11	13,5

Pour bien démarrer ▶ **Si $R^2 \approx 1$, il y a une forte corrélation entre les deux variables d'une série statistique.**

1. Détermination de la valeur de R^2 avec Python

- Le programme ① est un exemple qui permet de saisir une liste L de n nombres.
- Le programme ② permet de calculer le coefficient de détermination R^2 d'une série statistique constituée de deux listes de n nombres L_1 et L_2 déjà saisies.

```
#Saisie par l'utilisateur d'une liste notée L#
print("Saisie de la liste L")
L = []
n =int(input("Entrez le nombre de valeurs de la liste L, "))
for i in range(0,n):
    ele=float(input())
    L.append(ele)
print("Liste L", L)
```
①

```
#Détermination de R² pour une série de deux listes L1 et L2
import numpy as np
correlation_matrix = np.corrcoef(L1,L2)
R=correlation_matrix[0,1]
Coef=R**2
print("Le coefficient de détermination R² est ",Coef)
```
②

a. Après les avoir recopiés ou téléchargés, modifiez, complétez et associez ces programmes à l'aide d'un logiciel Python pour saisir les listes de notes x_i et y_i, puis calculer R^2.

▶ **Algorithmique et programmation** p. 157

Fichier à télécharger
python
hachette-clic.fr/21mab001

b. Testez votre programme et notez la valeur de R^2.

....

....

2. Vérification sur calculatrice

Vérifiez votre résultat en utilisant les fonctionnalités de la calculatrice, qui permettent de réaliser un ajustement affine et d'afficher R^2.

▶ **Calculatrice** p. 171 à 176

3. Conclusion

Pour ces 8 élèves, diriez-vous qu'il y a une forte corrélation entre la moyenne de l'année et la note à l'examen ? Pouvez-vous en conclure qu'il existe obligatoirement un lien de cause à effet entre ces deux grandeurs ?

....

....

....

....

L'essentiel

1 Nuage de points

Une série statistique à deux **caractères numériques**, dont les valeurs sont notées x_i et y_i, est appelée **série statistique à deux variables quantitatives.**

! Remarque : Les paramètres de position et de dispersion, étudiés en classe de 2de, s'appliquent aux séries statistiques à deux variables.

Exemple

Le tableau ci-contre, correspondant à une série statistique à deux variables x et y, donne la masse mesurée y_i (en g) en fonction de l'épaisseur mesurée x_i (en mm) de plaques métalliques de même surface.

Épaisseur (en mm) : x_i	1	2	3	4	5
Masse (en g) : y_i	60	140	265	440	565

Dans un repère orthogonal, l'ensemble des points M_i de coordonnées $(x_i\,;\,y_i)$ d'une série statistique constitue un **nuage de points.**

! Remarque : Le nuage de points peut être représenté à l'aide des fonctionnalités d'une calculatrice, d'un tableur-grapheur ou d'un logiciel de géométrie 2D.

Exemple

Pour représenter un nuage de points avec une calculatrice ou un tableur-grapheur, il faut saisir les valeurs x_i et y_i dans deux colonnes et utiliser les outils de représentation graphique propres à chaque outil. L'ensemble des points M_i de coordonnées $(x_i\,;\,y_i)$ de cette série statistique constitue un nuage de points.

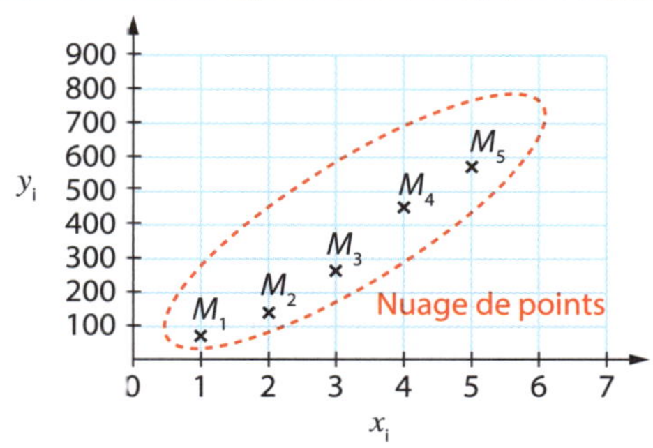

2 Ajustement affine de y en x

Pour une série statistique à deux variables, lorsque les points du nuage sont sensiblement alignés, un **ajustement affine** peut être réalisé. La **droite d'ajustement**, qui passe « le plus près possible » de tous les points du nuage, est caractérisée par une équation de la forme $y = ax + b$ (où a est le coefficient directeur et b l'ordonnée à l'origine de la droite).

! Remarque : Les outils numériques (calculatrice, tableur-grapheur…) utilisent la méthode de calcul dite des **moindres carrés**, qui minimise la somme des écarts entre les points du nuage et les points de la droite d'ajustement $\mathcal{D}$.

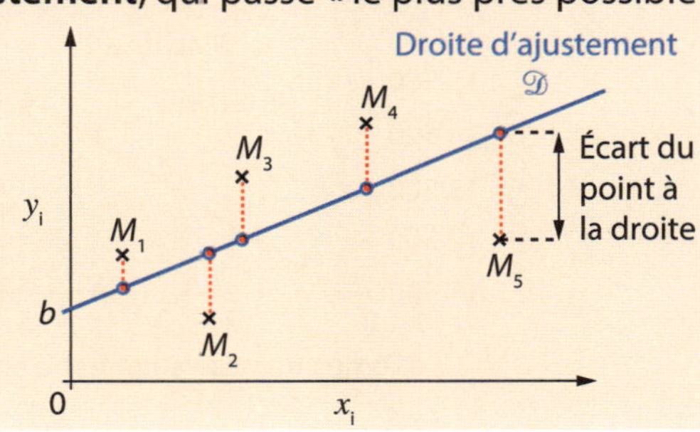

Exemple

Dans le cas de la série du premier exemple, une fois le nuage de points représenté avec un tableur-grapheur, pour afficher l'équation $y = 131x - 99$ de la droite d'ajustement, il faut :

- sélectionner les points du nuage, faire un clic droit et choisir **Insérer une courbe de tendance** ;
- cocher les options **Linéaire** et **Afficher l'équation**.

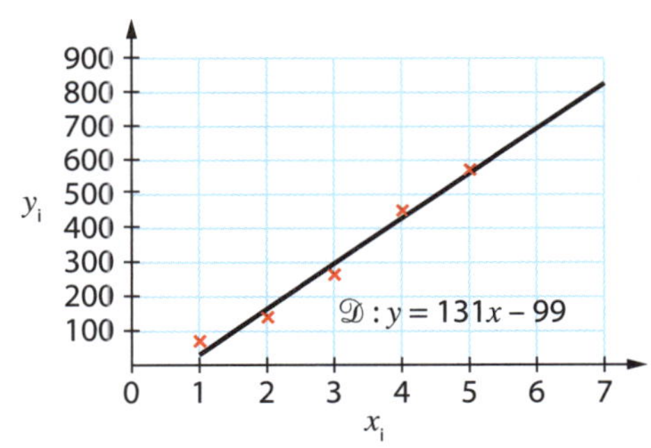

Ajustement affine de y en x *(suite)*

- **Interpoler** consiste à calculer la valeur d'une des coordonnées d'un nouveau point appartenant à la droite d'ajustement et situé à l'**intérieur** du nuage de points.
- **Extrapoler** consiste à calculer la valeur d'une des coordonnées d'un nouveau point appartenant à la droite d'ajustement et situé à l'**extérieur** du nuage de points.

! Remarque : Dans les deux cas, on utilise l'équation de la droite d'ajustement pour déterminer la valeur manquante. Les coordonnées du nouveau point vérifient l'équation.

Exemples

Soit la droite d'ajustement $\mathscr{D}$ de l'exemple précédent, d'équation $y = 131x - 99$.

- Calcul de l'abscisse x_A du point A d'ordonnée $y_A = 200$:

$y_A = 131x_A - 99$

$\Leftrightarrow 200 = 131x_A - 99$

$\Leftrightarrow x_A = \dfrac{200 + 99}{131} \approx 2{,}3$

- Calcul de l'ordonnée y_B du point B d'abscisse $x_B = 6$:

$y_B = 131x_B - 99$

$\Leftrightarrow y_B = 131 \times 6 - 99 = 687$

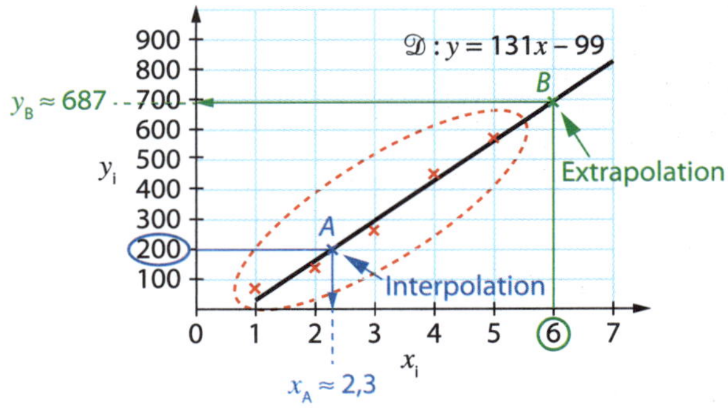

3 Coefficient de détermination

- Le **coefficient de détermination R^2** indique la qualité d'un ajustement affine : s'il est très proche de 1, les points du nuage sont presque alignés et il existe une forte **corrélation** entre les variables étudiées. Il est déterminé à l'aide des outils numériques.
- Deux variables peuvent être mathématiquement fortement corrélées ($R^2 \approx 1$) sans qu'il y ait nécessairement une relation de causalité entre l'une et l'autre dans la réalité (voir le problème 3 p. 19)

Exemples

Les graphiques ci-dessous représentent l'évolution du nombre de pièces produites par deux machines en fonction du temps (en h) de mise en marche.

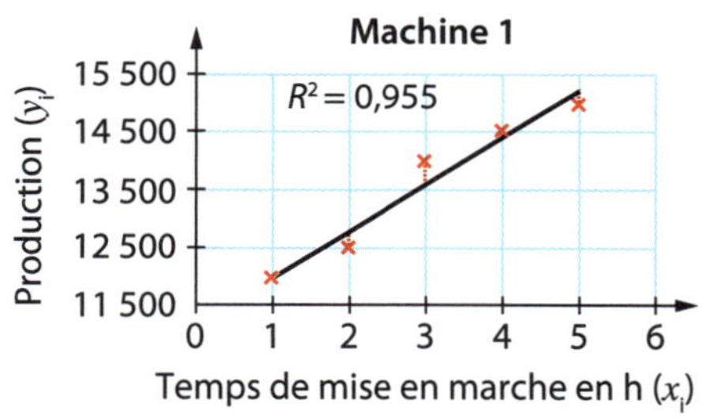

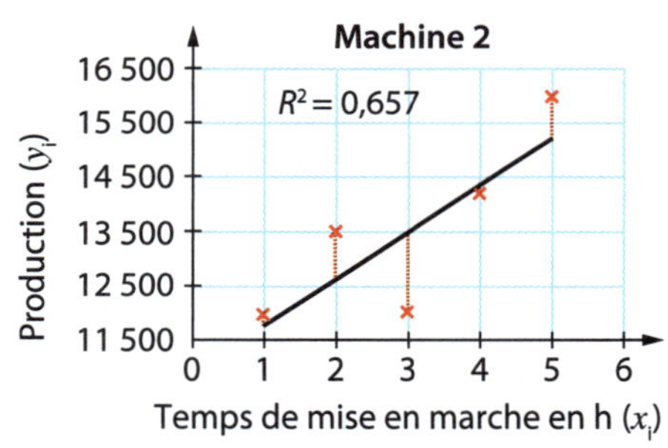

- Machine 1 : $R^2 \approx 1$, les points du nuage sont sensiblement alignés : il y a une forte corrélation entre les variables x_i et y_i. La modélisation mathématique par une droite convient pour décrire la distribution des points : il est probablement intéressant de faire fonctionner cette machine au-delà de 5 h pour augmenter la production.
- Machine 2 : R^2 n'est pas proche de 1, les points du nuage sont dispersés : l'ajustement affine est peu pertinent, la corrélation entre les variables x_i et y_i est faible. La modélisation mathématique par une droite ne convient pas pour décrire la distribution des points : il n'est pas possible de prévoir la production au-delà de 5 h.

Exercices

Testez-vous !

QCM interactif

Cochez la bonne réponse parmi les trois proposées.

1. Quel tableau de valeurs correspond au nuage de points ci-dessous ?

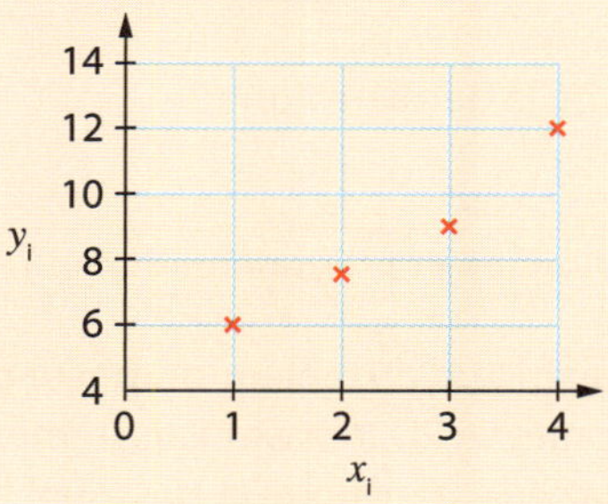

☐

x_i	1	2	3	4
y_i	7	9	10	12

☐

x_i	3	1	2	4
y_i	9	6	7,5	12

☐

x_i	6	7,5	9	12
y_i	1	2	3	4

2. Le traitement sur tableur-grapheur d'une série statistique donne le graphique suivant.

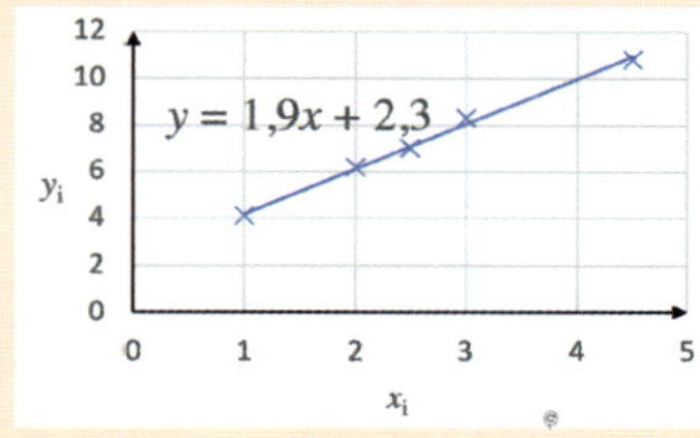

☐ $a = 1,9$ et $b = 2,3$.

☐ Les valeurs y_i sont proportionnelles aux valeurs x_i.

☐ L'ordonnée à l'origine de la droite d'ajustement est égale à 1,9.

3. Dans la question **2**, par interpolation, l'ordonnée y_A du point A d'abscisse $x_A = 2$ est :

☐ $y_A = 0$ ☐ $y_A \approx 6$ ☐ $y_A \approx 2,3$

4. Dans la question **2**, par extrapolation, l'abscisse x_B du point B d'ordonnée $y_B = 13$ est :

☐ $x_B = \dfrac{13 + 2,3}{1,9}$ ☐ $x_B = \dfrac{1,9 + 2,3}{13}$ ☐ $x_B = \dfrac{13 - 2,3}{1,9}$

5. Dans la série de la question **2**, une valeur possible de R^2 est :

☐ 0,1 ☐ 0,95 ☐ 0,6

6. Pour quel nuage de points la valeur de R^2 est-elle la plus proche de 1 ?

☐

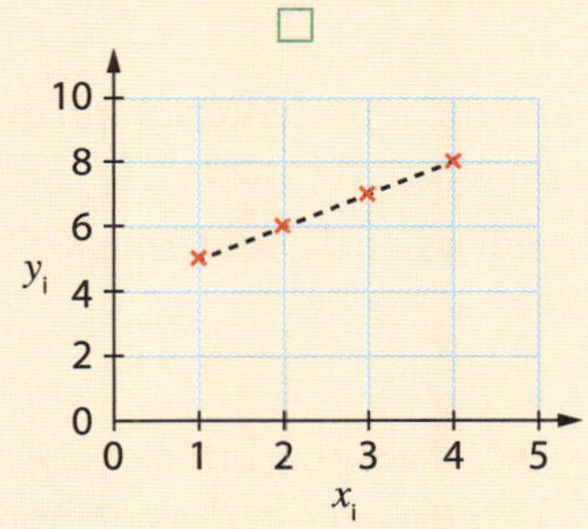

☐

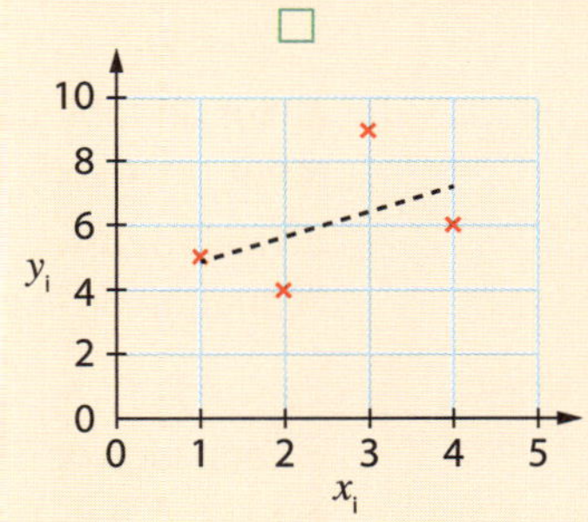

☐

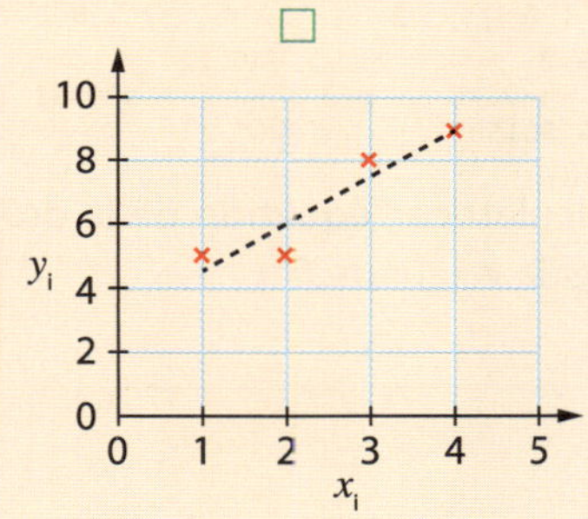

Automatismes

Calcul mental

1 Calculez dans chaque cas la valeur de y.

a. $y = 0,124 \times 1\,000 - 25$

b. $y = 2,5 \times 4 - 5,2$

c. $y = -11,6 \times 10 + 15$

d. $y = 0,08 \times 200 - 416$

2 Résolvez les équations suivantes pour obtenir la valeur de x.

a. $10x + 25 = 36$

b. $-2x + 10,8 = 26,8$

c. $300 = 42x - 120$

À l'oral

3 Une série statistique à deux variables est représentée par un nuage de points.

a. Expliquez comment la droite d'ajustement peut être obtenue avec les outils numériques.

b. Comment réaliser une extrapolation ?

4 **a.** Donnez la signification du coefficient de détermination R^2.

b. Dans quel cas un ajustement affine est-il pertinent ?

5 **Exercice corrigé**

a. Construisez le nuage de points associé à la série statistique ci-dessous.

x_i	1	1,5	2	2,5	3
y_i	4	5,2	6,4	7,5	8

b. Déterminez l'équation de la droite d'ajustement et le coefficient de détermination R^2 à l'aide de la calculatrice.

Corrigé

a. On saisit les données sur calculatrice :

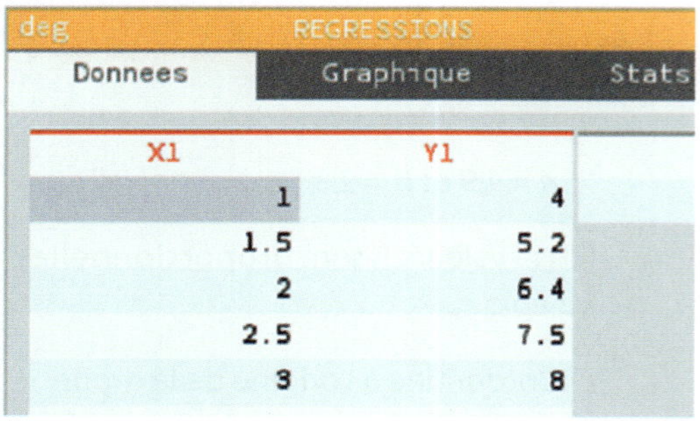

On représente le nuage de points.

b. On obtient l'équation de droite et R^2 grâce aux fonctionnalités de la calculatrice :

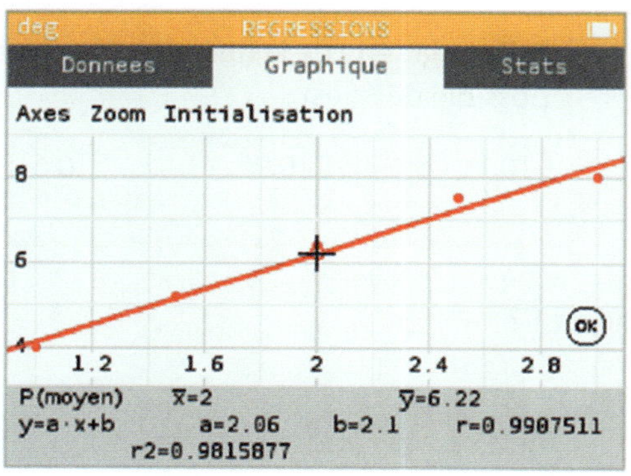

On lit sur la calculatrice l'équation de la droite : $y = 2{,}06x + 2{,}1$ et la valeur de R^2 :

$R^2 = 0{,}9815877$.

Nuage de points

6 Représentez la série statistique à deux variables suivante par un nuage de points.

x_i	2	3	4	5	6	8	9	10
y_i	2,9	3,4	4,4	5,5	5,8	7,9	9,5	10,2

▶ Logiciel p. 165 ▶ Calculatrice p. 171 à 176

Ajustement affine

7 **Algorithmique et programmation**

Le programme suivant permet de réaliser des interpolations et extrapolations.

```
print("Saisie de l'équation de droite y = ax+b")
a =float(input("Saisir la valeur de a"))
b =float(input("Saisir la valeur de b"))
print("y=", a,"x+",b)
lettre=input("Cherchez-vous x ou y?")
if (lettre =='y'):
    x =float(input("Saisir la valeur de x"))
    print("pour x=",x,"la valeur de y est y =",a*x+b)
elif (lettre =='x'):
    y =float(input("Saisir la valeur de y"))
    print("pour y=", y,"la valeur de x est x =",(y-b)/a)
else:
    print("Vous avez commis une erreur de saisie")
```

a. Construisez, au brouillon, l'algorigramme correspondant.

b. Quel est l'intérêt de la dernière ligne ?

▶ Algorithmique et programmation p. 157

8 **a.** À l'aide de la calculatrice, d'un tableur-grapheur ou d'un logiciel de géométrie 2D, réalisez l'ajustement affine de y en x de la série statistique ci-dessous.

x_i	0	2	3	4	5	6	8	9	10	11	12
y_i	4	5	7	8	9	10	12	13	14	16	16

b. Indiquez l'équation de la droite obtenue.

9 **En physique-chimie**

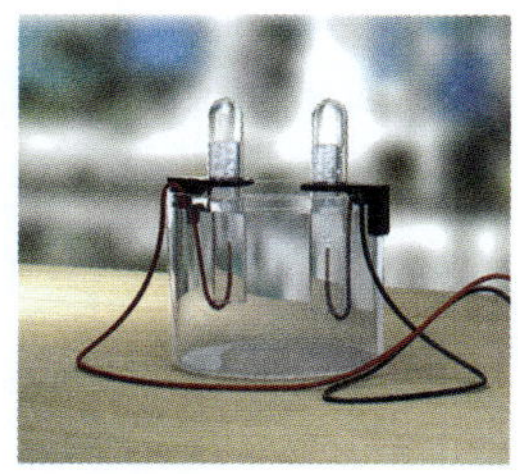

Lors d'un TP, des mesures de la tension U aux bornes d'un électrolyseur et de l'intensité I le traversant ont donné les résultats suivants.

I (en A)	0	0,05	0,15	0,3	0,45	0,60
U (en V)	2,0	2,6	3,8	5,5	7,3	9,0

a. Sur un tableur-grapheur, représentez graphiquement cette série par un nuage de points.

b. Réalisez un ajustement affine du nuage et précisez l'équation de la droite.

c. L'équation de droite théorique pour un électrolyseur est $U = E' + rI$. Cette expression est-elle cohérente avec le résultat de la question **b.**, sachant que, pour l'appareil testé, $E' = 2$ V et $r = 12\ \Omega$?

10 Une série statistique à deux variables a été traitée sur tableur-grapheur.

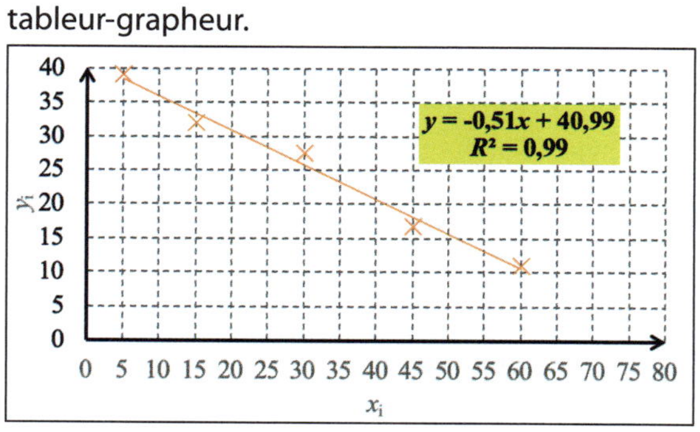

a. Calculez l'ordonnée y_M du point M de la droite d'abscisse $x_M = 35$. Vérifiez votre résultat graphiquement.

....

....

....

b. Déterminez graphiquement, par extrapolation, l'abscisse x_N du point N de la droite d'ordonnée $y_N = 5$. Vérifiez votre résultat par le calcul.

....

....

....

....

11 Associez à chaque graphique son équation de droite d'ajustement.

a.

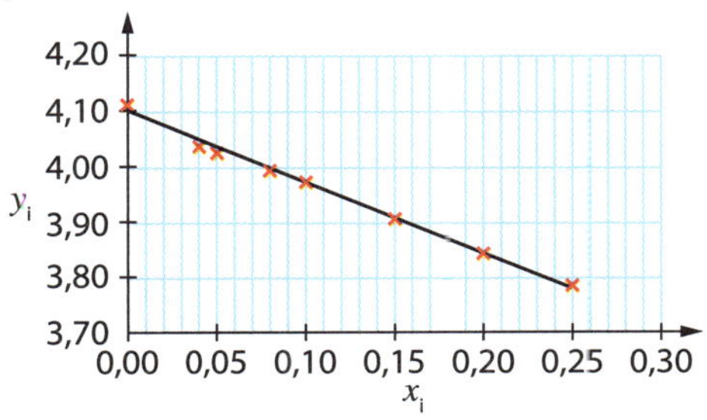

b.

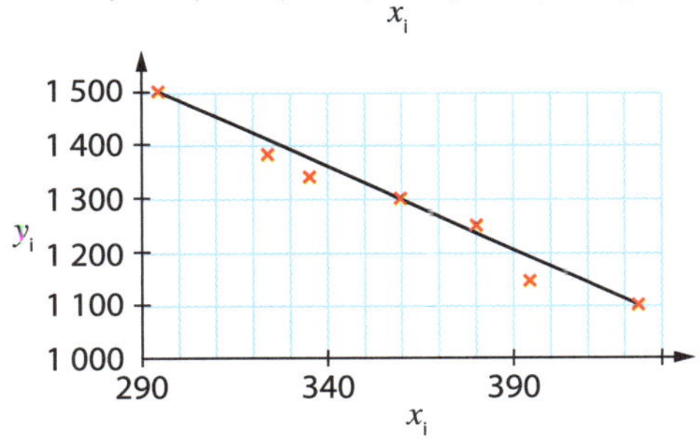

c.

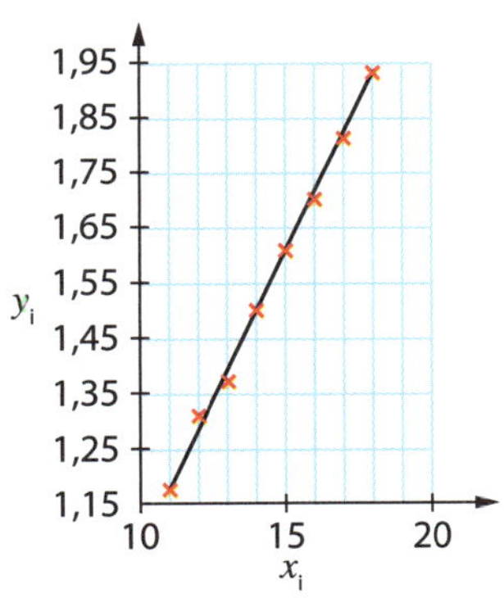

.... $E_1 : y = -1{,}3x + 4{,}1$

.... $E_2 : y = 0{,}10x + 0{,}05$

.... $E_3 : y = -3{,}1x + 2411$

12 **Démarche mathématique**

Le point $M(x_M ; y_M)$ appartient à la droite d'ajustement d'équation $y = ax + b$.

• Montrez que l'équation de la droite peut s'écrire : $y = a \times (x - x_M) + y_M$.

....

....

....

....

....

Pour bien démarrer ▶ $y_M = a \times x_M + b$

Coefficient de détermination R^2

13 **1.** Pour chacune des séries suivantes, déterminez avec la calculatrice la valeur de R^2.

a.

x_i	−10	−8	−5	0	1
y_i	15,3	8,6	8	1,4	0

....

b.

x_i	3,5	4	4,5	5	6
y_i	1,6	1,8	1,8	1,9	2,1

....

2. Précisez, dans chaque cas, s'il y a une forte corrélation entre les variables x et y. Justifiez.

....

....

....

....

14 For each of the scatter plots below, would you say that R-squared (R^2) is close to 1? Justify your answer.

①

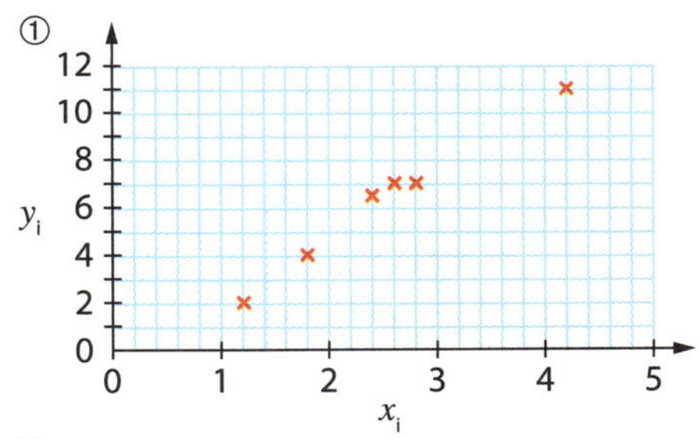

②

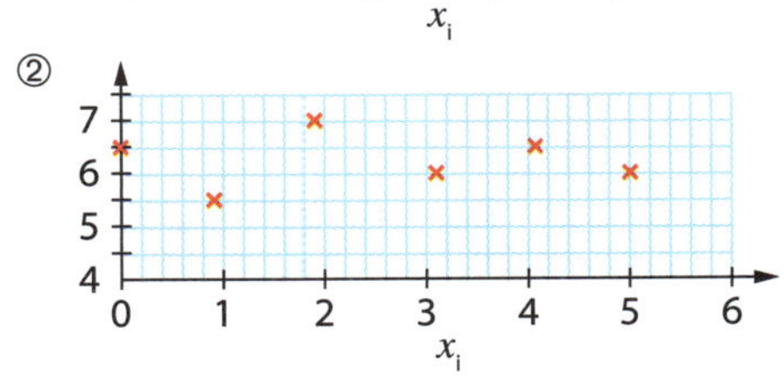

① : ....

....

② : ....

....

Problèmes

Problème corrigé

1 À quelle pression est soumis l'apnéiste ?

Lors des plongées, les apnéistes sont soumis à des pressions importantes. Le Grec Stavros Kastrinakis détient le record d'apnée en poids variable, avec une plongée à 146 m en 2015. L'objectif est de calculer la pression à laquelle son corps a été soumis, en utilisant le tableau suivant.

Profondeur (en m) : x_i	10	20	40	60	80
Pression (en bar) : y_i	2	3	5	7	9

1. **S'approprier.** Comment varie la pression quand la profondeur augmente ?
2. **Analyser. Raisonner.** Proposez une méthode pour calculer la pression à une profondeur de 146 m.
3. **Réaliser.**
   a. Réalisez l'ajustement affine de y en x. Notez l'équation de droite obtenue et la valeur de R^2.
   b. Calculez par extrapolation la valeur de y pour $x = 146$.
4. **Valider.** L'ajustement affine est-il pertinent ?
5. **Communiquer.** Répondez à la problématique initiale.

Corrigé

1. La pression augmente régulièrement lorsque la profondeur augmente.
2. À l'aide d'un outil numérique, on construit le nuage de points, puis on réalise un ajustement affine par une droite d'équation $y = ax + b$. On calcule ensuite la valeur de y pour $x = 146$.
3. **a.**

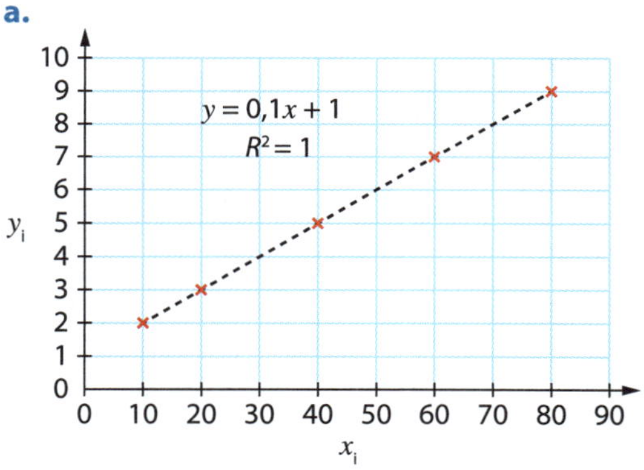

   b. $y = 0,1 \times 146 + 1 = 15,6$.
4. $R^2 = 1$. Les variables sont donc parfaitement corrélées.
5. L'ajustement affine est pertinent : l'apnéiste a été soumis à une pression de 15,6 bar.

2 Quelle quantité d'isolant prévoir ?

CO-INTERVENTION

▶ **Problématique professionnelle**

La réglementation thermique BEPOS (bâtiment à énergie positive) s'applique aux constructions neuves, afin de réduire leur consommation énergétique.

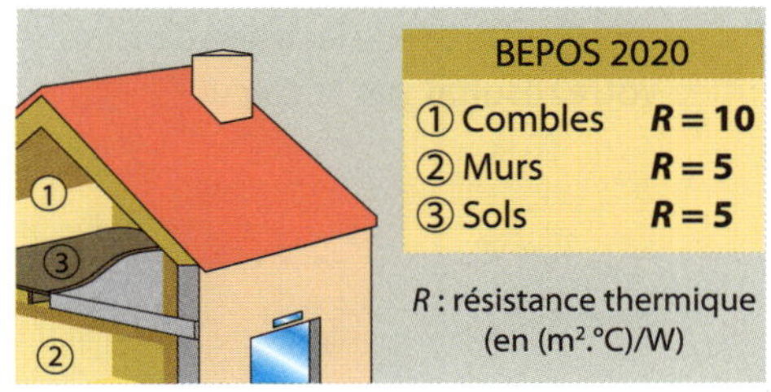

En tant que stagiaire, vous devez calculer le nombre de sacs d'isolant nécessaires pour un chantier de 60 m^2 de combles en respectant la réglementation BEPOS.

On donne :

Résistance thermique (en (m^2.°C)/W) : x_i	2	3	4	5	6	7	8
Nombre de sacs pour 100 m^2 : y_i	9,7	14,5	19,3	24,1	28,9	33,8	38,6

1. **S'approprier.** Indiquez la résistance thermique minimale en norme BEPOS pour des combles.

....

▶ **En maths**

2. **Analyser. Raisonner.** Proposez une méthode pour calculer le nombre de sacs nécessaires pour isoler 100 m^2 de combles.

....
....
....
....
....

3. **Réaliser.** À partir d'un ajustement affine de y en x, déterminez par extrapolation la valeur de y pour $x = 10$.

....
....
....
....

4. **Valider.**
   a. L'ajustement affine est-il pertinent ?

....
....
....

b. Votre collègue estime que 25 sacs sont nécessaires pour ce chantier de 60 m². Qu'en pensez-vous ? Justifiez.

► **En enseignement professionnel**

5. **Communiquer.** Rédigez une note pour expliquer votre démarche et vos résultats à la responsable des commandes.

3 Les deux grandeurs sont-elles liées ?

Le tableau ci-dessous détaille l'évolution de deux variables entre 2014 et 2018.

Année	Proportion d'élèves de 6e équipés d'un téléphone portable dans l'académie de Toulouse (en %) : x_i	Chiffre d'affaires mondial d'un grand groupe de téléphonie (en milliards d'euros) : y_i
2014	48,9	39,45
2015	50,9	40,24
2016	56,8	40,92
2017	60,1	41,1
2018	64,1	41,4

1. **S'approprier.** Les deux variables ont-elles évolué dans le même sens entre 2014 et 2018 ?

2. **Analyser. Raisonner.** Comment savoir s'il existe une corrélation entre les grandeurs x et y ?

3. **Réaliser.** À l'aide d'un tableur-grapheur, construisez le nuage de points de coordonnées $(x_i ; y_i)$. Faites afficher l'équation de la droite d'ajustement et le coefficient de détermination R^2. Notez les résultats obtenus.

4. **Valider.**

a. L'ajustement affine est-il pertinent ?

b. Selon vous, est-il possible d'utiliser l'ajustement affine pour prévoir le chiffre d'affaires mondial du grand groupe de téléphonie à partir de la proportion d'élèves de 6e équipés de téléphones portables dans l'académie de Toulouse ? Justifiez.

5. **Communiquer.** Expliquez en quoi cet exemple montre qu'une corrélation entre deux variables ne signifie pas forcément qu'elles sont dépendantes l'une de l'autre.

4 Quand démarrer les vendanges ?

CO-INTERVENTION

L'indice de maturité I d'un raisin est calculé à partir de son acidité et de sa teneur en sucre.

Pour déterminer la date de début des vendanges, on suit graphiquement au jour le jour l'évolution de l'indice de maturité :

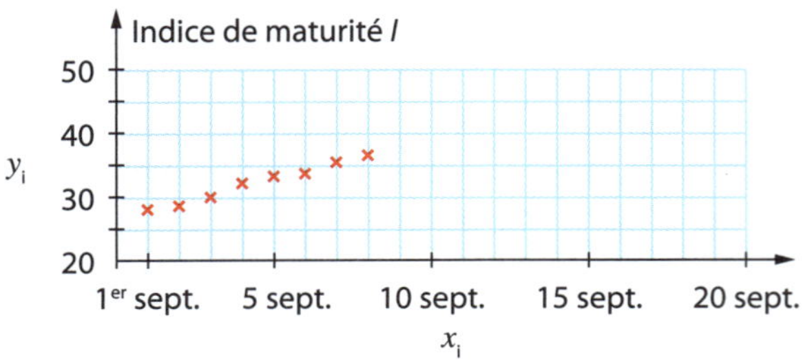

Pour un cépage donné, les vendanges peuvent démarrer lorsque l'indice de maturité est de 45.

1. À partir du graphique, à quelle date estimeriez-vous le début des vendanges ? Justifiez votre réponse.

2. Le tableau des relevés est le suivant.

Jour de septembre	1	2	3	4	5	6	7	8
Indice de maturité I	28,0	29,2	30,0	32,0	33,0	33,8	35,4	36,5

En utilisant un ajustement affine dont vous discuterez la pertinence, calculez la date prévisible de début des vendanges et comparez le résultat avec votre estimation graphique.

5 Électricité solaire photovoltaïque : les objectifs pourront-ils être atteints ?

Transition écologique

Dans le cadre du développement durable, un des objectifs est d'accroître au niveau mondial la part des énergies renouvelables, notamment du solaire photovoltaïque. En effet, cette énergie inépuisable est surtout une énergie propre qui, ne produisant pas de CO_2, ne participe pas au réchauffement climatique de la planète.

Le diagramme ci-dessous décrit l'évolution de la capacité de production solaire mondiale (puissance installée en gigawatt) entre 2014 et 2019.

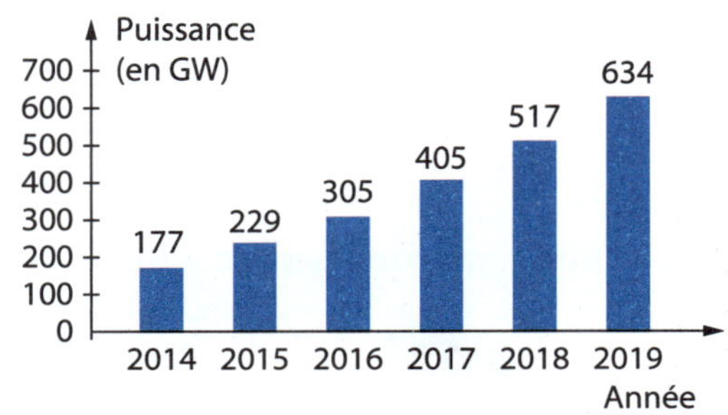

Selon un article de *Photovoltaic Markets Magazine* paru en juin 2020, la capacité solaire mondiale pourrait atteindre 1 448 GW en 2024.

- Diriez-vous que cette prévision est fiable ?

Pour bien démarrer ▶ **Utilisez la calculatrice, un tableur-grapheur ou un logiciel de géométrie 2D.**

Évaluation

Nom : ....

Prénom : ....

Quelle est l'autonomie du smartphone ?

30 min

Nawel trouve que son smartphone, pourtant récent, se « décharge » beaucoup trop vite. Pour savoir si cela est normal, elle peut se référer aux informations du constructeur, résumées dans le tableau ci-dessous.

Durée d'utilisation (en h) : x_i	1	3	6	8	10
Niveau de charge restante de la batterie (en %) : y_i	93	77	56	41	26

1. S'approprier.

Le smartphone de Nawel doit être rechargé au bout de 8 h environ. D'après le tableau, quel devrait être le niveau de charge théorique de la batterie à ce moment-là ?

....

2. Analyser. Raisonner.

Proposez une méthode permettant de déterminer la durée d'utilisation pour laquelle la batterie sera totalement déchargée, selon les données du constructeur.

....

....

3. Réaliser.

a. Avec un tableur-grapheur, construisez le nuage de points de coordonnées $(x_i ; y_i)$. Faites afficher et notez ci-dessous l'équation de la droite d'ajustement de y en x et le coefficient de détermination R^2. Arrondissez les valeurs de a et b à 10^{-1} près.

....

b. Calculez, par extrapolation, la valeur de x pour laquelle $y = 0$.

....

....

4. Valider.

a. L'ajustement affine est-il pertinent ?

....

b. Dans l'équation de droite, la valeur de b obtenue était-elle prévisible ? Justifiez.

....

c. Comparez l'autonomie théorique et l'autonomie réelle du smartphone de Nawel.

....

....

5. Communiquer. Diriez-vous que le smartphone de Nawel a un problème ? Justifiez.

....

....

....

Question	Capacités	Connaissances
1. 3.a.	Représenter graphiquement à l'aide d'outils numériques un nuage de points.	Nuage de points associé à une série statistique à deux variables quantitatives.
2. 3.a. 3.b. 4. b. 4.c. 5.	Réaliser un ajustement affine à l'aide des outils numériques. Déterminer l'équation réduite d'une droite d'ajustement par la méthode des moindres carrés à l'aide d'outils numériques. Interpoler ou extrapoler des valeurs inconnues.	Ajustement affine par la méthode des moindres carrés.
3.b 4.a	Déterminer le coefficient de détermination d'une série statistique à deux variables à l'aide d'outils numériques. Évaluer la pertinence d'un ajustement affine.	Coefficient de détermination R^2.

L'eau de rejet respecte-t-elle les normes de pollution ?

▶ **Problématique professionnelle**

Avant leur rejet dans le milieu naturel, les eaux usées épurées sont testées afin de vérifier qu'elles respectent les limites maximales fixées en termes de pollution. Concernant le phosphore, la concentration en sortie de station ne doit pas dépasser 0,5 mg/L. Comment savoir si un rejet est conforme ?

▶ **En enseignement professionnel**

1. **S'approprier.** Recherchez sur Internet les origines de la présence de phosphore dans les eaux urbaines et pourquoi le phosphore est polluant.

2. **Analyser. Raisonner.** Pour une solution colorée, l'absorbance A, mesurée par un spectrophotomètre, caractérise sa capacité à absorber la lumière.
On réalise un dosage par étalonnage : l'absorbance de six solutions de concentrations connues a été mesurée et reportée dans le tableau ci-dessous.

Concentration en phosphore (mg/L)	0	0,04	0,08	0,16	0,24	0,32
Absorbance A	0,01	0,035	0,057	0,112	0,159	0,207

Après traitement, une eau usée présente une absorbance $A = 0,286$. Proposez une méthode pour savoir si elle respecte les limites maximales de concentration en phosphore.

▶ **En mathématiques**

3. **Rechercher.**
a. À l'aide de la calculatrice, construisez le nuage de points correspondant au tableau ci-dessus, puis déterminez l'équation de la droite d'ajustement associée.
b. Extrapolez pour obtenir la valeur de la concentration correspondant à une absorbance de 0,286.

4. **Valider.** L'eau analysée peut-elle être rejetée dans le milieu naturel ? Justifiez.

▶ **En enseignement professionnel**

5. **Communiquer.** Expliquez l'intérêt de cette méthode de dosage et recherchez d'autres exemples d'application de la technique d'étalonnage.

2 Probabilités

Activité 1 Dans quels cas les probabilités s'ajoutent-elles ?

Démarche scientifique

10 min

Calculer la probabilité de la réunion d'événements incompatibles.

Le diagramme de Venn ci-dessous donne le rangement des nombres obtenus en lançant un dé à six faces en fonction des événements suivants : A : « nombre pair » ; B : « multiple de 3 » ; C : « multiple de 5 » ; $A \cup B$: « nombre pair **ou** multiple de 3 » ; $B \cup C$: « multiple de 3 **ou** de 5 ».

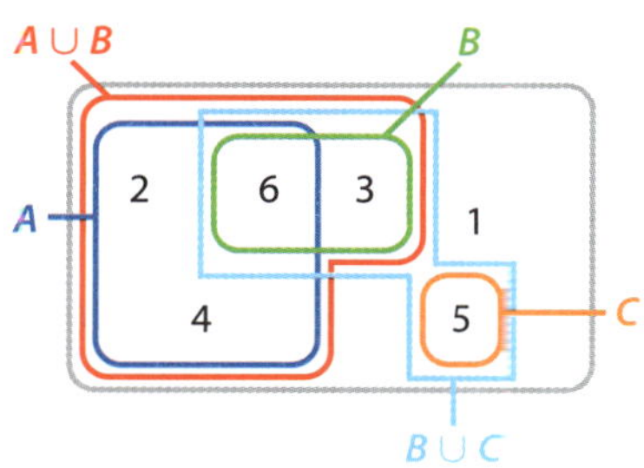

- Recherchez pourquoi la probabilité $P(A \cup B)$ est différente de $P(A) + P(B)$, alors que la probabilité $P(B \cup C)$ est égale à $P(B) + P(C)$.

Pour bien démarrer ▶ **Le signe ∪ se lit « union ».**

....

....

....

....

....

Activité 2 Quel est le risque que l'alarme se déclenche pour rien ?

15 min

Compléter et exploiter un tableau croisé d'effectifs.
Calculer la probabilité de la réunion, de l'intersection de deux événements.

La société Securitex installe des alarmes anti-cambriolage. Elle dispose des informations données dans le tableau ci-dessous sur 10 000 installations.

1. Complétez le tableau suivant avec les effectifs manquants.

	A_1 : « Cambriolage »	A_2 : « Pas de cambriolage »	Total
B_1 : « L'alarme se déclenche »	99	....	599
B_2 : « L'alarme ne se déclenche pas »	....	....	....
Total	100	....	10 000

2. a. Calculez la probabilité, notée $P(A_1 \cap B_1)$, qu'il y ait un cambriolage **et** que l'alarme se déclenche.

....

....

b. Calculez la probabilité, notée $P(A_1 \cup B_1)$, qu'il y ait un cambriolage **ou** que l'alarme se déclenche.

....

....

Pour bien démarrer ▶ $P(A_1 \cup B_1) = P(A_1) + P(B_1) - P(A_1 \cap B_1)$

Activité 3 Quelles sont les probabilités de produire une chaussure sans défaut ?

Démarche scientifique

15 min

Les résultats obtenus lors d'un contrôle de fabrication, sur un échantillon de 1 000 chaussures prises au hasard, sont reportés dans le tableau ci-dessous.

Calculer des fréquences conditionnelles à partir de tableaux croisés d'effectifs.
Déterminer une probabilité conditionnelle.

La chaussure recyclable à l'infini
Lien vidéo 1 min 26 s
hachette-clic.fr/21mab002

	Événement A : « Fabriquées dans le 1er atelier »	Événement $\overline{A}$: « Fabriquées dans le 2e atelier »	Total
Événement B : « Avec au moins un défaut »	**10**	20	**30**
Événement $\overline{B}$: « Sans défaut »	390	580	970
Total	**400**	600	**1 000**

- La fréquence f_1 de chaussures avec au moins un défaut dans cet échantillon est : $f_1 = \dfrac{30}{1\,000} = 0{,}03 = 3\ \%$. Si on admet que l'échantillon est représentatif de toute la production, on peut en déduire que la probabilité de prélever au hasard, sur la chaîne de fabrication, une chaussure avec défaut est $P(B) = 0{,}03$.
- La fréquence f_2 de chaussures avec au moins un défaut **sachant** qu'elles ont été fabriquées dans le 1er atelier, est $f_2 = \dfrac{10}{400} = 0{,}025 = 2{,}5\ \%$. On en déduit que la probabilité correspondante est $P_A(B) = 0{,}025$.

- Déduisez-en les probabilités $P(\overline{B})$, $P_A(\overline{B})$ et $P_{\overline{A}}(\overline{B})$ qu'une chaussure produite soit sans défaut, sachant qu'elle a été fabriquée, respectivement :

a. dans un des deux ateliers ; **b.** dans le 1er atelier ; **c.** dans le 2e atelier.

Pour bien démarrer ▶ $\overline{B}$ est appelé l'événement contraire de l'événement B.

Appelez votre professeur pour une aide, ou lui montrer votre proposition.

Travaux pratiques

TP 1 Quel est le risque d'être rejeté à l'un des deux tests biométriques ?

Outils numériques

30 min

Objectif

- Comparer une fréquence, obtenue par simulation d'échantillons, avec la probabilité calculée de la réunion de deux événements.

Un test A de reconnaissance de l'iris et un test B de reconnaissance de l'empreinte digitale sont effectués pour contrôler les entrées dans un bâtiment. Il arrive que des personnes, pourtant enregistrées dans la base de données, ne soient pas reconnues par le système.

Les probabilités de non-reconnaissance données par le fabricant du système sont :

- iris non reconnu : $P(A) = \dfrac{1}{500}$;
- empreinte non reconnue : $P(B) = \dfrac{1}{800}$;
- iris **et** empreinte non reconnus : $P(A \cap B) = \dfrac{1}{400\,000}$.

Pour que l'entrée soit refusée à une personne, il suffit que l'un des deux tests soit négatif.

1. Calcul de la probabilité que l'entrée dans le bâtiment soit refusée

Calculez, à 10^{-7} près, la probabilité $P(A \cup B)$ que l'iris **ou** l'empreinte ne soient pas reconnus.

....

....

....

Pour bien démarrer ▶ $P(A \cup B) = P(A) + P(B) - P(A \cap B)$.

2. Simulation de 10 000 contrôles avec un tableur

- Dans la cellule A1, saisissez =ENT(ALEA()+(1/500)). Copiez-collez A1 jusqu'en A10000 pour simuler 10 000 tests d'iris.
- En B1, saisissez =ENT(ALEA()+(1/800)). Copiez-collez B1 jusqu'en B10000 pour simuler 10 000 tests d'empreintes.
- En C1, saisissez =A1+B1. Copiez-collez C1 jusqu'en C10000.
- De E1 à G5, saisissez le tableau ci-dessous.

E	F	G
Evenement	**Effectif**	**Fréquence**
A	**=NB.SI(A1:A10000;1)**	**=F2/10000**
B	**=NB.SI(B1:B10000;1)**	**=F3/10000**
A et B	**=NB.SI(C1:C10000;2)**	**=F4/10000**
A ou B	**=F2+F3-F4**	**=G2+G3-G4**

Pour bien démarrer ▶ =NB.SI(A1 :A10000 ;1) affiche le nombre de « 1 » dans les cellules de A1 à A10000.

- Simulez des échantillons en tapant une centaine de fois sur la touche F9 du clavier.
- Comparez la fréquence affichée en G5 avec la probabilité $P(A \cup B)$ calculée à la question précédente. Qu'en concluez-vous ?

....

....

....

TP 2 Quel programme pour calculer la probabilité de la réunion de deux événements dans tous les cas ?

Algorithmique et programmation

30 min

Objectifs
- Réaliser un calcul à l'aide de plusieurs variables.
- Modifier un programme.
- Concevoir un algorithme ou un programme simple pour résoudre un problème.

Programme à télécharger
Python
hachette-clic.fr/21mab002

Le programme Python ci-dessous permet de calculer la probabilité de la réunion d'événements incompatibles à l'aide de la formule :

$$P(A \cup B) = P(A) + P(B).$$

```
print("CALCUL DE LA PROBABILITE DE LA REUNION DE DEUX EVENEMENTS")
a=float(input("Saisissez la valeur de la probabilité de l'évènement A :"))
print("P(A)=",a)
b=float(input("Saisissez la valeur de la probabilité de l'évènement B :"))
print("P(B)=",b)
u=a+b
print("P(A union B) = P(A) + P(B) =",u)
```

Exemple

```
CALCUL DE LA PROBABILITE DE LA REUNION DE DEUX EVENEMENTS
P(A)= 0.2
P(B)= 0.5
P(A union B) = P(A) + P(B) = 0.7
```

$A \cap B = \varnothing$

1. Ce programme ne permet pas de calculer la probabilité de la réunion de deux événements dont l'intersection n'est pas vide, qui se calcule à l'aide de la formule :

$$P(A \cup B) = P(A) + P(B) - P(A \cap B).$$

Proposez un nouveau programme permettant de calculer $P(A \cup B)$ avec cette formule.

▶ **Algorithmique et programmation** p. 157

2. a. Saisissez votre proposition de programme dans un logiciel Python ou dans votre calculatrice programmable. ▶ **Calculatrice** p. 171 à 176

b. Vérifiez que si $P(A) = 0{,}45$; $P(B) = 0{,}5$ et $P(A \cap B) = 0{,}1$, alors $P(A \cup B) = 0{,}85$.

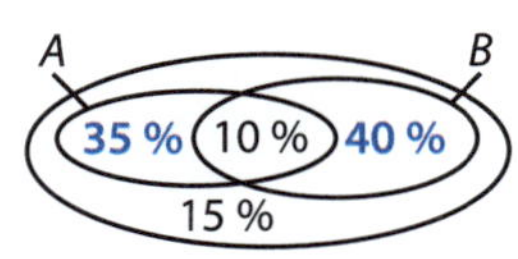

$A \cap B \neq \varnothing$

L'essentiel

1 Vocabulaire

	Définition	Notation
Expérience aléatoire	Expérience dont les résultats sont dus au hasard.	
Univers	Ensemble de toutes les issues possibles.	Ω
Événement	Sous-ensemble d'issues de l'univers.	$A, B, C, \ldots$
Événement élémentaire	Correspond à une seule issue.	$E_1, E_2, E_3, \ldots$
Un événement R est la **réunion** des événements A et B	R est constitué de tous les événements élémentaires qui sont dans A **ou** dans B. 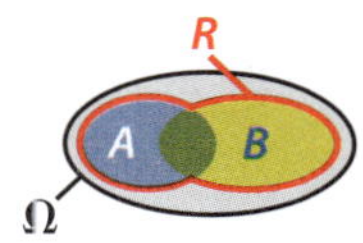	$R = A \cup B$ (« A union B »)
Un événement I est l'**intersection** des événements A et B	I est constitué de tous les événements élémentaires qui sont à la fois dans A **et** dans B. 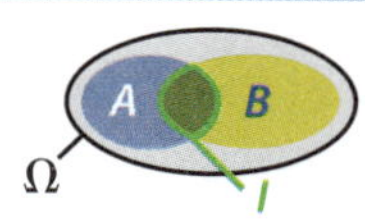	$I = A \cap B$ (« A inter B »)
Deux événements A et C sont **incompatibles**	A et C ne peuvent pas se réaliser en même temps. 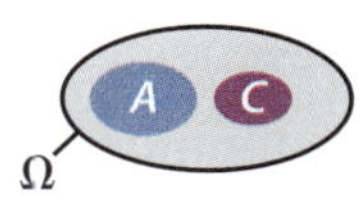	$I = A \cap C = \varnothing$
Les événements A et $\overline{A}$ sont des événements **contraires**	$\overline{A}$ est constitué de tous les événements élémentaires qui ne sont pas dans A. 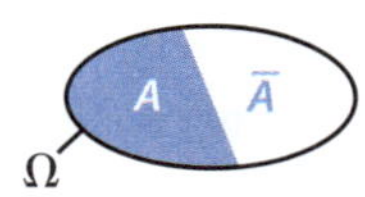	$R = A \cup \overline{A} = \Omega$ $I = A \cap \overline{A} = \varnothing$

2 Tableau croisé et diagrammes

Le tableau croisé ci-dessous, appelé **diagramme de Carroll**, est adapté pour étudier deux événements et leurs contraires.

	A	$\overline{A}$	Total
B	$A \cap B$	$\overline{A} \cap B$	$(A \cap B) \cup (\overline{A} \cap B) = B$
$\overline{B}$	$A \cap \overline{B}$	$\overline{A} \cap \overline{B}$	$(A \cap \overline{B}) \cup (\overline{A} \cap \overline{B}) = \overline{B}$
Total	$(A \cap B) \cup (A \cap \overline{B}) = A$	$(\overline{A} \cap B) \cup (\overline{A} \cap \overline{B}) = \overline{A}$	Ω

! Remarque : Ce tableau peut être aussi complété avec des effectifs, des fréquences ou des probabilités.

Exemple

Sur **13** téléphones en réparation, **10** ont un défaut d'écran, **8** ont un défaut de batterie et **6** ont les deux défauts, soit les événements correspondants :

A : « a un défaut d'écran », B : « a un défaut de batterie » et $A \cap B$: « a les deux défauts ».

Diagramme de Carroll

	A	$\overline{A}$	Total
B	6	8 – 6 = **2**	**8**
$\overline{B}$	10 – 6 = **4**	5 – 4 = **1**	13 – 8 = 5
Total	**10**	13 – 10 = 3	**13**

Diagramme de Venn

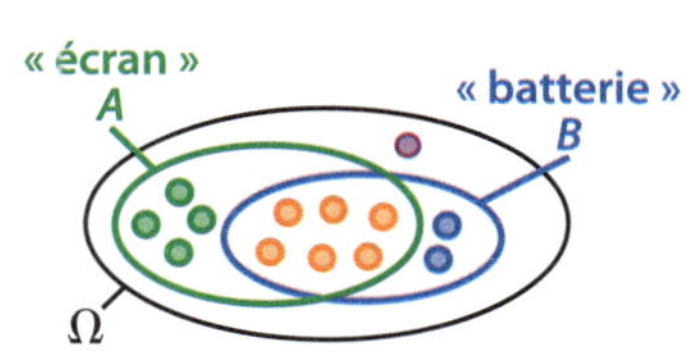

Il y a donc **1 seul** téléphone sans défaut.

3 Probabilité d'un événement

- Les n événements élémentaires $E_1, E_2, \ldots, E_n$ d'un univers Ω sont dits **équiprobables** s'ils ont tous la même probabilité de se réaliser : $P(E_1) = P(E_2) = \ldots = P(E_n) = \frac{1}{n}$.
- La somme des probabilités des événements élémentaires de l'univers est **égale à 1**.
- La **probabilité** $P(A)$ d'un événement A est égale à la somme des probabilités des événements élémentaires E_a, E_b, E_c ... qui le composent :

$$P(A) = P(E_a) + P(E_b) + P(E_c) + \ldots \text{ avec } 0 \leqslant P(A) \leqslant 1.$$

Exemples

- Les événements élémentaires E_1 : « obtenir *Pile* » et E_2 : « obtenir *Face* » dans le cas d'une pièce de monnaie **équilibrée** sont équiprobables : $P(E_1) = P(E_2) = \frac{1}{2} = 0{,}50 = 50\ \%$.
- Les six probabilités élémentaires E_1 : « obtenir 1 » à E_6 : « obtenir 6 » d'un dé truqué à six faces sont respectivement :
  $P(E_1) = P(E_2) = P(E_3) = P(E_4) = P(E_5) = 0{,}10 = 10\ \%$ et $P(E_6) = 0{,}50 = 50\ \%$.
  C'est un cas de **non-équiprobabilité** : toutes les faces n'ont pas la « même chance » d'apparaître.
  Soit l'événement A : « obtenir un résultat pair » :
  $P(A) = P(E_2) + P(E_4) + P(E_6) = 0{,}10 + 0{,}10 + 0{,}50 = 0{,}70 = 70\ \%$.

- Probabilité de l'événement **contraire** : $P(\overline{A}) = 1 - P(A)$.
- Probabilité de la **réunion** de deux événements : $P(A \cup B) = P(A) + P(B) - P(A \cap B)$.
- Si A et B sont **incompatibles** alors $P(A \cap B) = P(\varnothing) = 0 \Leftrightarrow P(A \cup B) = P(A) + P(B)$.

Exemple *(énoncé de l'exemple à la page précédente)*

La probabilité qu'un téléphone en réparation, choisi au hasard :

- n'ait pas de défaut d'écran est : $P(\overline{A}) = 1 - P(A) = 1 - \frac{10}{13} \approx 0{,}23$;
- ait un défaut d'écran **ou** de batterie est :

$$P(A \cup B) = P(A) + P(B) - P(A \cap B) = \frac{10}{13} + \frac{8}{13} - \frac{6}{13} = \frac{12}{13} \approx 0{,}92.$$

4 Probabilités conditionnelles

La **probabilité conditionnelle** $P_A(B)$ est la probabilité de l'événement B sachant que A a été réalisé.

$$P_A(B) = \frac{P(A \cap B)}{P(A)} \text{ avec } P(A) \neq 0.$$

! Remarque : Si les données sont obtenues à partir des effectifs dans une population ou dans un échantillon, on parle alors de fréquences conditionnelles.

Exemple *(énoncé de l'exemple à la page précédente)*

La probabilité qu'un téléphone en réparation, choisi au hasard, ait un défaut de batterie, sachant qu'il a un défaut d'écran est : $P_A(B) = \dfrac{P(A \cap B)}{P(A)} = \dfrac{\frac{6}{13}}{\frac{10}{13}} = \dfrac{6}{10} = 0{,}60.$

Exercices

Testez-vous !

QCM interactif

Cochez la bonne réponse parmi les trois proposées.

1.

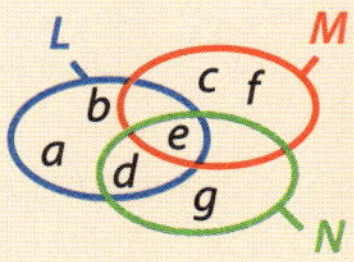

☐ $L \cap M = \{d\}$

☐ $L \cup N = \{a\,;b\,;d\,;e\}$

☐ $M \cap N = \{e\}$

2. Soient l'univers $\Omega = \{a\,;b\,;c\,;d\,;e\}$ et les événements $A = \{a\,;b\,;c\}$ et $B = \{c\,;d\}$.

☐ $A \cup B = \Omega$

☐ $A \cap B = \varnothing$

☐ $\overline{A} = \{d\,;e\}$

3. Soient A un événement et $\overline{A}$ l'événement contraire.

☐ $P(\overline{A}) = P(A)$.

☐ $P(\overline{A}) = 1 - P(A)$.

☐ $P(\overline{A}) + P(A) = 0$

4. L'effectif manquant dans ce diagramme de Carroll est :

	A	$\overline{A}$	Total
B	5	10	15
$\overline{B}$	3	…	5
Total	8	12	20

☐ 8 ☐ 22 ☐ 2

5. Soient A et B deux événements tels que $A \cap B \neq \varnothing$.

☐ $P(A \cup B) = P(A) + P(B) - P(A \cap B)$

☐ $P(A \cup B) = P(A) + P(B)$

☐ $P(A \cup B) = P(A \cap B)$

6. Soient $P(A) = 0{,}4$, $P(B) = 0{,}5$ et $P(A \cap B) = 0{,}1$.

☐ $P(A \cup B) = 0{,}4 + 0{,}5 + 0{,}1$

☐ $P(A \cup B) = 0{,}1 - (0{,}4 + 0{,}5)$

☐ $P(A \cup B) = 0{,}4 + 0{,}5 - 0{,}1$

7. La probabilité de l'événement B sachant que A est réalisé est :

☐ $P_A(B) = \dfrac{P(B)}{P(A)}$

☐ $P_A(B) = \dfrac{P(A \cap B)}{P(A)}$

☐ $P_A(B) = P(A) + P(B)$

8. Soit le diagramme de Carroll suivant.

	A	$\overline{A}$	Total
B	0,1	0,4	0,5
$\overline{B}$	0,3	0,2	0,5
Total	0,4	0,6	1

☐ $P_A(B) = \dfrac{0{,}1}{0{,}5}$ ☐ $P_B(A) = \dfrac{0{,}1}{0{,}4}$

☐ $P_A(\overline{B}) = \dfrac{0{,}3}{0{,}4}$

Automatismes

Calcul mental

1 Calculez $P(\overline{A})$.

a. $P(\overline{A}) = 1 - 0{,}26$ **b.** $P(\overline{A}) + 0{,}13 = 1$

2 Calculez $P(A \cup B)$.

a. $P(A \cup B) = 0{,}2 + 0{,}7 - 0{,}15$

b. $P(A \cup B) = 0{,}45 + 0{,}30 - 0{,}$[illegible]3

3 Calculez $P_A(B)$.

a. $P_A(B) = \dfrac{0{,}1}{0{,}5}$ **b.** $P_A(B) = \dfrac{0{,}28}{0{,}4}$

À l'oral

4 **a.** Quand dit-on que deux événements A et B sont incompatibles ?

b. Qu'appelle-t-on deux événements contraires ?

5 **a.** Décrivez ce qu'est un diagramme de Carroll.

b. Énoncez la formule du calcul de la probabilité de la réunion de deux événements.

6 **Exercice corrigé**

Soient A et B deux événements tels que :

$P(A) = 0{,}2$; $P(B) = 0{,}5$ et $P(A \cap B) = 0{,}1$.

a. Calculez $P(A \cup B)$.

b. Calculez $P_A(B)$.

Corrigé

a. $P(A \cup B) = 0{,}3 + 0{,}5 - 0{,}1 = 0{,}70$

b. $P_A(B) = \dfrac{0{,}1}{0{,}2} = 0{,}50$

Vocabulaire

7 Un dé à six faces est lancé une fois.

a. Soit l'événement A : « obtenir un nombre pair ». Proposez une définition de l'événement B, sachant que $A \cup B = \{2\,;3\,;4\,;6\}$.

b. Même question pour l'événement C, sachant que $A \cap C = \{4\}$.

Diagrammes et tableaux

8 Le diagramme de Venn suivant donne la distribution des événements élémentaires dans un univers Ω.

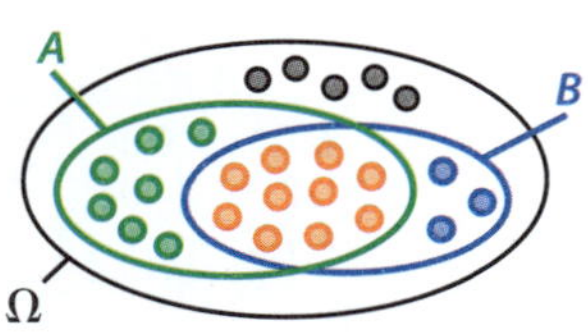

- Quels sont les effectifs de Ω ; A ; B ; $\overline{A}$; $\overline{B}$; $A \cap B$; $A \cup B$ et $\overline{A} \cap \overline{B}$?

9 Le diagramme de Venn ci-dessous donne la distribution de 10 lettres dans les événements A, B, $\overline{A}$ et $\overline{B}$.

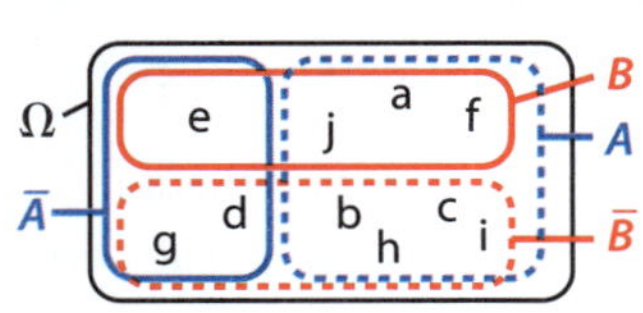

Donnez l'ensemble des lettres correspondant à :

a. $A \cap B$; $A \cap \overline{A}$ et $\overline{A} \cap \overline{B}$.

b. $A \cup B$; $A \cup \overline{A}$ et $\overline{A} \cup \overline{B}$.

10 Let Ω be the following sample space and A, B, C and D the following events:

$\Omega = \{1\,;2\,;3\,;4\,;5\,;6\,;7\,;8\,;9\}$,

$A = \{1\,;5\,;9\}$, $B = \{3\,;6\,;7\}$, $C = \{3\,;7\}$, $D = \{6\,;9\}$.

- Fill the Venn diagram below with those events.

11 Complétez, avec les effectifs manquants, le diagramme de Carroll ci-dessous.

	A	$\overline{A}$	Total
B	260	....	400
$\overline{B}$	....	....	....
Total	300	....	500

12 **En physique-chimie**

a. Sur les 100 multimètres du laboratoire de physique, seuls 63 sont en état de marche. Parmi ceux en panne, 10 ont le fusible grillé et 30 ont la pile déchargée.

Complétez le diagramme de Carroll correspondant à ces effectifs.

	Fusible grillé	Fusible en état de marche	Total
Pile déchargée	....	....	....
Pile chargée	....	....	....
Total	....	....	....

b. Combien de multimètres ont le fusible grillé et la pile déchargée ?

Probabilité d'un événement

13 A et B sont des événements incompatibles.
On donne : $P(A) = 0{,}6$ et $P(B) = 0{,}3$.

- Calculez $P(\bar{A})$ et $P(A \cup B)$.

14 Soient A et B deux événements incompatibles tels que $P(A) = 0{,}5$; $P(B) = 0{,}2$ et $P(A \cap B) = 0{,}08$.

- Calculez $P(A \cup B)$.

15 Soient A et B deux événements tels que :
$P(A) = 0{,}6$; $P(B) = 0{,}35$ et $P(A \cup B) = 0{,}9$.

- Calculez $P(A \cap B)$.

16 Déterminez les valeurs des probabilités manquantes dans le diagramme de Carroll, puis calculez $P(A \cup B)$.

	A	$\bar{A}$	Total
B	$P(A \cap B)$ = ……	$P(\bar{A} \cap B) = 0{,}32$	$P(B)$ = ……
$\bar{B}$	$P(A \cap \bar{B}) = 0{,}12$	$P(\bar{A} \cap \bar{B})$ = ……	$P(\bar{B}) = 0{,}6$
Total	$P(A)$ = ……	$P(\bar{A} \cap B) = 0{,}8$	$P(\Omega) = 1$

17 **Algorithmique et programmation**

Quelle modification faut-il effectuer pour calculer $P(A \cup B)$ avec ce programme ?

```
a=float(input("P(A) ? "))
b=float(input("P(B) ? "))
c=float(input("P(A inter B) ? "))
u=a+b+c
print("P(A union B) = ", u))
```

Probabilités conditionnelles

18 Soit le diagramme de Venn suivant.

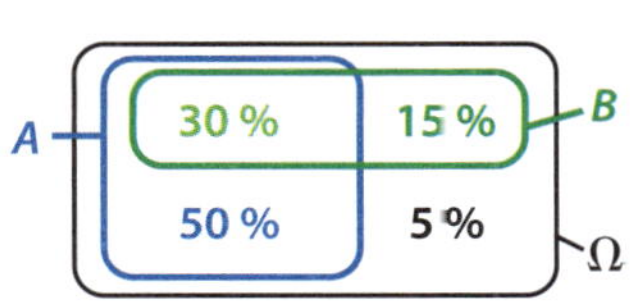

a. Donnez les fréquences $f(A)$, $f(B)$, $f(A \cap B)$ sous forme décimale et déduisez-en $f(A \cup B)$.

b. Calculez la fréquence conditionnelle $f_A(B)$.

19 Soient $P(A) = 0{,}25$ et $P(A \cap B) = 0{,}12$.

- Calculez $P_A(B)$.

20 À partir des probabilités données dans le tableau ci-dessous, calculez à 10^{-3} près $P_A(B)$, $P_B(A)$ et $P_B(\bar{A})$.

	A	$\bar{A}$	Total
B	0,05	0,55	0,60
$\bar{B}$	0,25	0,15	0,40
Total	0,3	0,70	1

21 **Démarche mathématique**

Montrez que l'égalité suivante est vraie.

$P_A(B) \times P(A) = P(A) + P(B) - P(A \cup B)$.

Pour bien démarrer ▶ $P_A(B) = \dfrac{P(A \cap B)}{P(A)}$

Problèmes

Problème corrigé

1 Quel est le risque d'acheter un ordinateur d'occasion ?

Lors d'un contrôle effectué sur un lot d'ordinateurs d'occasion, plusieurs défauts ont été constatés. Le tableau croisé des effectifs obtenus est le suivant.

Défauts de clavier		Défauts d'écran			Total
		Aucun	Pixels	Rayures	
		A	A_1	A_2	
Aucun	B	360	38	2	400
Touches	$\overline{B}$	90	5	5	100
Total		450	43	7	500

1. S'approprier. Quel est le nombre total d'ordinateurs ?

2. Analyser. Raisonner. Comment évaluer le risque d'acheter un ordinateur avec au moins un défaut ?

3. Réaliser.

a. Construisez le tableau des fréquences (en %) par rapport à l'effectif total.

b. Déduisez des fréquences la probabilité de prélever au hasard un ordinateur :
- sans défaut ;
- ayant un défaut d'écran **et** de clavier ;
- ayant un défaut d'écran **ou** de clavier.

4. Valider. Vérifiez que la probabilité de prélever au hasard un ordinateur sans défaut ou ayant un défaut est égale à 1.

5. Communiquer. Commentez la qualité de ce lot.

Corrigé

1. 500 ordinateurs.

2. Il faut déterminer la probabilité qu'un ordinateur ait au moins un défaut.

3. a. Exemple : 360/500 = 72 %.

	A	$\overline{A}$		Total
		A_1	A_2	
B	72 %	7,6 %	0,4 %	80 %
$\overline{B}$	18 %	1 %	1 %	20 %
Total	90 %	8,6 %	1,4 %	100 %

b. • $P(A \cap B) = 0{,}72$;
• $P(\overline{A} \cap \overline{B}) = 0{,}01 + 0{,}01 = 0{,}02$;
• $P(\overline{A} \cup \overline{B}) = P(\overline{A}) + P(\overline{B}) - P(\overline{A} \cap \overline{B})$
$= (0{,}086 + 0{,}014) + 0{,}20 - 0{,}02 = 0{,}28$.

4. $P(A \cap B) + P(\overline{A} \cup \overline{B}) = 0{,}72 + 0{,}28 = 1$.

5. Le risque d'acheter un ordinateur avec au moins un défaut est de 28 %.

2 Le risque est-il grand de produire un journal de mauvaise qualité ? CO-INTERVENTION

► **Problématique professionnelle**

Dans une imprimerie, une technicienne a contrôlé un lot de 2 000 journaux et a trouvé : 30 journaux mal imprimés, 45 mal découpés et 5 mal imprimés et mal découpés.

1. S'approprier. Soient les événements : A : « le journal est mal imprimé » et B : « le journal est mal découpé ».
Représentez la situation à l'aide d'un diagramme de Venn.

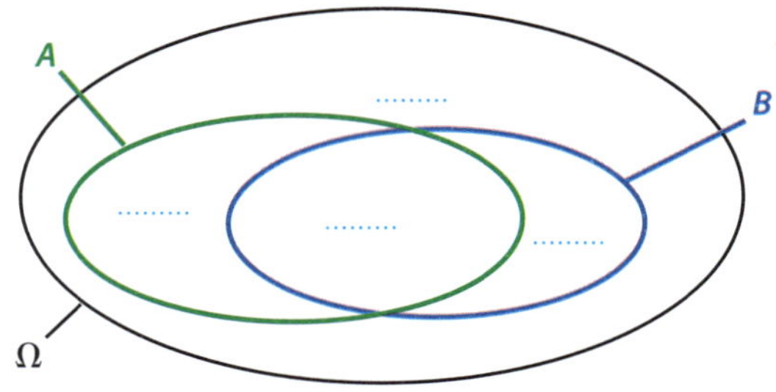

► **En maths**

2. Analyser. Raisonner. Proposez une méthode permettant de déterminer la probabilité de prélever au hasard un journal sans défaut.

3. Réaliser. Calculez la probabilité $P(A \cup B)$.

4. Valider. Vérifiez que $P(A \cup B) + P(\overline{A} \cap \overline{B}) = 1$.

► **En enseignement professionnel**

5. Communiquer. Le risque de vendre un de ces 2 000 journaux avec au moins un défaut est-il grand ? Justifiez.

3 Pourquoi faut-il se faire vacciner ?

Dans une population étudiée, il y a 90 % de personnes vaccinées contre une maladie et 95 % de personnes immunisées. 85,5 % de personnes sont immunisées **et** vaccinées.

Soient les événements :

- A : « la personne est immunisée » ;
- B : « la personne est vaccinée ».

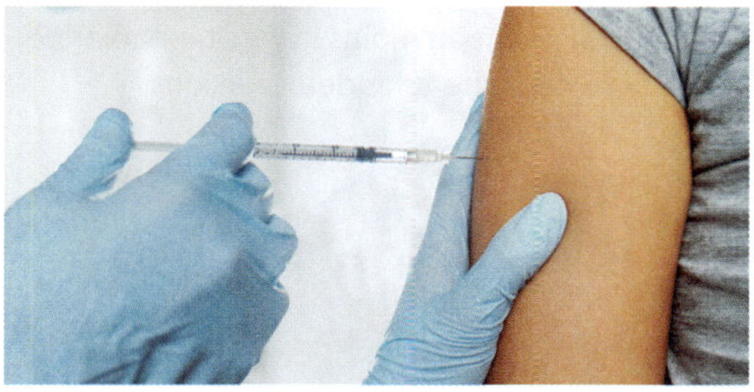

1. S'approprier. Quelle est la fréquence $f(A \cap \overline{B})$ de personnes immunisées qui ne sont pas vaccinées ?

....

2. Analyser. Raisonner. Pourquoi peut-on affirmer que plus de 95 % des personnes sont protégées ?

....

....

....

3. Réaliser.

a. Complétez le diagramme de Carroll avec les fréquences sous forme décimale.

	A	$\overline{A}$	Total
B	....	....	....
$\overline{B}$	....	....	....
Total	....	....	....

b. Calculez la probabilité $P_A(B)$ de rencontrer par hasard une personne vaccinée dans le groupe des personnes immunisées.

....

....

....

4. Valider. Montrez que $P_A(B) + P_A(\overline{B}) = 1$.

....

....

....

5. Communiquer. Expliquez comment se répartissent les personnes vaccinées dans le groupe des personnes immunisées.

....

....

....

4 Combien de pièces avec des défauts ?

CO-INTERVENTION

▶ **Problématique professionnelle**

Deux machines produisent la même pièce.
La 1re machine produit 40 % des pièces et 2,8 % des pièces défectueuses.
La 2e machine produit 4,2 % des pièces défectueuses.

1. S'approprier. Quelle est la proportion de pièces produites par la 2e machine ?

....

....

▶ **En maths**

2. Analyser. Raisonner. Justifiez, sans calcul, que « la 2e machine produit le plus de pièces défectueuses ».

....

....

....

3. Réaliser.

a. Complétez le tableau croisé ci-dessous, avec les fréquences en pourcentage.

	1re machine	2e machine	Total
Pièce défectueuse	....	....	....
Pièce conforme	....	....	....
Total	....	....	....

b. Déduisez-en, à 10^{-3} près, la probabilité qu'une pièce, prélevée au hasard, soit conforme.

....

....

4. Valider. Montrez que la probabilité de produire une pièce défectueuse est la même pour les deux machines.

....

....

....

....

▶ **En enseignement professionnel**

5. Communiquer. Comparez la production des deux machines.

....

....

....

....

5 Quel est le risque que le pantalon soit défectueux ? CO-INTERVENTION

Une étude statistique sur un échantillon représentatif d'une série de pantalons fabriqués dans un atelier a montré que :
- 3 % des pantalons ont un défaut de couture ;
- 2 % ont un défaut de couleur ;
- 96 % n'ont aucun défaut.

1. Déterminez la probabilité qu'un pantalon prélevé au hasard sur la chaîne de production ait :
a. un défaut de couture et un défaut de couleur ;
b. un défaut de couture ou un défaut de couleur.

Pour bien démarrer ▶
$P(A \cup B) = P(A) + P(B) - P(A \cap B)$

2. Le risque est-il grand qu'un pantalon ait un défaut de couture s'il est prélevé dans les 2 % de ceux qui ont un défaut de couleur ?
Justifiez votre réponse.

6 À qui vaut-il mieux adresser la publicité ?

Un sondage est réalisé par un journal qui propose une version papier et une version numérique. Les résultats obtenus, sur un échantillon de 1 000 abonnés de l'année précédente, choisis au hasard, sont les suivants :
- 804 lisent au moins la version numérique ;
- 258 lisent au moins la version papier ;
- 85 consultent les deux versions.

Pour promouvoir sa version numérique, le journal décide de contacter par téléphone des abonnés de l'année précédente pris au hasard.
- La probabilité que l'abonné contacté ne lise pas la version numérique est-elle plus grande que celle qu'il consulte la version numérique sachant qu'il lit la version papier ?

Pour bien démarrer ▶ Construire un diagramme de Carroll.

Évaluation

Nom : ....

Prénom : ....

Faut-il vérifier le réglage de la machine à commande numérique ?

30 min

Une machine à commande numérique découpe plusieurs milliers de pièces métalliques par jour. Un contrôle de fabrication sur un échantillon représentatif de 1 000 pièces donne les résultats suivants :

- 800 pièces n'ont aucun défaut ;
- 40 pièces ne sont pas exactement aux bonnes dimensions ;
- 15 pièces ne sont pas exactement aux bonnes dimensions **et** leur découpe est irrégulière.

1. S'approprier.

a. Définissez l'événement contraire $\overline{A}$ de l'événement A : « la découpe est irrégulière ».

....

b. Définissez l'événement contraire $\overline{B}$ de l'événement B : « la pièce n'est pas exactement aux bonnes dimensions ».

....

2. Analyser. Raisonner. Proposez une méthode permettant de déterminer la probabilité qu'une pièce ne soit pas exactement aux bonnes dimensions, sachant qu'elle fait partie des pièces dont la découpe est irrégulière.

....

....

3. Réaliser.

a. Complétez le tableau croisé ci-contre avec les effectifs.

b. Déduisez-en, à 10^{-3} près, $P(B)$, $P_A(B)$ et $P_{\overline{A}}(B)$.

....

	A	$\overline{A}$	Total
B	....	....	....
$\overline{B}$	....	....	....
Total	....	....	....

4. Valider. Si la machine est bien réglée, la probabilité qu'elle produise « *une pièce qui ne soit pas exactement aux bonnes dimensions parmi les pièces dont la découpe est irrégulière* » doit être égale à la probabilité qu'elle produise « *une pièce qui ne soit pas exactement aux bonnes dimensions parmi les pièces dont la découpe est régulière* ». Vos résultats confirment-ils cette donnée ?

....

....

5. Communiquer. Répondez à la question posée en titre en utilisant le mot « probabilité ».

....

....

Question	Capacités	Connaissances
1. 3.a.	Compléter et exploiter un tableau croisé d'effectifs	Événement contraire Intersection d'événements
2. 3.b. 4. 5	Calculer des fréquences conditionnelles à partir de tableaux croisés d'effectifs	Fréquence conditionnelle.
	Déterminer une probabilité conditionnelle.	Probabilité conditionnelle. $P_A(B) = P(A \cap B)/P(A)$.

Activité de co-intervention

Le test de dépistage est-il fiable ?

▶ Problématique professionnelle

Dans le cadre de l'obligation de santé et de sécurité des entreprises, la responsable d'un atelier de production est chargée de mettre en place des mesures de prévention et d'organisation pour protéger ses 30 salariés d'une épidémie virale.

Propagation d'un virus dans un restaurant
Lien vidéo 0 min 43 s
hachette-clic.fr/21mab002

▶ En enseignement professionnel

1. **S'approprier.** Proposez des mesures de prévention et d'organisation que pourrait prendre la responsable.

▶ En mathématiques

2. **Analyser. Raisonner.** Certaines entreprises ont conditionné l'entrée des salariés dans les ateliers à un test médical de dépistage du virus. Les informations dont dispose la responsable sur l'efficacité du test sont les suivantes :
   - le test est positif chez 94 % des personnes porteuses du virus (6 % sont donc des « faux négatifs ») ;
   - le test est négatif chez 98 % des personnes non porteuses du virus (2 % sont donc des « faux positifs ») ;
   - 5 % de la population est porteuse du virus.

   Elle s'interroge sur la probabilité qu'un salarié soit porteur du virus sachant que son résultat au test est pourtant négatif. À combien estimez-vous la valeur de cette probabilité ?

3. **Réalisér.**
   a. Compléter le tableau ci-contre avec les fréquences (en %).
   b. Calculez la probabilité p qu'un salarié soit porteur du virus sachant que son résultat au test est pourtant négatif. On donne :

$$p = \frac{\text{fréquence de « porteur du virus » et « test négatif »}}{\text{fréquence de « test négatif »}}$$

	Porteur du virus	Non porteur du virus	Total
Test positif			
Test négatif			
Total	5 %	95 %	100 %

4. **Valider.** Ce test est considéré comme efficace si moins de 4 personnes sur 1 000 sont porteuses du virus sachant qu'elles ont un résultat au test pourtant négatif. Est-ce le cas ?

▶ En enseignement professionnel

5. **Communiquer.** Quel conseil donneriez-vous à la responsable concernant le test médical ?

3 Suites numériques

Activité 1 Quelle est la hauteur d'une pile d'abat-jour ?

Démarche scientifique

15 min

Calculer un terme de rang donné d'une suite arithmétique.

Pour transporter des abat-jour dans des cartons, on choisit de les empiler. La hauteur d'un abat-jour est $u_1 = 25$ cm, celle de deux abat-jour empilés est $u_2 = 28$ cm et celle de trois abat-jour empilés est $u_3 = 31$ cm.

- Calculez la hauteur de 10 abat-jour.

Déduisez-en une formule générale pour calculer la hauteur u_n de n abat-jour.

....

....

....

....

....

Activité 2 Comment calculer une longueur d'onde ?

15 min

Générer, par le calcul ou à l'aide d'un outil numérique, les termes d'une suite.

Pour étudier la lumière, on utilise un spectroscope. Cela permet de la décomposer et de relever les longueurs d'onde présentes. Le spectre ① ci-contre est celui de la lumière émise par le Soleil et le spectre ② celui d'une lampe à hydrogène.

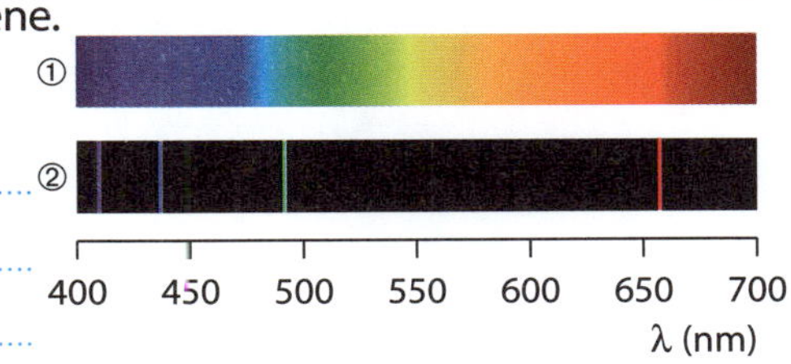

1. Décrivez le spectre de la lampe à hydrogène.

....

....

....

2. Le spectre de la lampe à hydrogène révèle quatre longueurs d'onde : $\lambda_1 = 656{,}5$ nm, $\lambda_2 = 486{,}3$ nm, $\lambda_3 = 434{,}2$ nm et λ_4, que l'on souhaite déterminer. Vérifiez que l'on peut modéliser les valeurs de ces longueurs d'onde avec l'expression $\lambda_n = 364{,}7 \times \dfrac{(n+2)^2}{(n+2)^2 - 4}$ pour n entier.

Les spectres
Lien vidéo
1 min 35 s
hachette-clic.fr/21mab003

....

....

....

....

3. Calculez la valeur de la longueur d'onde manquante λ_4.

....

....

Activité 3 Combien faut-il de carreaux pour réaliser un décor ?

Démarche scientifique

15 min

Calculer la somme des n premiers termes d'une suite arithmétique.
Réaliser et exploiter une représentation graphique du nuage de points $(n ; u_n)$.

Pour décorer le dessus d'un plan de travail d'une cuisine, un carreleur doit prolonger le motif ci-dessous en respectant la même logique. Le motif sera fait sur 16 rangées en hauteur.

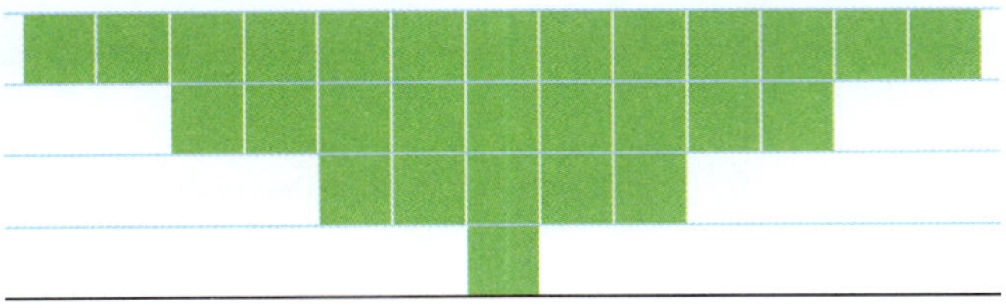

On modélise par une suite (u_n) le nombre de carreaux verts en fonction de la rangée n.

La somme S_{16} représente le nombre de carreaux verts nécessaires à la réalisation des seize rangées.

- Montrez que l'on peut retrouver la somme des 16 premiers termes de la suite (u_n) à l'aide de la formule $S_{16} = 16 \times \frac{u_1 + u_{16}}{2}$.

Pour bien démarrer ▶ Représenter graphiquement les quatre premiers termes de la suite (u_n).

▶ **Logiciel** p. 166 ▶ **Calculatrice** p. 171 à 176

Appelez votre professeur pour une aide, ou lui montrer votre proposition.

Travaux pratiques

TP 1 Combien de ventes sont à prévoir sur l'année ?

Outils numériques

30 min

Objectif

- Reconnaître les premiers termes d'une suite arithmétique et les générer pour déterminer leur somme.

La responsable des ventes de vélos à assistance électrique d'une grande marque a relevé le nombre d'unités vendues sur 4 mois dans le tableau suivant.

Rang du mois	1	2	3	4
Nombre de vélos vendus	1 510	1 572	1 634	1 696

Pour prévoir les ventes du reste de l'année, elle modélise le nombre de ventes en fonction du rang du mois par une suite numérique (u_n).

1. Analyse du problème

Cette suite est-elle arithmétique ? Si oui, donnez sa raison et l'expression de u_n en fonction de n.

....

Pour bien démarrer ▶ **Une suite arithmétique est une suite numérique où l'on obtient un terme à partir du précédent en ajoutant toujours le même nombre, appelé raison.**

2. Résolution à l'aide d'une calculatrice graphique

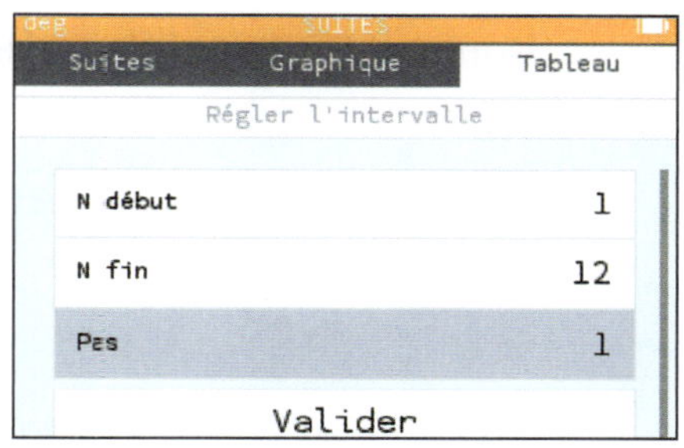

- Téléchargez l'application NumWorks sur votre smartphone ou utilisez votre calculatrice NumWorks.
- Dans le menu, sélectionnez l'icône **Suites** puis validez.
- Validez **Ajouter une suite** et, pour **Choisir le type de suite**, sélectionnez u_n **Explicite** puis validez.
- Saisissez l'expression de la suite : 1448+62n puis validez.
- Sélectionnez **Afficher les valeurs** puis **Régler l'intervalle** de 1 à 12 et **Valider**.
- Complétez le tableau suivant des ventes pour le reste de l'année.

Rang du mois	5	6	7	8	9	10	11	12
Nombre de vélos vendus	....	....	....	....	....	....	....	....

3. Résolution de la problématique

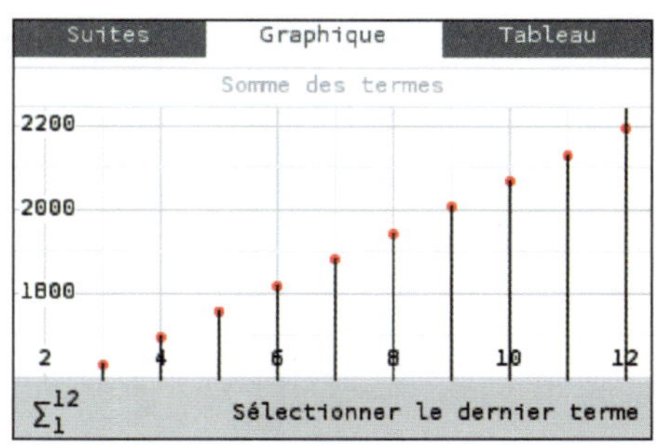

- Pour calculer la somme des 12 premiers termes de la suite (u_n), notée S_{12} ou $\sum_{i=1}^{12} u_i$, on utilise l'outil graphique des suites. Sélectionnez **Graphique** puis validez.
- Sélectionnez **Somme des termes** puis, à l'aide des curseurs, choisir le premier terme d'abscisse 1 et le dernier terme d'abscisse 12 en validant.
- Présentez vos résultats concernant les ventes de vélos sur l'année.

....

....

....

TP 2 Quelle est la somme des 10 premiers nombres impairs ?

Algorithmique et programmation

30 min

Objectifs

- Générer une liste et manipuler des éléments d'une liste.
- Comprendre et utiliser des fonctions.
- Concevoir un algorithme ou un programme simple pour résoudre un problème.

Le programme Python dont on donne un extrait ci-dessous permet de calculer les *n* premiers termes d'une suite arithmétique ainsi que leur somme.

Programme à télécharger
python
hachette-clic.fr/21mab003

```python
###Section variables
suite = []

###Section fonctions
def suite_arith (n,r,u1):
    """Permet de calculer les n premiers termes d'une suite et les affiche
    puis renvoie les termes dans une liste"""
    for i in range(n):
        var = u1 + i*r
        suite.append(var)
        print('U',i+1,'=',var)
    return suite
def somme_suite_arith(n,suite):
    """A partir du nombre de termes et de la liste de ces termes, renvoie
    la somme des n premiers termes"""
    somme = 0
    for i in range(n):
        somme = suite[i]+ somme
    return somme
```

1. Donnez le format de la variable « suite ».

....

2. Précisez le sens de l'instruction « suite.append(var) » dans la fonction « suite_arith ».

....

▶ Algorithmique et programmation p. 157

3. Représentez ci-contre l'algorigramme de la fonction « somme_suite_arith ».

4. Modifiez la 2e fonction du programme pour calculer la somme des *n* premiers termes à l'aide de la formule $S_n = n \times \dfrac{u_1 + u_n}{2}$.

5. Les nombres impairs peuvent être déterminés par une suite arithmétique de premier terme $u_1 = 1$ et de raison $r = 2$.

a. Déterminez, à l'aide de votre fonction, la somme des 10 premiers nombres impairs.

....

....

....

b. Vérifiez la validité de votre résultat à l'aide de la fonction « somme_suite_arith ».

....

L'essentiel

1 Suites numériques

Une **suite numérique** est une liste indexée de nombres, notée (u_n).
Si le premier terme est noté u_1, le deuxième est noté u_2 et le n-ième terme, u_n.
Attention ! Ne pas confondre **le rang *n*** d'un terme de la suite et **sa valeur**, notée u_n.

Exemple

On donne la suite numérique suivante : 2 ; 4 ; 7 ; 9 ; 10 ; 13.
Le premier terme est $u_1 = 2$ et le cinquième terme est $u_5 = 10$.

Une suite numérique (u_n) peut être définie à l'aide d'une fonction f définie sur l'ensemble des entiers positifs. On note $u_n = f(n)$.

Exemple

On donne la suite numérique définie par $u_n = 4n + 3$.
Le deuxième terme est $u_2 = 4 \times \mathbf{2} + 3 = 8 + 3 = 11$.

On peut générer les premiers termes d'une suite numérique (u_n) à l'aide d'une calculatrice.

Exemple

Avec la calculatrice NumWorks, sélectionner dans le menu d'accueil l'icône **Suites**  puis l'écriture **Explicite**. Saisir l'expression $u_n = 4n + 3$, puis **Afficher les valeurs**.

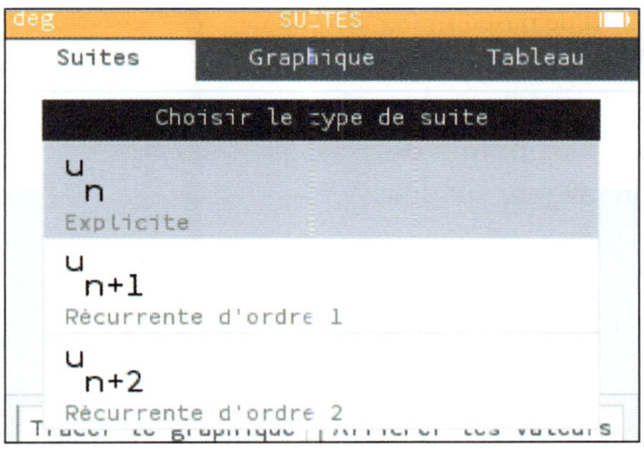

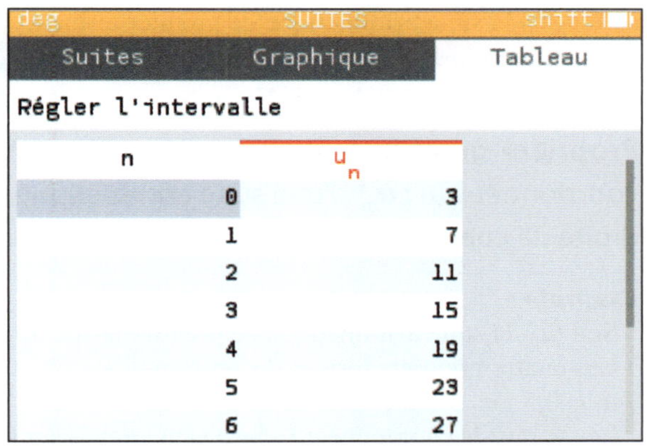

Une suite numérique (u_n) est :
– **croissante** si, pour tout entier n, on a $u_n < u_{n+1}$;
– **décroissante** si, pour tout entier n, on a $u_n > u_{n+1}$.

Exemples

- La suite (u_n), définie par $u_n = 2n$, a pour premiers termes : $u_1 = 2$; $u_2 = 4$; $u_3 = 6$; $u_4 = 8$; $u_5 = 10$. C'est une suite **croissante.**
- La suite (u_n), définie par $u_n = 10 - n^2$,a pour premiers termes : $u_1 = 9$; $u_2 = 6$; $u_3 = 1$; $u_4 = -6$; $u_5 = -15$. C'est une suite **décroissante**.
- La suite numérique représentée ci-dessous est croissante.

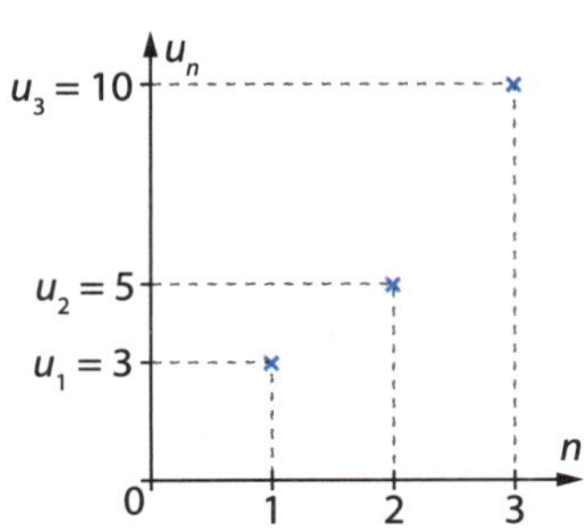

- La suite numérique représentée ci-dessous est décroissante.

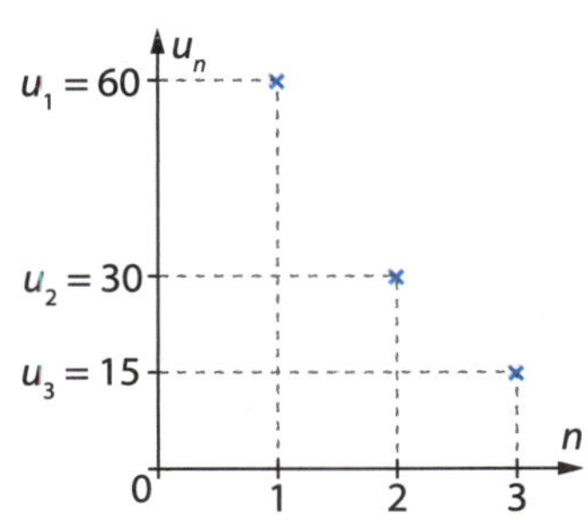

2 Suites arithmétiques

- Une **suite arithmétique** est une suite numérique où l'on obtient un terme à partir du précédent en ajoutant toujours le même nombre **r**, appelé **raison**.

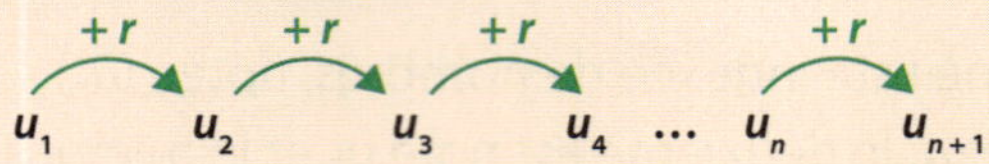

- On définit une suite arithmétique par la relation $\boldsymbol{u_{n+1} = u_n + r}$ pour tout entier $n > 0$.

Exemple

Soit la suite arithmétique de premier terme $u_1 = 5$ et de raison $r = 3$.
On veut calculer u_3.
On calcule $\boldsymbol{u_2} = \boldsymbol{u_1} + \boldsymbol{r} = 5 + 3 = 8$ et $\boldsymbol{u_3} = \boldsymbol{u_2} + \boldsymbol{r} = 8 + 3 = 11$.

On peut exprimer le terme de rang n en fonction du premier terme et de la raison r.

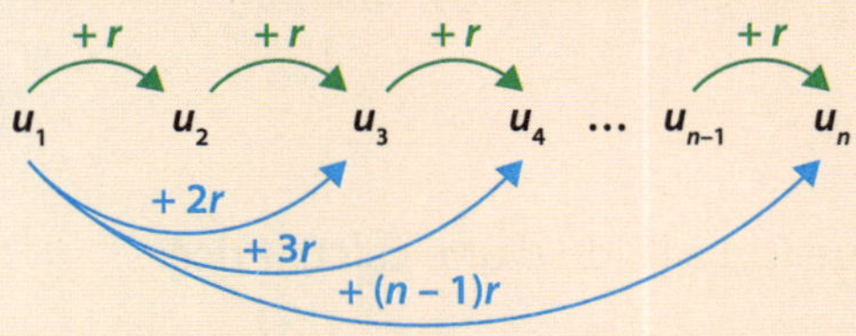

$$\boldsymbol{u_n = u_1 + (n-1) \times r} \text{ pour tout entier } n > 0.$$

! Remarque : La suite (u_n) est donc définie par la fonction affine $f(n) = r \times n + (u_1 - r)$ pour tout entier $n > 0$.

Exemple

Soit (u_n) la suite arithmétique de premier terme $u_1 = 15$ et de raison $r = 6$.
$u_n = 15 + (n - 1) \times 6 = 15 + 6n - 6 = 9 + 6n$
$u_{12} = 9 + 6 \times 12 = 9 + 72 = 81$

Propriété graphique d'une suite arithmétique : les **points de coordonnées (n ; u_n)** d'une suite arithmétique sont **alignés** sur une droite de **coefficient directeur r** (la raison de la suite).

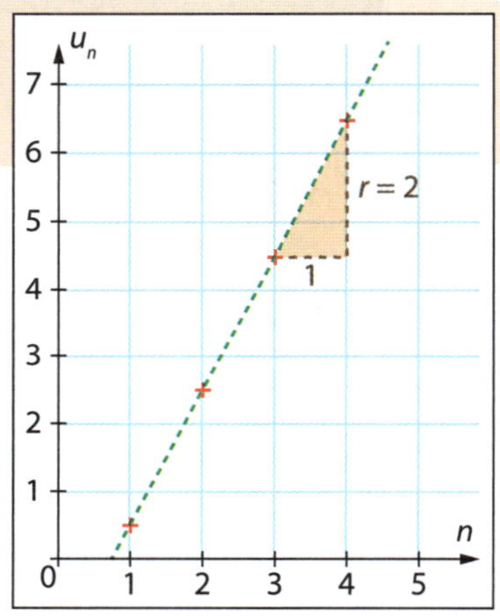

Exemple

Soit (u_n) la suite arithmétique de premier terme $u_1 = 0{,}5$ et de raison $r = 2$.
Les quatre premiers termes de cette suite sont :
$u_1 = 0{,}5$; $u_2 = 2{,}5$; $u_3 = 4{,}5$ et $u_4 = 6{,}5$.
Les points de coordonnées (n ; u_n) sont alignés sur une droite de coefficient directeur 2.

- Le **sens de variation** d'une suite arithmétique est déterminé par le signe de sa **raison r** :
  - si $\boldsymbol{r < 0}$ alors la suite est **décroissante** ;
  - si $\boldsymbol{r > 0}$ alors la suite est **croissante**.
- La **somme S_n** des n premiers termes d'une suite arithmétique se calcule à l'aide de la formule : $\boldsymbol{S_n = n \times \dfrac{u_1 + u_n}{2}}$.

Exemple

Soit (u_n) la suite arithmétique de premier terme $u_1 = 0{,}5$ et de raison $r = 2$.
On veut calculer la somme des 12 premiers termes.
Calcul du douzième terme : $u_{12} = 0{,}5 + (12 - 1) \times 2 = 0{,}5 + 22 = 22{,}5$.

D'où $S_{12} = 12 \times \dfrac{u_1 + u_{12}}{2} = 12 \times \dfrac{0{,}5 + 22{,}5}{2} = 12 \times 11{,}5 = 138$.

Exercices

Testez-vous !

QCM interactif

Cochez la bonne réponse parmi les trois proposées.

1. Soit la suite numérique définie par la liste : 1 ; 2 ; 3 ; 5 ; 8 ; 13 ; 21.

☐ Le terme de rang 5 est 4.
☐ Le terme de rang 4 est 5.
☐ Le sixième terme est 21.

2. On donne la suite numérique définie par $u_n = 2n + 1$. Le 12ᵉ terme est :

☐ $u_{12} = 12$
☐ $u_{12} = 26$
☐ $u_{12} = 25$

3. Parmi les suites dont on donne l'expression, celle qui est décroissante est :

☐ $u_n = 3n + 2$
☐ $u_n = n^2 + 1$
☐ $u_n = -2n + 1$

4. Laquelle de ces suites est arithmétique ?

☐ 1 ; 2 ; 4 ; 8 ; 16 ; 32
☐ 48 ; 42 ; 36 ; 30 ; 24 ; 18
☐ 1 ; 3 ; 6 ; 10 ; 15 ; 21

5. Si une suite arithmétique (u_n) est définie par $u_1 = 10$ et $r = 5$, alors le 2ᵉ terme est :

☐ $u_2 = 15$
☐ $u_2 = 12$
☐ $u_2 = 30$

6. Si une suite arithmétique (u_n) est définie par $u_1 = 15$ et $r = 6$, alors le 11ᵉ terme est :

☐ $u_{11} = 81$
☐ $u_{11} = 150$
☐ $u_{11} = 75$

7. Parmi les suites arithmétiques dont on donne le premier terme et la raison, celle qui est croissante est :

☐ $u_1 = -10$ et $r = -5$
☐ $u_1 = 10$ et $r = -5$
☐ $u_1 = -10$ et $r = 5$

8. La suite arithmétique (u_n) est définie par $u_1 = 15$ et $r = 6$. Sachant que $S_n = n \times \dfrac{u_1 + u_n}{2}$, la somme des 11 premiers termes est :

☐ $S_{11} = 202{,}5$ ☐ $S_{11} = 450$ ☐ $S_{11} = 495$

9. Parmi les représentations graphiques ci-dessous, laquelle n'est pas celle d'une suite arithmétique ?

☐
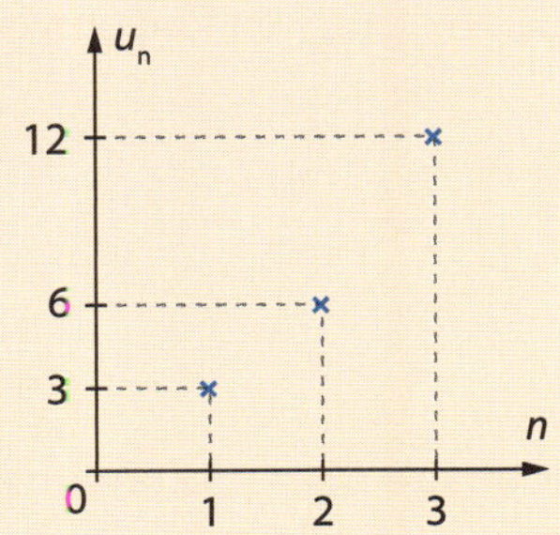

☐
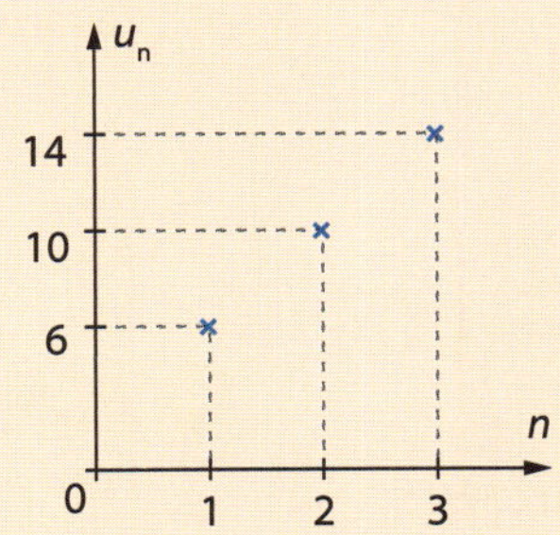

☐
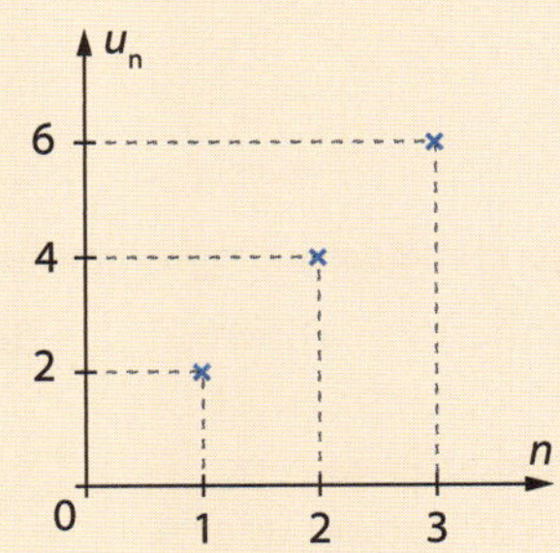

Automatismes

Calcul mental

1 Remplacez n par 6 pour calculer u_6.

a. $u_n = 0{,}5n - 6$ **b.** $u_n = n^2 + 6$

2 Calculez u_8.

a. $u_8 = 12 + (8 - 1) \times 3$ **b.** $u_8 = -6 + (8 - 1) \times 5$

3 Calculez S_{20}.

a. $S_{20} = 20 \times \dfrac{1{,}5 + 22{,}5}{2}$ **b.** $S_{20} = 20 \times \dfrac{4 + 17}{2}$

À l'oral

4 **a.** Si $u_n = f(n)$, quelle est la différence entre la suite (u_n) et la fonction f ?

b. À quelle condition une suite numérique est-elle décroissante ?

5 **a.** Comment reconnaître une suite arithmétique ?

b. À quelle condition une suite arithmétique de raison r est-elle croissante ?

6 **Exercice corrigé**

Calculez les termes de rangs 2 et 3 des suites numériques suivantes :

a. la suite (u_n) telle que $u_n = 14 - n^2$ pour tout entier n positif ;

b. la suite (v_n) telle que $v_1 = 10$ et $v_{n+1} = v_n + 2$ pour tout entier n positif.

Corrigé

a. $u_2 = 14 - 2^2 = 14 - 4 = 10$

$u_3 = 14 - 3^2 = 14 - 9 = 5$

b. $v_2 = 10 + 2 = 12$

$v_3 = 12 + 2 = 14$

Suites numériques

7 Soit la suite numérique (u_n) définie par $u_n = n^2 + 1$ pour tout entier n positif.

- Calculez les termes u_1, u_2, u_3 et u_4 de cette suite.

8 Soit la suite numérique (u_n) définie par $u_n = 12n - 2$ pour tout entier n positif.

- Calculez les termes u_1, u_2, u_3 et u_4 de cette suite.

9 **Algorithmique et programmation**

La fonction Python ci-contre permet de calculer le rang à partir duquel une suite atteint un seuil.

```python
def suite_seuil():
    u=25
    n=1
    while u<200:
        n=n+1
        u=20*n+5
    return n
```

a. Relevez l'expression de la suite.

b. Déterminez le sens de variation de la suite.

c. Construisez, au brouillon, l'algorigramme correspondant à la fonction.

10 Soit la suite numérique (u_n) définie par $u_n = 2n + 1$ pour tout entier n positif.

a. Calculez $u_{n+1} - u_n$.

b. Déterminez le signe de $u_{n+1} - u_n$ et déduisez-en le sens de variation de la suite (u_n).

Suites arithmétiques

11 Parmi les trois représentations graphiques ci-dessous, laquelle modélise une suite arithmétique décroissante ? Justifiez votre réponse.

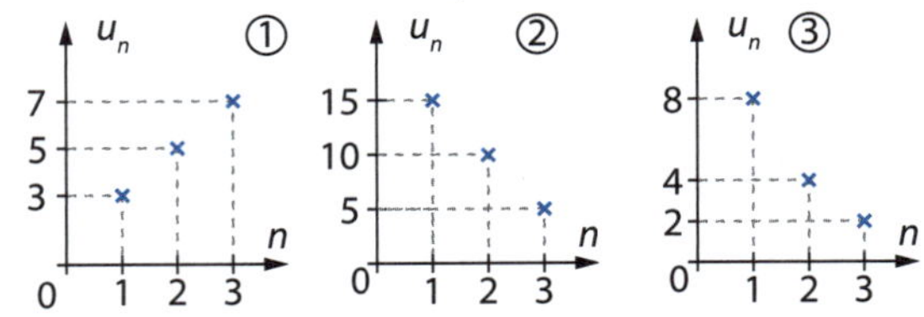

12 Let (u_n) be the sequence defined by: 10, 18, 26, 34 and 42.

- Is this sequence arithmetic? If so, find the common difference and express u_{n+1} as a function of u_n.

13 Soit la suite (u_n) définie par la liste : 50, 46, 42, 38 et 34.

- Cette suite est-elle arithmétique ? Si oui, donnez sa raison et l'expression de u_{n+1} en fonction de u_n.

14 **En physique-chimie**

Pour vérifier l'étalonnage d'un profondimètre de plongée sous-marine, on a relevé la pression p en fonction de la profondeur h.

Les résultats sont les suivants.

***h* (en m)**	1	2	3	4	5
***p* (en bar)**	1,1	1,2	1,3	1,4	1,5

a. Donnez l'expression de la pression p en fonction de h.

b. Est-ce une suite arithmétique ? Justifiez.

15 On note (u_n) la suite arithmétique de premier terme $u_1 = 6{,}4$ et de raison $r = -0{,}6$.

a. Représentez graphiquement ci-dessous les 5 premiers termes de la suite (u_n).

b. Déterminez le sens de variation de la suite (u_n).

16 On note (u_n) la suite arithmétique de premier terme $u_1 = 5$ et de raison $r = 3$.

a. Déterminez le sens de variation de cette suite.

b. Calculez les termes u_2, u_3 et u_4 de cette suite.

17 On note (u_n) la suite arithmétique de premier terme $u_1 = 10$ et de raison $r = -4$.

a. Déterminez le sens de variation de cette suite.

b. Calculez les termes u_2, u_3 et u_4 de cette suite.

18 On note (u_n) la suite arithmétique de premier terme $u_1 = 100$ et de raison $r = -5$.

a. Exprimez u_n en fonction de n.

b. Calculez les termes u_3 et u_{17} de cette suite.

19 On note (u_n) la suite arithmétique de premier terme $u_1 = 4{,}5$ et de raison $r = 4{,}5$.

a. Exprimez u_n en fonction de n.

b. Calculer les termes u_3 et u_{50} de cette suite.

20 La représentation graphique des 5 premiers termes d'un suite arithmétique (u_n) est donnée ci-dessous.

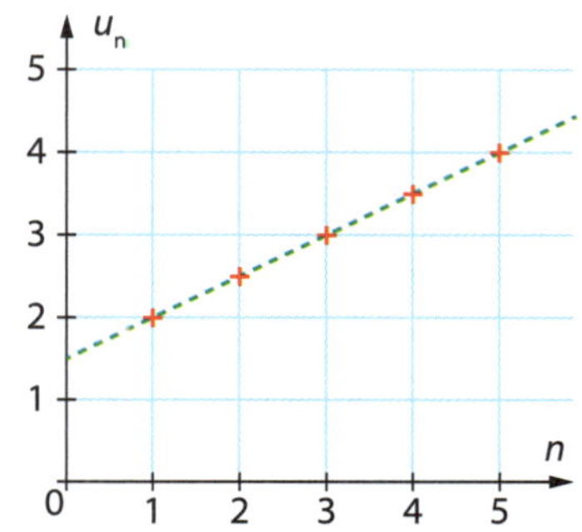

a. Déterminez les valeurs de u_1 et de r.

b. Calculez le 10e terme de cette suite.

21 Soit la suite arithmétique (u_n) définie par $u_1 = 500$ et la relation $u_{n+1} = u_n - 50$.

a. Exprimez u_n en fonction de n.

b. Calculez le 11e terme de cette suite.

c. Calculez la somme des 11 premiers termes de la suite arithmétique (u_n) à l'aide de la formule $S_n = n \times \dfrac{u_1 + u_n}{2}$.

22 **Démarche mathématique**

On note S_n la somme des n premiers termes d'une suite arithmétique (u_n).

- Montrer que : $2 \times S_n = n \times (u_1 + u_n)$.

Problèmes

Problème corrigé

1 Les délais de livraison seront-ils tenus ?

CO-INTERVENTION

▶ Problématique professionnelle

Une entreprise fabrique habituellement 5 000 thermomètres par mois. Pour répondre à une commande exceptionnelle de 89 000 thermomètres, la responsable de l'entreprise envisage d'augmenter la production de 700 thermomètres tous les mois, pendant 10 mois.

1. S'approprier. Quelle est la production mensuelle de thermomètres après une première augmentation ? après une seconde augmentation ?

2. Analyser. Raisonner. Proposez une méthode permettant de déterminer la production de thermomètres pendant 10 mois.

▶ En maths

3. Réaliser.

a. On modélise cette situation à l'aide d'une suite numérique (u_n). Exprimez u_n en fonction de n.

b. Calculez u_{10}.

4. Valider. Vérifiez que la somme S_{10} des 10 premiers termes de la suite (u_n) est égale à 88 500 avec la formule $S_n = n \times \dfrac{u_1 + u_n}{2}$.

▶ En enseignement professionnel

5. Communiquer. L'entreprise pourra-t-elle tenir un délai de livraison de 10 mois ? Justifiez.

Corrigé

1. La production est de 5 700 thermomètres, puis de 5 700 + 700 = 6 400.

2. Il faut modéliser la production à l'aide d'une suite arithmétique, puis effectuer la somme des 10 premiers termes de la suite.

3. a. C'est une suite arithmétique de premier terme $u_1 = 5\,700$ et de raison $r = 700$, d'où :
$u_n = 5\,700 + (n - 1) \times 700 = 5\,000 + 700n$.

b. $u_{10} = 5\,000 + 700 \times 10 = 12\,000$.

4. $S_{10} = 10 \times \dfrac{5\,700 + 12\,000}{2} = 88\,500$.

5. L'entreprise ne pourra pas tenir les délais car la production sera de seulement 88 500 thermomètres. Il sera nécessaire de reporter d'un mois la livraison.

2 Quels sont les effets de l'altitude sur la température et la pression ?

Le tableau suivant présente les variations de la température et de la pression atmosphérique en fonction de l'altitude.

Altitude (en km)	0	1	2	3	4
Température (en °C)	15	8,5	2	–4,5	–11
Pression atmosphérique (en hPa)	1 013	900	794	697	613

1. S'approprier. Quelle différence de température est observée par un marcheur qui participe à une randonnée reliant la mer (niveau zéro) à un sommet culminant à 2 000 m ?

....

....

2. Analyser. Raisonner. Peut-on modéliser par une suite arithmétique, en fonction de l'altitude, les températures ? les pressions ?

....

....

....

....

3. Réaliser. On modélise les températures en fonction de l'altitude n par la suite (u_n). Déterminez son expression.

....

....

4. Valider. Vérifiez qu'un avion volant à 10 000 m d'altitude subit une température de –50 °C.

....

....

5. Communiquer. Rédigez quelques lignes pour présenter l'évolution de la température en fonction de l'altitude.

3 Combien d'années pour amortir les panneaux photovoltaïques ?

Transition écologique

Un agriculteur souhaite installer des panneaux photovoltaïques sur le toit de son hangar. La société Photélec, qui se chargera des travaux, propose une estimation du résultat financier. Elle prend en compte le coût de l'installation des panneaux et les revenus moyens engendrés par la vente de l'électricité produite.

Chronologie	Résultat financier
1re année	−24 750 €
2e année	−22 500 €
3e année	−20 250 €
4e année	−18 000 €

1. S'approprier. Si les travaux débutent en janvier 2022, quel sera le résultat financier en décembre 2025 ?

2. Analyser. Raisonner.

a. Pourquoi peut-on modéliser le résultat financier en fonction de l'année n par une suite arithmétique (u_n) ?

b. S'agit-il d'une suite croissante ou décroissante ?

3. Réaliser.

a. Exprimez u_n en fonction de n.

b. Calculez u_{10}.

4. Valider. Vérifiez que l'équation $u_n = 0$ a pour solution $n = 12$.

5. Communiquer. Précisez les conditions d'amortissement de l'installation photovoltaïque si les travaux débutent en 2022.

4 Combien de places dans l'auditorium ?

Les quatre premières rangées d'un auditorium sont schématisées sur le plan ci-dessous.

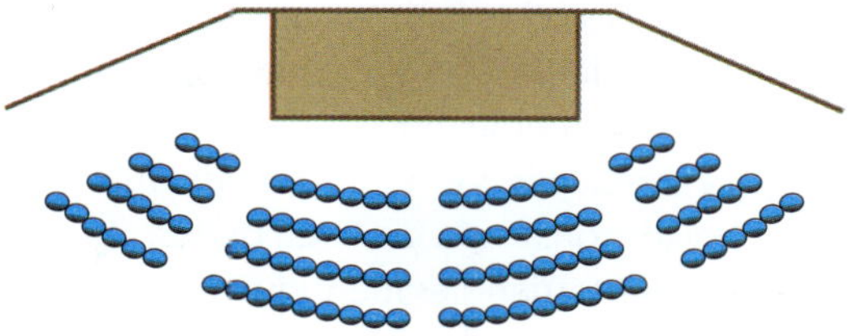

1. S'approprier. Déterminez le nombre de sièges sur la première rangée de sièges, puis sur la seconde rangée de sièges.

2. Analyser. Raisonner.

On souhaite modéliser le nombre de places par rangée par une suite numérique (u_n).

a. Cochez l'expression de (u_n), où n représente le numéro de la rangée.

☐ $u_n = 18 + (n - 1) \times 4$

☐ $u_n = 18 \times 4n - 1$

b. S'agit-il d'une suite arithmétique ? Justifiez.

3. Réaliser.

a. Calculez u_{25}.

b. Calculez la somme S_{25} des 25 premiers termes avec la formule $S_n = n \times \frac{u_1 + u_n}{2}$.

4. Valider. Un concert est organisé dans l'auditorium et 1 458 places ont été vendues.
Cette salle sera-t-elle adaptée si elle comporte 25 rangées ? Justifiez.

5. Communiquer. Rédigez une note pour informer le service de sécurité du concert des caractéristiques de la salle et de son utilisation.

Démarche scientifique

5 Combien de perles par gilet ? CO-INTERVENTION

Une société de haute couture présente deux possibilités de parures en perles de 1 cm de diamètre pour un même modèle de gilet.

Les deux gilets ont en commun une ceinture et un collier constitués de 1 120 perles, complétés par :

– 8 petits triangles identiques de perles de 9 cm de base pour le gilet ① ;

– 1 grand triangle de perles de 41 cm de base pour le gilet ②.

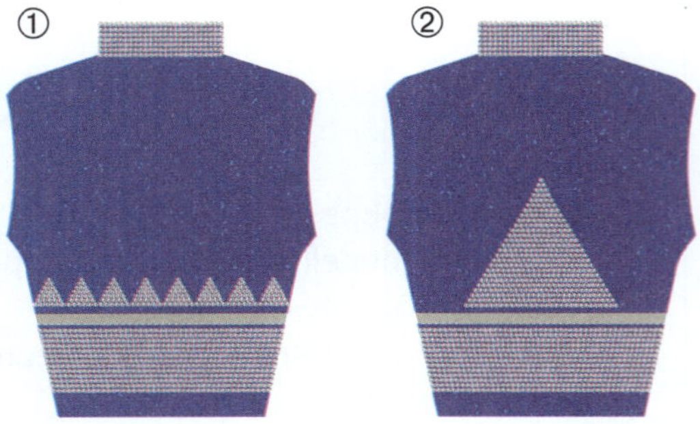

Dans tous les triangles, chaque rangée de perles contient deux perles de moins que la rangée du dessous.

- Comparez les coûts de ces deux parures, sachant qu'une perle vaut 1,25 €.

6 Quand faut-il ajouter du chrome ? CO-INTERVENTION

Le chromage est une opération qui consiste à recouvrir de chrome une pièce, en acier ou en fer par exemple, pour lui donner un aspect brillant ou augmenter sa dureté.

Dans l'industrie, c'est une chaîne robotisée qui permet de tremper la pièce dans le bain de chromage puis de la ressortir quand la couche de chrome est appliquée et, enfin, de la transporter dans un bain de rinçage pendant qu'une deuxième pièce est trempée.

Avant le début du chromage, le bain de chromage a un volume initial de 240 L.

Chaque trempage d'une pièce à chromer correspond à la perte d'un volume de chrome égal à 50 mL. Pour assurer un chromage toujours parfait, le bain doit être remis à son volume initial, c'est-à-dire à 240 L, dès que le volume restant ne représente plus que 97 % du volume maximal.

1. Calculez ce volume critique.
2. Donnez le nombre de pièces chromées à partir duquel le bain doit être remis à son volume maximal.

Évaluation

Nom : ....

Prénom : ....

Quelle est la formule chimique ?

30 min

Les essences sans plomb sont caractérisées par un indice d'octane, comme dans le SP 95 ou le SP 98. Cet indice fait référence à l'octane, un espèce chimique de la famille des alcanes. Le tableau suivant donne les noms et les formules chimiques des trois premiers alcanes.

Nom des alcanes	Méthane	Éthane	Propane
Formule moléculaire	CH_4	C_2H_6	C_3H_8

1. S'approprier.

Relevez le nombre d'atomes d'hydrogène dans la molécule de méthane, d'éthane et de propane.

....

2. Analyser. Raisonner.

Pourquoi peut-on modéliser le nombre d'atomes d'hydrogène dans les trois premiers alcanes en fonction du nombre n d'atomes de carbone par une suite arithmétique (u_n) ?

....

....

3. Réaliser.

a. Exprimez u_n en fonction de n.

....

b. On admet que, pour tous les alcanes, le nombre d'atomes d'hydrogène peut être défini par la suite (u_n). Calculez u_8 pour déterminer le nombre d'atomes d'hydrogène de l'octane.

....

4. Valider.

Cochez la formule générale des alcanes parmi les trois proposées et justifiez votre réponse.

☐ C_nH_{2n} ☐ C_nH_{n+2} ☐ C_nH_{2n+2}

....

....

5. Communiquer.

Représentez graphiquement ci-contre le nombre d'atomes d'hydrogène en fonction du nombre d'atomes de carbone des alcanes pour $1 \leqslant n \leqslant 8$.

Question	Capacités	Connaissances
3.	Calculer un terme de rang donné d'une suite arithmétique.	Suites arithmétiques : - définition par la relation $u_{n+1} = u_n + r$ et la donnée du premier terme ; - expression du terme de rang n en fonction du premier terme et de la raison.
2.	Reconnaître les premiers termes d'une suite arithmétique.	
5.	Réaliser et exploiter une représentation graphique du nuage de points $(n ; u_n)$.	

Activité de co-intervention

Quel débit d'air choisir ?

▶ Problématique professionnelle

Un électricien doit installer une VMC dans un logement neuf. La ventilation doit satisfaire aux exigences suivantes : l'aération doit être générale et permanente, la circulation d'air doit se faire depuis des entrées d'air situées dans les pièces principales jusqu'à des sorties, dans les pièces de service. Des débits réglementaires sont exigés dans le tableau ci-contre (source : ADEME).

La qualité de l'air intérieur
Lien vidéo 3 min 31 s
hachette-clic.fr/21mab003

Débits extraits à satisfaire (en m^3/h)

Nombre de pièces principales	Cas général		
	cuisine	salle de bains	WC
1	75	15	15
2	90		
3	105	30 (15 dans autre salle d'eau)	
4	120		30 (15 si plusieurs WC)
5 et plus	135		

Nombre de pièces principales	avec dispositifs individuels de réglage		avec modulation automatique du renouvellement d'air
	débit minimal en cuisine	débit total minimal	total
1	20	35	10
2	30	60	
3	45	75	15
4		90	20
5		105	25
6		120	30
7		135	35

1. S'approprier. Recherchez quel est le rôle d'une VMC.

....

....

▶ En mathématiques

2. Analyser. Raisonner. Relevez, dans le tableau, les grandeurs que l'on peut modéliser à l'aide d'une suite arithmétique. Justifiez.

....

....

3. Réaliser. Dans le cas général, si le débit extrait dans la cuisine suit la même logique, calculez le débit nécessaire dans un logement de 7 pièces.

....

....

4. Valider. Pour traiter correctement une cuisine, il faut renouveler l'air au moins six fois par heure. Vérifier que, dans le cas général, pour satisfaire à ce principe, le volume de la cuisine (en m^3) peut être modélisé par la suite arithmétique : 12,5 ; 15 ; 17,5 ; 20 ; 22,5.

....

....

▶ En enseignement professionnel

5. Communiquer. Quel conseil donneriez-vous à l'électricien concernant un logement de 4 pièces dont la cuisine a pour dimensions 4 m × 3 m × 2,5 m, dans le cas général ?

....

....

4 Résolution graphique d'équations et d'inéquations

Activité 1 Comment comparer la performance de panneaux solaires portatifs ?

Démarche scientifique

10 min

Résoudre graphiquement des inéquations de la forme $f(x) \geqslant g(x)$.

Un panneau solaire portatif, fixé au sac à dos, fournit un courant continu qui permet de charger un téléphone, des lampes, ou tout autre outil utile au randonneur.

Le graphique ci-dessous montre l'intensité du courant fourni (en mA) par différents modèles de panneaux solaires portatifs en fonction de l'ensoleillement (en W/m²).

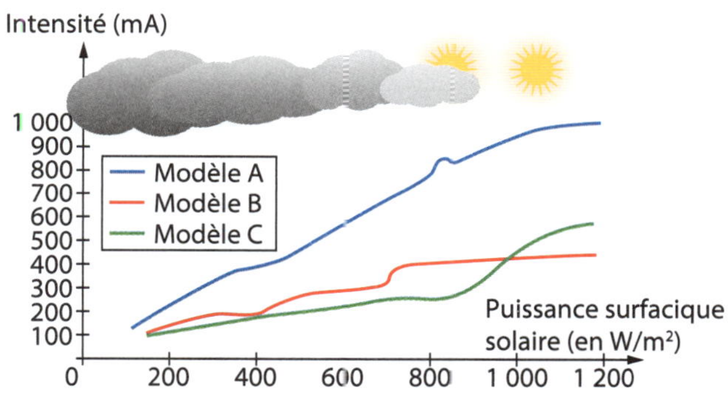

- Comparez la performance des différents modèles et indiquez celui qui est le plus performant. Justifiez votre choix.

....

....

....

....

....

Activité 2 À quel moment le voilier peut-il rentrer dans le chenal ?

15 min

Résoudre graphiquement des équations de la forme $f(x) = g(x)$.

Un voilier souhaite rentrer dans un chenal, c'est-à-dire le passage qui mène au port. Pour parcourir ce chenal, sans risquer de s'échouer, il lui faut un tirant d'eau de 2,45 m (voir ci-contre).

La hauteur d'eau dans le chenal varie tout au long de la journée en fonction des heures de marée et des conditions environnantes.

Ce jour-là, entre 8 h et 21 h, la hauteur d'eau h dans le chenal peut être modélisée en fonction du temps t par la fonction $h(t) = -0{,}13t^2 + 3{,}8t - 22$ avec h en mètres et t en heures tel que t appartient à l'intervalle $[8 ; 21]$.

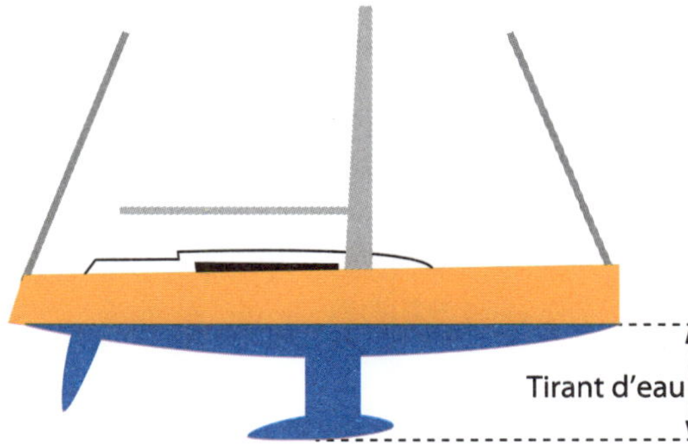

Activité 2 *suite*

1. Calculez la hauteur d'eau dans le chenal à 10 h et déduisez-en si le voilier peut entrer dans le chenal.

....

....

2. À l'aide d'une représentation graphique, sur votre calculatrice, de la fonction h sur l'intervalle [8 ; 21], résolvez l'équation $h(t) = 2,45$ et donnez une interprétation du résultat.

....

....

3. Déduisez-en à quelle(s) heure(s) le voilier pourra emprunter le chenal.

....

....

Activité 3 Quelle voiture est la plus économique ?

Transition écologique

Démarche scientifique

Résoudre graphiquement des inéquations de la forme $f(x) \geqslant g(x)$.

15 min

Choisir entre une voiture électrique et une voiture thermique n'est pas toujours évident du point de vue économique.
Le tableau ci-dessous détaille le coût des deux types de véhicule.

	Voiture thermique	Voiture électrique
Coût énergétique (en moyenne)	8,4 €/100 km	1,45 €/100 km
Entretien	400 €/an	200 €/an
Location de la batterie		79 €/mois

- Déterminez, à l'aide d'un graphique obtenu à la calculatrice, le nombre de kilomètres pour lequel la voiture électrique est plus intéressante financièrement que la voiture thermique, pour une année.

Voiture électrique ou voiture thermique ?
Lien vidéo 7 min 17 s
hachette-clic.fr/21mab004

Pour bien démarrer ▶ **Exprimez le coût total en fonction du nombre de kilomètres.**

....

....

....

....

....

....

....

....

....

Appelez votre professeur pour une aide, ou lui montrer votre proposition.

Travaux pratiques

TP 1 Quel parc a la plus grande fréquentation ?

Outils numériques

30 min

Objectifs
- Représenter graphiquement une fonction.
- Résoudre graphiquement une équation et une inéquation.

Le but de ce TP est de comparer la fréquentation annuelle entre le Futuroscope de Poitiers et le Parc Astérix de Plailly, de 2010 à 2019.

Le tableau ci-dessous donne le nombre d'entrées (en millions) au Futuroscope et au Parc Astérix entre 2010 et 2019.

Au nombre d'entrées au Futuroscope, on associe une fonction f ; à celui du Parc Astérix, on associe une fonction g.

Année	2010	2011	2012	2013	2014	2015	2016	2017	2018	2019
Rang x	1	2	3	4	5	6	7	8	9	10
Nombre d'entrées $f(x)$ (en millions) au Futuroscope	1,81	1,85	1,90	1,86	1,89	1,89	1,91	2,00	2,15	2,2
Nombre d'entrées $g(x)$ (en millions) au Parc Astérix	1,79	1,663	1,66	1,60	1,65	1,81	1,92	2,10	1,95	1,97

1. Représentation graphique des fonctions f et g

À l'aide d'un tableur-grapheur, représentez graphiquement les fonctions f et g sur l'intervalle $[1 ; 10]$.

Logiciel p. 165

2. Résolution graphique d'équation

a. Sur l'intervalle $[1 ; 10]$, donnez la valeur de x pour laquelle $f(x) = g(x)$.

....

b. Donnez une interprétation concrète à la solution obtenue.

....

....

....

3. Résolution graphique d'inéquation

a. Sur l'intervalle $[1 ; 10]$, donnez les valeurs de x pour lesquelles $f(x) \leqslant g(x)$.

....

b. Donnez une interprétation concrète aux solutions obtenues.

....

....

....

TP 2 Le service est-il valide ?

Algorithmique et programmation

30 min

Objectif

- Déterminer, par balayage, un encadrement ou une valeur approchée d'une solution d'une équation du type $f(x) = c$, lorsqu'on sait qu'elle existe, dans un intervalle donné.

Le tennis de table se joue avec une table rectangulaire de 2,74 m de long et 1,69 m de large. Un joueur effectue un service et on observe la trajectoire de la balle.
Lors du service, la hauteur de la balle (en m) est modélisée par une fonction f définie par $f(x) = -0,05x^2 + 0,09x + 0,1$, où x est la distance horizontale entre le joueur et la balle (en m).

1. Représentation graphique de la fonction

Représentez graphiquement la fonction f sur l'intervalle [0 ; 3] à l'aide d'un logiciel de géométrie 2D.

2. Hauteur de la balle en fonction de la distance

Le programme Python ci-contre donne la hauteur de la balle. Il a comme argument la distance x.

```
1 def hauteur(x):
2     hauteur= ...
3     return hauteur
```

a. Complétez la deuxième ligne de ce programme.

....

b. Lancez le logiciel Python, puis recopiez et testez le programme pour les valeurs de x suivantes : 0,5 ; 1 ; 1,5 ; 2 ; 2,5. Indiquez les valeurs obtenues.

....

c. Le filet se situe à 1,37 m du joueur et sa hauteur est de 15,25 cm. Indiquez si, lors de ce service, la balle passe au-dessus du filet.

....

3. Méthode par balayage : validité du service

Le service est valide si la balle retombe sur la table dans la zone du joueur adverse.
La fonction « balayage » ci-contre permet de déterminer la distance x_0 pour laquelle la hauteur de la balle est nulle ($f(x_0) = 0$).

```
def balayage(pas):
    x=0
    while hauteur(x)>0:
        x=x+pas
    return x
```

a. Donnez le rôle du paramètre « pas ».

....

....

b. Recopiez la fonction « balayage » à la suite du programme précédent, et testez cette fonction avec les valeurs de « pas » suivantes : 0,1 et 0,01.

c. Le service du joueur est-il valide ?

....

....

L'essentiel

1 Résolution graphique d'équations de la forme $f(x) = g(x)$

Soient f et g deux fonctions définies sur un intervalle I qui ont pour représentations graphiques les courbes $\mathscr{C}_f$ et $\mathscr{C}_g$. Lorsqu'elles existent, les **solutions de l'équation $f(x) = g(x)$** sont les **abscisses** des points d'intersection entre $\mathscr{C}_f$ et $\mathscr{C}_g$.

! Remarque :
S'il n'existe pas de point d'intersection entre les deux courbes $\mathscr{C}_f$ et $\mathscr{C}_g$, alors l'équation $f(x) = g(x)$ n'a aucune solution.

Exemple

$\mathscr{C}_f$ et $\mathscr{C}_g$ sont les courbes représentatives de deux fonctions f et g sur l'intervalle [– 2 ; 4].

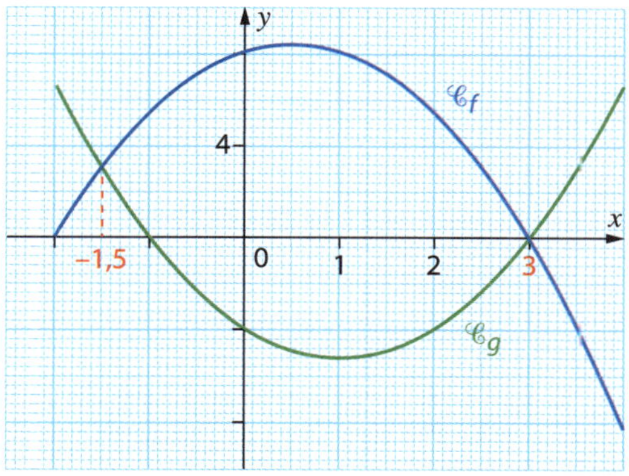

Pour résoudre l'équation $f(x) = g(x)$:
– on repère, s'ils existent, les points d'intersection des courbes $\mathscr{C}_f$ et $\mathscr{C}_g$: il y en a deux ;
– on relève leurs abscisses : $x = -1{,}5$ et $x = 3$;
Les solutions de l'équation $f(x) = g(x)$ sont $x = -1{,}5$ et $x = 3$.

- Lorsqu'elles existent, les **solutions de l'équation $f(x) = 0$** sont les **abscisses** des points d'intersection entre $\mathscr{C}_f$ et l'axe des abscisses.
- Lorsqu'elles existent, les **solutions de l'équation $f(x) = c$**, où c est un nombre réel, sont les **abscisses** des points d'intersection entre $\mathscr{C}_f$ et la droite d'équation $y = c$.

Exemple

La fonction f est définie sur [–3 ; 3] par $f(x) = x^3$.
Pour résoudre l'équation $f(x) = 8$:
– on repère, s'ils existent, le(s) point(s) d'intersection entre la courbe représentative de f et la droite $\mathscr{D}$ d'équation $y = 8$: il y en a un ;
– on relève son abscisse : $x = 2$.
La solution de l'équation $f(x) = 8$ est $x = 2$.

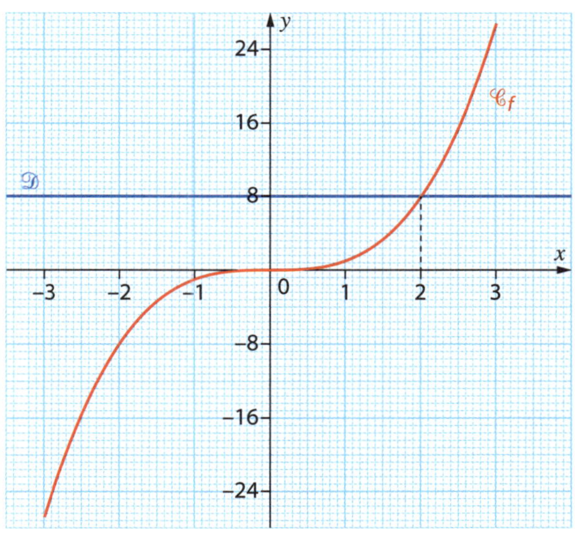

2 Résolution graphique d'inéquations de la forme $f(x) \geqslant g(x)$

Soient f et g deux fonctions définies sur un intervalle I qui ont pour représentations graphiques les courbes $\mathscr{C}_f$ et $\mathscr{C}_g$. Lorsqu'elles existent, les **solutions de l'inéquation** $f(x) \geqslant g(x)$ sont les **abscisses** des points des deux courbes $\mathscr{C}_f$ et $\mathscr{C}_g$ telles que les points de $\mathscr{C}_f$ se situent à l'intersection des deux courbes **et** au-dessus de $\mathscr{C}_g$.

Exemples

- $\mathscr{C}_f$ et $\mathscr{C}_g$ sont les courbes représentatives de deux fonctions f et g sur l'intervalle [– 2 ; 4].

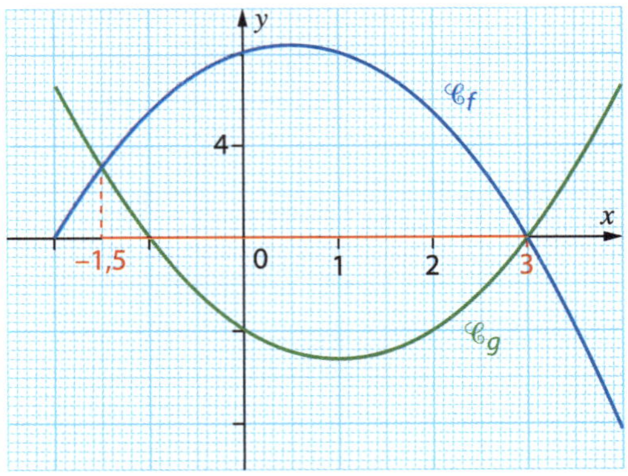

Pour résoudre l'équation $f(x) \geqslant g(x)$:
– on repère, s'ils existent, les points d'intersection des courbes $\mathscr{C}_f$ et $\mathscr{C}_g$: il y en a deux ;
– on relève leurs abscisses : $x = -1{,}5$ et $x = 3$;
– on repère la (ou les) partie(s) de la courbe $\mathscr{C}_f$ située(s) au-dessus de la courbe $\mathscr{C}_g$: il y en a une.
Les solutions de l'inéquation $f(x) \geqslant g(x)$ sont données par l'ensemble des nombres x tels que :

$$-1{,}5 \leqslant x \leqslant 3.$$

On note également l'ensemble des solutions sous la forme d'un intervalle : $\mathscr{S} = [-1{,}5 ; 3]$.

- $\mathscr{C}_f$ et $\mathscr{C}_g$ sont les courbes représentatives de deux fonctions f et g sur l'intervalle [– 4,5 ; 4].

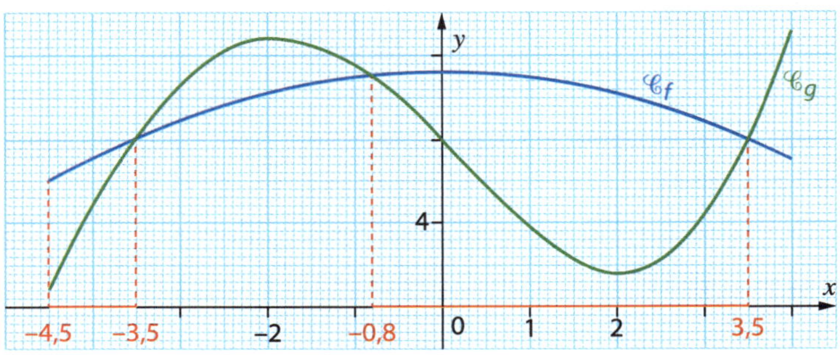

Pour résoudre l'inéquation $f(x) \geqslant g(x)$:
– on repère, s'ils existent, les points d'intersection des courbes $\mathscr{C}_f$ et $\mathscr{C}_g$: il y en a trois ;
– on relève leurs abscisses $x = -3{,}5$; $x = -0{,}8$ et $x = 3{,}5$;
– on repère la (ou les) partie(s) de la courbe $\mathscr{C}_f$ située(s) au-dessus de la courbe $\mathscr{C}_g$: il y en a deux.
Les solutions de l'inéquation $f(x) \geqslant g(x)$ sont données par l'ensemble des nombres x tels que :

$$-4{,}5 \leqslant x \leqslant -3{,}5 \text{ ou } -0{,}8 \leqslant x \leqslant 3{,}5.$$

On note également l'ensemble des solutions sous la forme d'une réunion d'intervalles :
$\mathscr{S} = [-4{,}5 ; -3{,}5] \cup [-0{,}8 ; 3{,}5]$.
Remarque : Le symbole ∪ se lit « union » (voir Vocabulaire ensembliste et logique, p. 155).

- Lorsqu'elles existent, les **solutions de l'inéquation $f(x) \geqslant 0$** sont les abscisses des points de la courbe $\mathscr{C}_f$ situés à l'intersection de l'axe des abscisses et de $\mathscr{C}_f$ **et** les abscisses des points de $\mathscr{C}_f$ au-dessus de l'axe des abscisses.
- Lorsqu'elles existent, les **solutions de l'inéquation $f(x) \geqslant c$**, où c est un nombre réel, sont les abscisses des points de la courbe $\mathscr{C}_f$ situés à l'intersection de $\mathscr{C}_f$ et de la droite d'équation $y = c$ **et** les abscisses des points de $\mathscr{C}_f$ au-dessus de cette droite.

Exercices

Testez-vous !

QCM interactif

Cochez la bonne réponse parmi les trois proposées.

1. On donne la représentation graphique d'une fonction f sur l'intervalle [–2 ; 4].

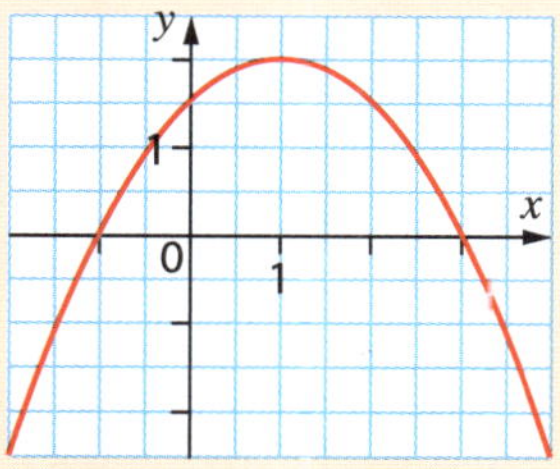

Les solutions de l'équation $f(x) = 0$ sont les nombres x tels que :

- ☐ $x = -2$ et $x = 6$
- ☐ $x = -1$ et $x = 3$
- ☐ $x = 1{,}5$

2. On donne la représentation graphique d'une fonction f sur l'intervalle [–1 ; 3].
L'ensemble des solutions de l'inéquation $f(x) \geqslant 0$ est :

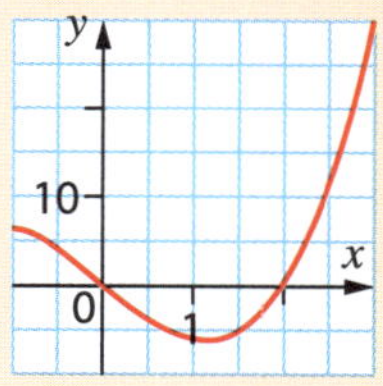

- ☐ $\mathcal{S} = [0 ; 30]$
- ☐ $\mathcal{S} = [-1 ; 0] \cup [2 ; 3]$
- ☐ $\mathcal{S} = [-1 ; 0{,}5] \cup [2 ; 3[$

3. On donne les représentations graphiques $\mathcal{C}_f$ et $\mathcal{C}_g$ de deux fonctions f et g définies sur l'intervalle [–2 ; 4].
Les solutions de l'équation $f(x) = g(x)$ sont les nombres x tels que :

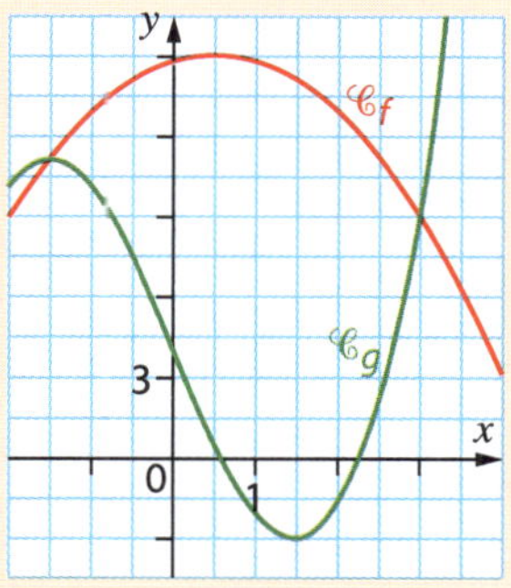

- ☐ $x = -1{,}5$ et $x = 3$
- ☐ $x = 9$ et $x = 10{,}5$
- ☐ $x = -3$ et $x = 6$

4. On considère les mêmes représentations graphiques qu'à la question **3**.
L'ensemble des solutions de l'inéquation $f(x) \geqslant g(x)$ est :

- ☐ $\mathcal{S} = [-1{,}5 ; 3]$
- ☐ $\mathcal{S} = [9 ; 10{,}5]$
- ☐ $\mathcal{S} = [-3 ; 6]$

5. On donne les représentations graphiques $\mathcal{C}_f$ et $\mathcal{C}_g$ de deux fonctions f et g définies sur l'intervalle [–2,5 ; 3].
L'ensemble des solutions de l'inéquation $f(x) \geqslant g(x)$ est :

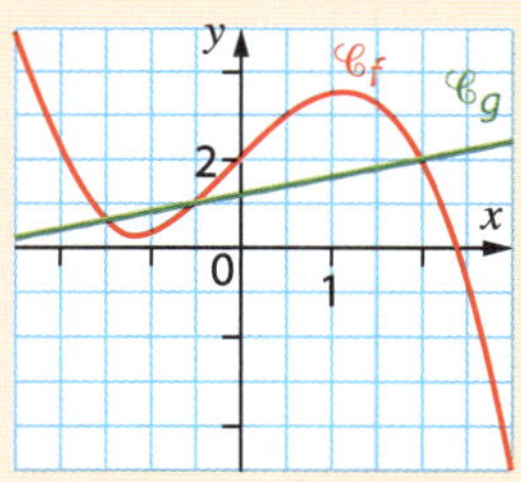

- ☐ $\mathcal{S} = [-1{,}5 ; 2]$
- ☐ $\mathcal{S} = [-2{,}5 ; -1{,}5] \cup [-0{,}5 ; 2]$
- ☐ $\mathcal{S} = [-1{,}5 ; 0{,}5] \cup [2 ; 3]$

6. On considère les mêmes representations graphiques qu'à la question **5**.
Les solutions de l'équation $f(x) = g(x)$ sont :

- ☐ $x = -1{,}5$ et $x = -0{,}5$
- ☐ $x = 2$
- ☐ $x = -1{,}5$; $x = -0{,}5$ et $x = 2$

Automatismes

À l'oral

1 Sur quel axe peut-on lire les solutions d'une équation $f(x) = g(x)$ lors d'une résolution graphique ? Justifiez.

2 Lors de la résolution graphique de l'inéquation $f(x) \geqslant g(x)$, les abscisses des points d'intersection entre les deux courbes, s'ils existent, sont-ils solutions ? Justifiez.

Calcul mental

3 On donne ci-contre les courbes représentatives de fonctions f et g.
Résolvez graphiquement $f(x) = g(x)$. Vous donnerez une valeur approchée de la solution.

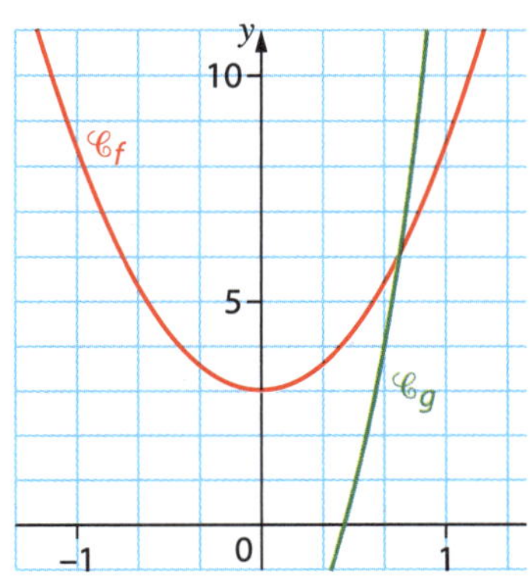

4 **Exercice corrigé**

On donne les représentations graphiques $\mathscr{C}_f$ et $\mathscr{C}_g$ de deux fonctions f et g définies sur l'intervalle $[-5 ; 5]$.

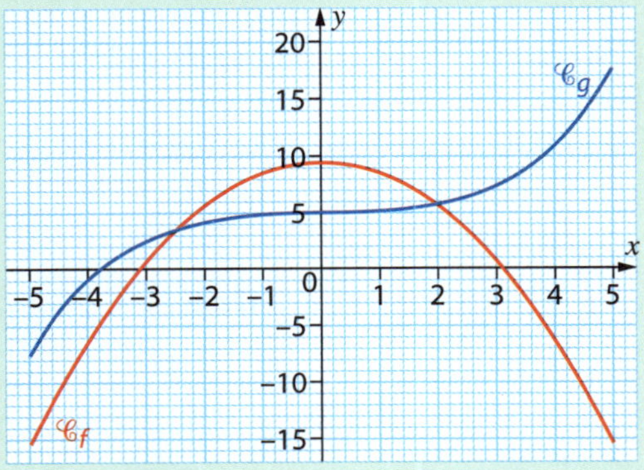

a. Résolvez $g(x) = 0$.

b. Résolvez $f(x) = g(x)$.

c. Résolvez $f(x) \geqslant g(x)$.

Corrigé

a. $x = -3{,}8$.

b. $x = -2{,}5$ et $x = 2$.

c. $\mathscr{S} = [-2{,}5 ; 2]$

Résolution graphique d'équations de la forme $f(x) = g(x)$

5 On donne ci-dessous les représentations graphiques $\mathscr{C}_f$ et $\mathscr{C}_g$ de deux fonctions f et g définies sur l'intervalle $[-2{,}5 ; 2{,}5]$.

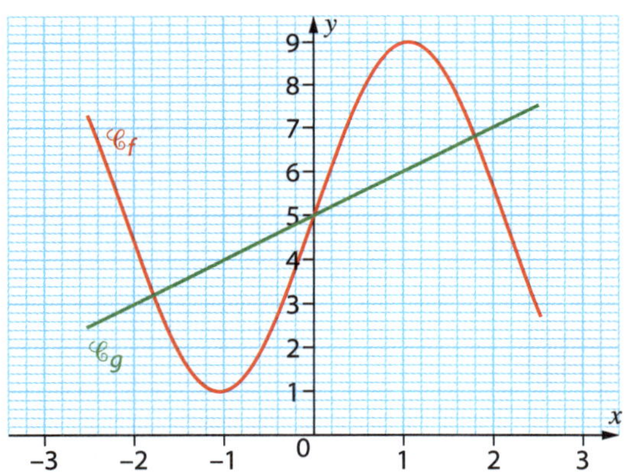

a. Résolvez $f(x) = 5$. Les solutions seront arrondies au dixième

....

....

b. Résolvez graphiquement l'équation $f(x) = g(x)$. Les solutions seront arrondies au dixième.

....

....

6 Here are the graphs $\mathscr{C}_f$ and $\mathscr{C}_g$ of two functions f and g defined on $[-1 ; 4]$.

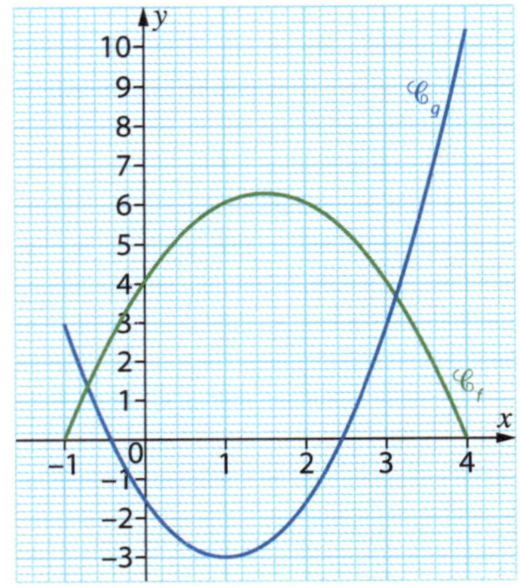

• Solve the equation $f(x) = g(x)$ graphically. The solutions will be rounded to the tenth.

....

7 **En physique-chimie**

La puissance électrique P (en W) reçue par un appareil de résistance R (en Ω) et traversé par un courant continu d'intensité I (en A) est donnée par la formule : $P = R \times I^2$.

a. Tracez la représentation graphique de P en fonction de I pour $R = 100\ \Omega$ à l'aide d'un logiciel de géométrie 2D.

b. Recherchez graphiquement la valeur de I pour laquelle : $P = 100 \times I^2 = 30$ W.

....

8 **Algorithmique et programmation**

Soit f la fonction telle que $f(x) = ax^2$, avec $a \in \mathbb{R}$.

• Rédigez un programme en langage Python qui, à partir de la saisie des nombres a et y, calcule la valeur de x pour laquelle $f(x) = y$.

Pour bien démarrer ▶ **Exprimez x en fonction de a et y.**

....

....

....

....

....

9 On considère les fonctions f et g définies sur l'intervalle $[-3 ; 3]$ par $f(x) = x^2 - 2x$ et $g(x) = -x + 6$.

a. Tracez les représentations graphiques des fonctions f et g à l'aide de la calculatrice.

b. Résolvez graphiquement l'équation $x^2 - 2x = -x + 6$ sur l'intervalle $[-3 ; 3]$.

....

Résolution graphique d'inéquations de la forme $f(x) \geqslant g(x)$

10 On donne la représentation graphique d'une fonction f définie sur $[-4\,;4]$.

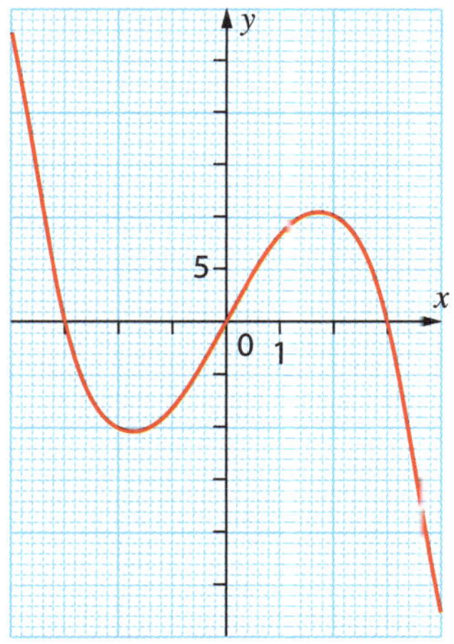

- Résolvez graphiquement $f(x) \geqslant 0$.

11 On donne les représentations graphiques $\mathscr{C}_f$ et $\mathscr{C}_g$ de deux fonctions f et g définies sur l'intervalle $[-1\,;4]$.

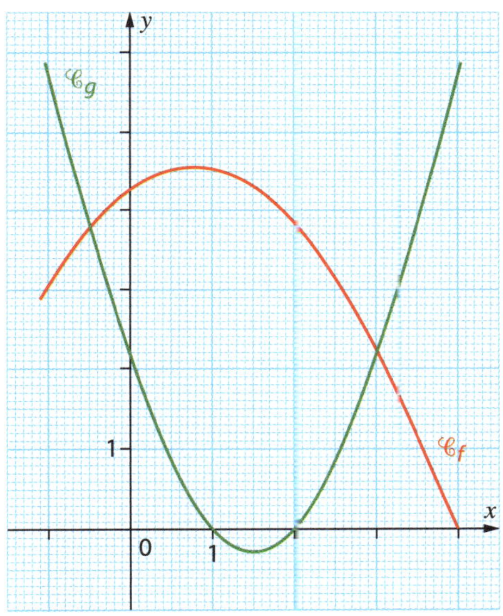

- Résolvez graphiquement $f(x) \geqslant g(x)$.

12 On donne les représentations graphiques $\mathscr{C}_f$ et $\mathscr{C}_g$ de deux fonctions f et g définies sur l'intervalle $[0\,;10]$.

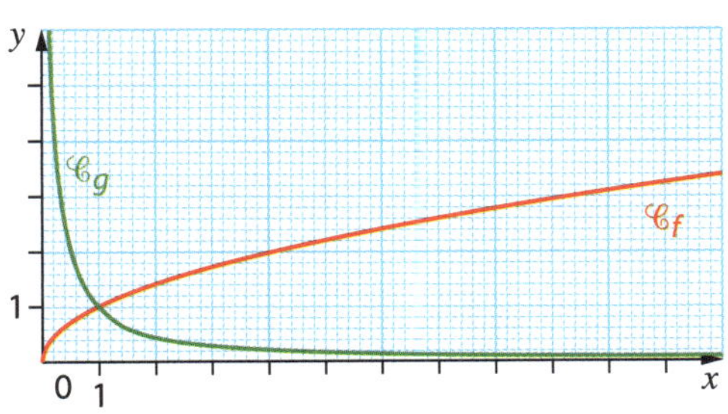

- Résolvez graphiquement $f(x) \geqslant g(x)$.

13 On considère les fonctions f et g définies sur l'intervalle $[-1\,;4]$ par :

$$f(x) = -x^2 + 10x \text{ et } g(x) = x - 4.$$

- À l'aide d'un logiciel de géométrie 2D, tracez les représentations graphiques des fonctions f et g, puis résolvez l'inéquation $f(x) \geqslant g(x)$.

14 On considère les fonctions f et g définies sur l'intervalle $[-1\,;2{,}5]$ par :

$$f(x) = x^3 - 1{,}5x^2 \text{ et } g(x) = 1{,}5x - 1.$$

a. Tracez les représentations graphiques des fonctions f et g à la calculatrice, puis résolvez l'équation $f(x) \geqslant g(x)$ sur l'intervalle $[-1\,;2{,}5]$.

b. Déduisez-en l'ensemble des solutions de l'inéquation $x^3 - 1{,}5x^2 - 1{,}5x + 1 \geqslant 0$ sur $[-1\,;2{,}5]$.

15 On considère les fonctions f et g définies sur l'intervalle $[-15\,;15]$ par :

$$f(x) = 2x^3 + 5 \text{ et } g(x) = 15x.$$

- À l'aide de la calculatrice, tracez les représentations graphiques des fonctions f et g puis résolvez l'inéquation $f(x) \geqslant g(x)$.

Les solutions seront arrondies au dixième.

16 **Démarche mathématique**

À l'aide d'un logiciel de géométrie 2D, montrez que l'inéquation $-2x^2 - 6x - 6 \geqslant x^2 + b$, avec b appartenant à $[-2\,;2]$, n'admet aucune solution sur l'intervalle $[-4\,;4]$.

Problèmes

Problème corrigé

1 Combien de rayonnages faut-il louer ?

CO-INTERVENTION

▶ Problématique professionnelle

Une entreprise est spécialisée dans le stockage de charges longues. Elle propose, en location, des rayonnages (échelles équipées de bras réglables). Deux tarifs existent pour cette location :

- 1er tarif : 3 euros le rayonnage ;
- 2e tarif : le montant est donné par la relation $\frac{1\,400}{n}$, où n est le nombre de rayonnages.

Sur l'intervalle [4 ; 50], on définit les fonctions f et g telles que :

$$f(x) = 3x \text{ et } g(x) = \frac{1\,400}{x}$$

1. S'approprier. Calculez le montant de la location pour 10 rayonnages avec les deux tarifs.

▶ En maths

2. Analyser. Raisonner. Proposez une méthode permettant de résoudre l'inéquation $f(x) \geqslant g(x)$.

3. Réaliser. Mettez en œuvre la méthode décrite précédemment.

4. Valider. Vérifiez de deux façons que le 1er tarif est moins cher pour 10 rayonnages.

▶ En enseignement professionnel

5. Communiquer. Rédigez une phrase indiquant le nombre minimal de rayonnages à louer pour que le 2e tarif soit le moins cher.

Corrigé

1. $f(10) = 3 \times 10 = 30$.

$g(10) = \frac{1\,400}{10} = 140$.

Le montant est de 30 € pour le 1er tarif et de 140 € pour le 2e.

2. La méthode de résolution consiste à :
- représenter graphiquement f et g ;
- repérer, sur la représentation graphique, le (ou les) point(s) d'intersection des deux courbes $\mathscr{C}_f$ et $\mathscr{C}_g$, ainsi que les abscisses de ces points ;
- repérer la (ou les) partie(s) de $\mathscr{C}_f$ qui est (sont) au-dessus de $\mathscr{C}_g$;
- donner les solutions, qui sont les abscisses des parties repérées.

3. L'ensemble des solutions est $\mathscr{S} = [21,6 ; 50]$.

4. D'après les calculs, $f(10) < g(10)$. De plus, $x = 10$ n'appartient pas à l'ensemble des solutions de l'inéquation.

5. Il faut louer un minimum de 22 rayonnages pour que le 2e tarif soit le moins cher.

2 Ce vin peut-il être commercialisé ?

CO-INTERVENTION

▶ Problématique professionnelle

Le vin contient naturellement divers acides. Afin de vérifier si un vin peut être commercialisé, un dosage d'un volume $V_A = 20$ mL de vin est réalisé à l'aide d'une solution d'hydroxyde de sodium (NaOH) de concentration $C_B = 0{,}10$ mol/L.

La courbe de dosage est la suivante.

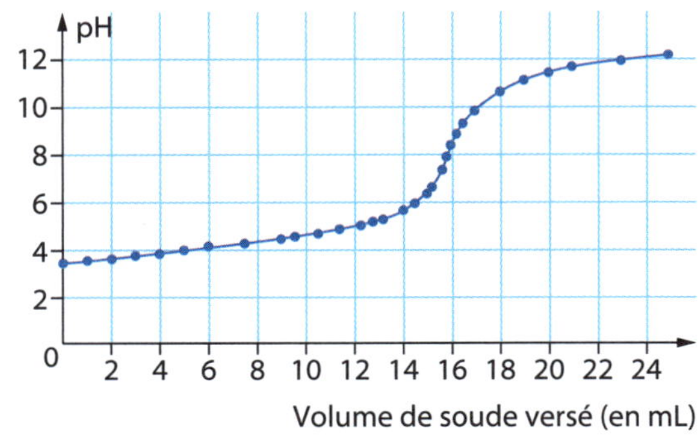

Le vin est commercialisé si sa concentration C_A est supérieure à 0,05 mol/L.

1. S'approprier. Repérez dans l'énoncé les valeurs de V_A et de C_B.

....

....

▶ En maths

2. Analyser. Raisonner. Proposez une méthode permettant de déterminer le volume V_B de NaOH lorsque le pH est de 7 (à l'équivalence).

....

....

....

....

....

....

....

3. **Réaliser.**
   a. Mettez en œuvre cette méthode de résolution.

   b. La concentration C_A est donnée par :
   $C_A = \frac{C_B \times V_B}{V_A}$. Déterminez la valeur de C_A.

▶ **En enseignement professionnel**

4. **Valider.** Justifiez que le vin est bien acide.

5. **Communiquer.** Ce vin peut-il être commercialisé ? Justifiez par une phrase.

3 Quand la production en Italie était-elle supérieure à celle en Espagne ?

Le tableau ci-dessous indique la production (en milliards d'euros) du secteur automobile dans deux pays européens entre 2006 et 2016 (source : Insee).

	Rang x de l'année	Espagne	Italie
2006	1	57,7	56,7
2007	2	61,4	64,5
2008	3	53,5	60,4
2009	4	43,3	44,5
2010	5	48,7	49,8
2011	6	50,8	51,2
2012	7	45,8	46,5
2013	8	49,6	47,3
2014	9	54,5	51,6
2015	10	62,9	59,3
2016	11	65,66	64,2

À la production en Espagne, on associe une fonction f. À celle en Italie, on associe une fonction g. Ces fonctions dépendent de x.

1. **S'approprier.** Indiquez l'année où la production automobile est la plus importante pour ces deux pays d'Europe.

2. **Analyser. Raisonner.**
   a. Cochez la phrase qui traduit mathématiquement ce qu'il faut faire pour répondre à la question : « En quelle année la production de l'Italie était-elle plus importante que celle en Espagne ? »
   - ☐ Je dois résoudre $g(x) \geqslant f(x)$.
   - ☐ Je dois résoudre $f(x) = g(x)$.
   - ☐ Je dois résoudre $f(x) \geqslant g(x)$.

   b. Proposez une méthode de résolution.

3. **Réaliser.** Mettez en œuvre la méthode.

4. **Valider.** Justifiez que la production de l'Italie est globalement plus importante que celle de l'Espagne.

5. **Communiquer.** Répondez à la question posée en titre.

4 Quelle quantité pour être rentable ?

Dans une entreprise, la production d'un bien génère un coût qui dépend de la quantité produite. La vente de la production génère une recette pour l'entreprise.
La production sera rentable si la recette est supérieure au coût de production.

Une entreprise fabrique des consoles de jeux.
Le coût de production, en euros, en fonction de la quantité n de consoles produites, est donnée par l'expression : $C(n) = n^2 + 80n + 2\,000$.
La recette, en euros, en fonction de la quantité n de consoles fabriquées est donnée par l'expression : $R(n) = 200n$.

1. S'approprier. Donnez l'inéquation qui permet de déterminer la quantité de consoles à fabriquer pour que la production soit rentable.

2. Analyser. Raisonner. Proposez une méthode permettant de déterminer la quantité de consoles à produire pour être rentable.

3. Réaliser. Réalisez la méthode de résolution décrite à la question 2.

4. Valider.

a. Déduisez de la réponse à la question 3 si la production de cette entreprise est rentable pour 150 consoles produites.

b. Vérifiez la réponse précédente en calculant $C(150)$ et $R(150)$.

5. Communiquer. Répondez à la problématique : « Pour quelle quantité de consoles fabriquées la production sera-t-elle rentable pour cette entreprise ? »

Démarche scientifique

5 Qui est la gagnante ?

Après quelques kilomètres d'échauffement, Flavie et Gabrielle se lancent un défi : la dernière arrivée au village suivant offre les rafraîchissements.
Le village est situé à 31 km.
La vitesse instantanée v de Flavie (en km/h) en fonction du temps t (en h) est : $v_f = -7{,}1t^2 + 5{,}7t + 25$.
Celle de Gabrielle est : $v_g = -3t^2 + 1{,}2t + 25$.
La gagnante a mis 1,3 h pour arriver au village et sa vitesse était alors de 20 km/h.

1. Quel est le prénom de la gagnante ?

2. Pendant combien de temps sa vitesse a-t-elle été supérieure à celle de son amie ?

6 Quelle(s) fréquence(s) pour un fonctionnement optimal ? CO-INTERVENTION

Le couple mécanique C, en newton-mètre (N.m), développé par un moteur est donné par la relation :

$$C(n) = \frac{1{,}6 \times 10^9}{n^2}$$

n est la fréquence de rotation du moteur et appartient à l'intervalle $[0 ; 4\,000]$.
La plage de fonctionnement optimal du moteur est obtenue lorsque le couple mécanique est compris entre 300 N.m. et 700 N.m.

- Quel est l'intervalle de fréquences de rotation pour un fonctionnement optimal ?

Évaluation

Nom : ....

Prénom : ....

Pour quelle quantité Métalco obtient-elle un meilleur résultat qu'Aransud ?

30 min

Un cabinet d'expertise comptable est chargé de comparer les résultats de deux entreprises Métalco et Aransud, appartenant à un même groupe industriel et spécialisées dans la fabrication d'alliages.

- Le résultat (en milliers d'euros) dégagé par Métalco en fonction de la quantité produite q (en tonnes) est donné par la relation :

$$R_M(q) = -5q^2 + 40q - 60$$

- Le résultat dégagé par Aransud est donné par la relation :

$$R_A(q) = 3{,}2q^2 - 32{,}8q + 90$$

La situation décrite dans le contexte est modélisée par les fonctions f et g définies sur [1 ; 7] par :

$$f(x) = -5x^2 + 40x - 60 \text{ et } g(x) = 3{,}2x^2 - 32{,}8x + 90$$

1. S'approprier. Calculez les résultats des deux entreprises pour 2 tonnes produites et déduisez-en quelle entreprise a alors le meilleur résultat

2. Analyser. Raisonner. Proposez une méthode permettant de déterminer l'intervalle de production sur lequel l'entreprise Métalco a un meilleur résultat que l'entreprise Aransud.

3. Réaliser. Représentez graphiquement, à l'aide de la calculatrice ou d'un logiciel de géométrie 2D, les fonctions f et g sur l'intervalle [1 ; 7], puis résolvez graphiquement l'inéquation $f(x) \geqslant g(x)$.

4. Valider. Vérifiez graphiquement la réponse donnée à la question **1**.

5. Communiquer. Répondez à la question : « Pour quelle quantité produite l'entreprise Métalco a-t-elle un meilleur résultat que l'entreprise Aransud ? »

Question	Capacités	Connaissances
1.	Déterminer l'image ou des antécédents éventuels d'un nombre par une fonction définie sur un ensemble donné.	Fonction. Image.
2. 3. 5.	Résoudre graphiquement des inéquations de la forme $f(x) \geqslant g(x)$ où f et g sont des fonctions.	Résolution graphique d'inéquations de la forme $f(x) \geqslant g(x)$ où f et g sont des fonctions.
4.	Résoudre graphiquement des équations de la forme $f(x) = g(x)$ où f et g sont des fonctions.	Résolution graphique d'inéquations de la forme $f(x) = g(x)$ où f et g sont des fonctions.

Activité de co-intervention

Quelle est la plage d'utilisation du véhicule ?

▶ **Problématique professionnelle**

Un constructeur automobile fournit les courbes ci-dessous, donnant le couple et la puissance du moteur d'un de ses véhicules.

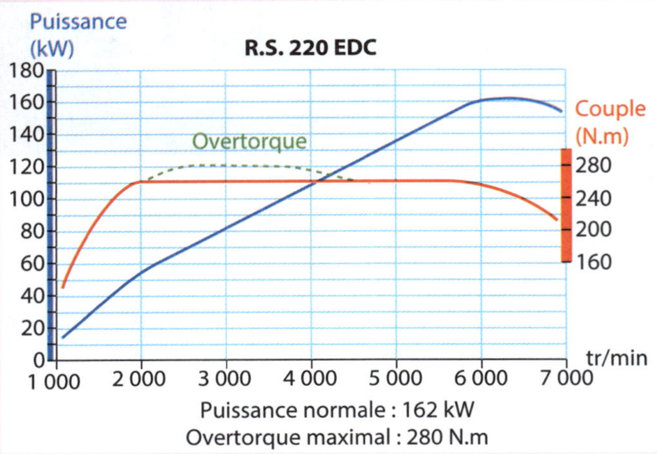

Pour bien démarrer ▶ **L'overtorque (ou surcouple) est le supplément de couple rendu disponible un court instant au moyen d'un accroissement de la pression de suralimentation.**

▶ **En enseignement professionnel**

1. **S'approprier.** Cherchez la signification du régime de puissance maximale, du point de couple maximal et de la plage d'utilisation d'un moteur.

▶ **En mathématiques**

2. **Analyser. Raisonner.** Proposez une méthode permettant de déterminer la plage d'utilisation à partir des courbes.

3. **Réaliser.**
   a. Vérifiez la valeur de la puissance maximale et du couple maximal pour le modèle présenté.
   b. Déduisez-en la plage d'utilisation.
   c. Déterminez pour quel régime moteur la puissance est supérieure au couple.

4. **Valider.** Peut-on affirmer que le couple de ce véhicule est toujours supérieur à 200 N.m ?

▶ **En enseignement professionnel**

5. **Communiquer.** Présentez les caractéristiques du moteur du véhicule présenté.

5 Fonctions polynômes de degré 2

Activité 1 Quand la circulation a-t-elle été réglementée ?

Transition écologique | Démarche scientifique

15 min

Visualiser le nombre possible de solution(s) de l'équation $f(x) = 0$.

La pollution atmosphérique due aux particules en suspension dans l'air, et dont le diamètre est inférieur à 10 micromètres (les PM10), a des conséquences préjudiciables sur la santé humaine (maladies cardiovasculaires et respiratoires).
Le taux de ces PM10 (en µg/m^3) est quotidiennement surveillé dans les grandes villes. Lorsque le niveau d'alerte de 80 µg/m^3 est atteint, la circulation des véhicules est alors réglementée.
L'évolution du taux de PM10 (en µg/m^3) dans une ville a été mesurée pendant 30 jours et les résultats sont modélisés par la fonction $f(x) = -0{,}1x^2 + 4x + 46{,}6$ pour $x \in [1\ ;30]$, où x représente le jour du mois.

- Déterminez graphiquement le jour où la circulation a été réglementée, puis le jour où elle est revenue à la normale.

Pour bien démarrer ▶ **Résoudre graphiquement $f(x) = 80$ revient à résoudre graphiquement $f(x) - 80 = 0$.**

Activité 2 Prêt pour traverser la fontaine ?

10 min

Factoriser un polynôme de degré 2 donné dont les racines réelles sont connues.

La fontaine ludique de Tarbes est conçue de telle sorte que les passants peuvent la traverser sans se mouiller.
La trajectoire d'un jet d'eau peut être modélisée par la fonction : $f(x) = -1{,}6x^2 + 9{,}6x - 10{,}8$ où $f(x)$ est la hauteur (en m) et x la distance au centre de la fontaine (en m).

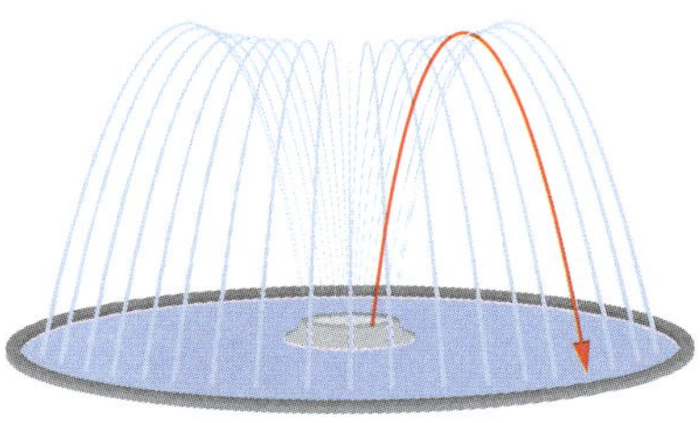

1. a. À l'aide de la calculatrice graphique, ou d'un logiciel de géométrie 2D, représentez graphiquement la fonction f sur l'intervalle $[0\ ;5]$.

b. Déterminez graphiquement les solutions x_1 et x_2 de l'équation $f(x) = 0$. Interprétez ces deux valeurs.

2. Montrez, par le calcul, que $f(x)$ peut s'écrire sous la forme : $f(x) = -1{,}6(x - x_1)(x - x_2)$.

Activité 3 À quelles heures peut-on accéder au port ?

Démarche scientifique

Déterminer les racines et le signe d'un polynôme de degré 2 donné sous forme factorisée.

20 min

Pour accéder au port, les bâteaux de pêche doivent passer une écluse. Cette écluse permet aux bateaux de bénéficier d'une hauteur d'eau minimale de 3 m à tout moment.

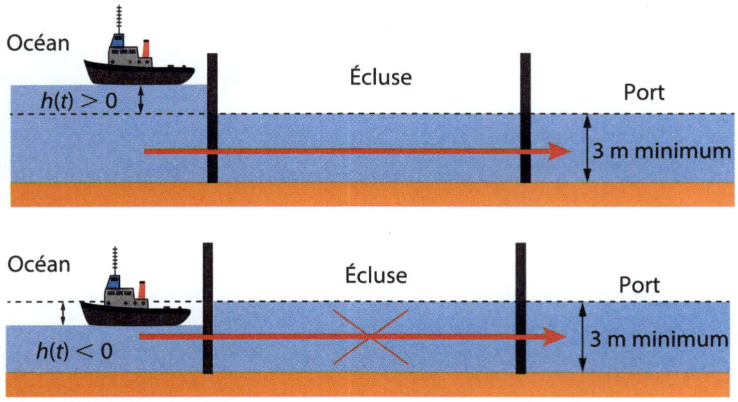

La hauteur de l'eau de l'océan par rapport à celle du port est soumise aux marées et, ce jour-là, elle peut être modélisée (en m) en fonction de l'heure t de la journée par la fonction :

$$h(t) = 0{,}12(t - 9)(t - 4)$$

- Déterminez l'intervalle horaire durant lequel le port est accessible aux bateaux.

Appelez votre professeur pour une aide, ou lui montrer votre proposition.

Travaux pratiques

TP 1 Quelle est la hauteur du saut ?

Outils numériques

30 min

Objectif

- Donner l'allure de la représentation graphique d'une fonction polynôme de degré 2 donnée sous forme factorisée.

La chronophotographie ci-contre a été réalisée lors d'une épreuve de saut en snowboard. On donne les coordonnées de trois points de la trajectoire : $A(1{,}5\ ;\ 0)$, $B(9\ ;\ 0)$ et $C(11\ ;\ -1{,}9)$.
On cherche à déterminer l'équation de la trajectoire, appelée parabole, ainsi que la hauteur du saut. On modélise cette trajectoire par une fonction de la forme :

$$f(x) = a(x - x_1)(x - x_2).$$

1. Représentation graphique de la fonction modélisant la trajectoire

- Ouvrez le logiciel de géométrie 2D, puis placez les points A, B et C.
- Créez trois curseurs a, x_1 et x_2, puis tracez la courbe représentative de la fonction f.
- Modifiez les valeurs des curseurs afin que la parabole passe par les trois points A, B et C.

a. Déduisez l'expression algébrique de f à partir des valeurs de a, x_1 et x_2 précédemment trouvées.

....

b. Saisissez `Extremum[f,0,50]` dans la barre de saisie pour afficher les coordonnées du sommet S de la parabole.

....

2. Allure de la parabole

a. Comment varie l'allure de la parabole en fonction du signe de a ?

....

....

b. À quelles grandeurs correspondent les valeurs x_1 et x_2 ?

....

....

c. Que pouvez-vous dire de la droite verticale passant par le sommet de la parabole ?

....

d. Déduisez-en une méthode permettant de déterminer l'abscisse du sommet de la parabole connaissant x_1 et x_2.

....

....

....

3. Réponse à la problématique

Quelle est la hauteur maximale du saut en snowboard ?

....

....

TP 2 Pour quelle(s) inclinaison(s) l'installation est-elle la plus rentable ?

Transition écologique

Algorithmique et programmation

30 min

Objectifs

- Modifier ou compléter un algorithme ou un programme.
- Déterminer la deuxième solution d'une équation de degré 2 possédant deux solutions dont une est connue.

Dans le Sud-Ouest, la quantité d'énergie E (en kW·h) reçue annuellement par un capteur photovoltaïque d'un mètre carré en fonction de son inclinaison α (en degré) par rapport à l'horizontale peut être calculée avec la relation :
$E(\alpha) = -0{,}2\alpha^2 + 12{,}6\alpha + 1\,800$, avec $\alpha \in [0\,;90]$.
Une viticultrice a fait installer des capteurs au-dessus de ses vignes pour les protéger de la canicule. Elle souhaite déterminer les valeurs de α pour lesquelles la production annuelle sera au moins de 1 906 kW·h par m^2.

L'agrivoltaïsme
Lien vidéo
1 min 35 s
hachette-clic.fr/21mab005

1. Modélisation du problème par une inéquation de degré 2

a. L'installateur explique à la viticultrice que si l'inclinaison vaut $\alpha_1 = 10°$, alors la production sera de 1 906 kW·h par m^2. Vérifiez cette information.

....

b. Montrez que, pour déterminer les valeurs de α pour lesquelles l'installation produit annuellement au moins 1 906 kW·h par m^2, il faut résoudre l'inéquation de degré 2 : $-0{,}2\alpha^2 + 12{,}6\alpha - 106 \geqslant 0$.

....

2. Détermination de la racine inconnue

a. Un polynôme $P(x) = ax^2 + bx + c$ a pour représentation graphique une parabole de sommet S dont l'abscisse est $x_S = \dfrac{-b}{2a}$. Calculez x_S pour $P(x) = -0{,}2x^2 + 12{,}6x - 106$.

....

b. Si x_1 et x_2 sont les solutions de l'équation $P(x) = 0$, alors $x_S = \dfrac{x_1 + x_2}{2}$.
Montrez que $x_2 = -\dfrac{b}{a} - x_1$.

....

c. Déduisez-en la valeur de x_2 : ....

3. Signe du polynôme

a. Ouvrez le fichier fourni avec votre logiciel Python. Corrigez l'erreur qui s'y est glissée.

```
a=float(input("Saisissez la valeur du coefficient a:"))
b=float(input("Saisissez la valeur du coefficient b:"))
x=float(input("Saisissez la valeur de la racine connue"))
S=-b/(2*a)
print("le sommet de la parabole a pour abscisse:",S)
print("les racines du polynôme sont:",x,"et",2*S-x)
if a > 0:
    print("le polynôme est négatif sauf entre ses racines")
else:
    print("le polynôme est positif sauf entre ses racines")
```

Programme à télécharger
Python
hachette-clic.fr/21mab005

▶ Algorithmique et programmation p. 157

b. Testez le programme corrigé.

c. Pour quelles inclinaisons l'installation produira-t-elle au moins 1 906 kW·h par m^2 ?

....

L'essentiel

1 Fonction polynôme de degré 2

- Une fonction polynôme de degré 2 se définit par son expression algébrique :

$$\boldsymbol{f(x) = ax^2 + bx + c} \text{ où } a, b \text{ et } c \text{ sont des réels et } a \neq 0.$$

- Sa représentation graphique est une **parabole** :

– elle est convexe si $a > 0$ (l'extremum de f est un minimum) et concave si $a < 0$ (l'extremum de f est un maximum) ;

– son **sommet** S a pour abscisse $x_S = \dfrac{-b}{2a}$;

– elle admet un axe de symétrie vertical Δ passant par son sommet ;

– le coefficient c est l'**ordonnée à l'origine** : $f(0) = c$.

Exemple

Soit $f(x) = 0{,}25x^2 + 0{,}5x - 2$.

- $a = 0{,}25$; $b = 0{,}5$ et $c = -2$.
- $a > 0$: la représentation graphique de f est une parabole convexe, l'extremum de f est un minimum.
- L'abscisse du sommet S est :

$$x_S = \frac{-b}{2a} = \frac{-0{,}5}{2 \times 0{,}25} = -1.$$

- L'ordonnée à l'origine est $c = -2$.

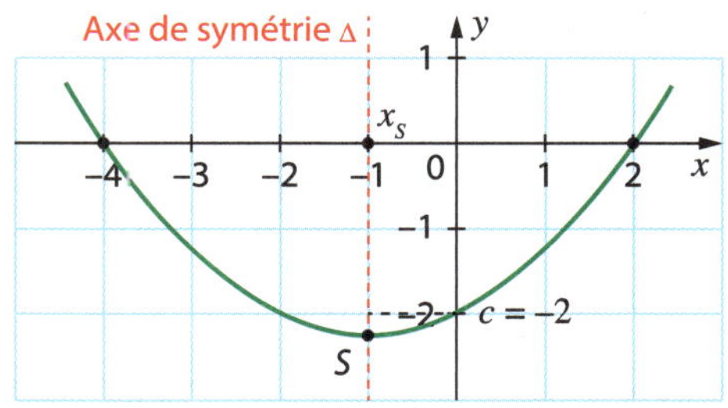

2 Résolution graphique de l'équation $f(x) = 0$ et factorisation

- Graphiquement, les solutions de l'équation $\boldsymbol{f(x) = ax^2 + bx + c = 0}$ sont les abscisses des points d'intersection de la parabole avec l'axe des abscisses.
- L'équation $f(x) = 0$ peut avoir aucune, une ou deux solutions.

$a > 0$	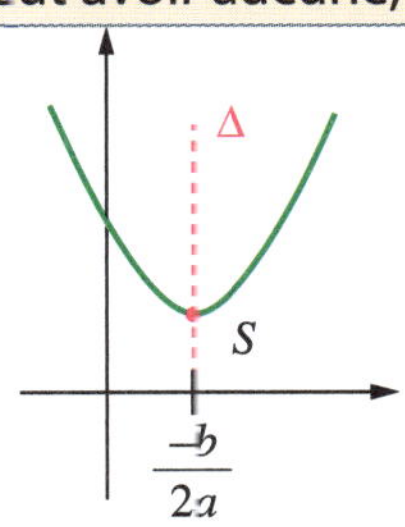	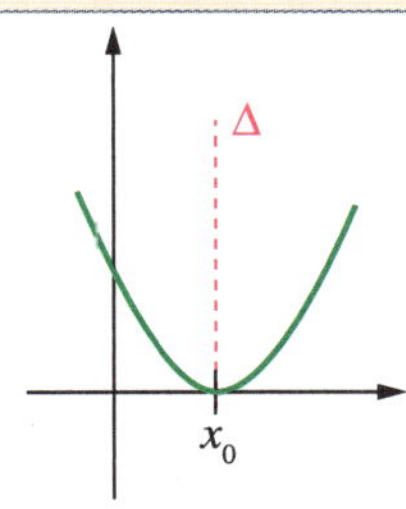	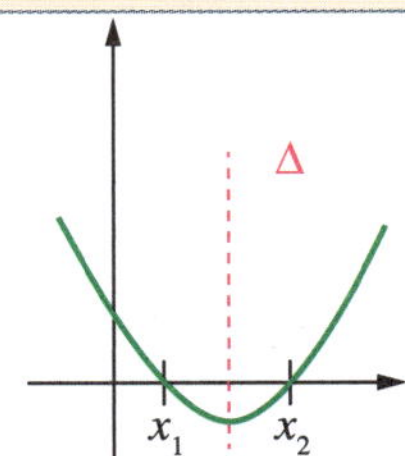
$a < 0$	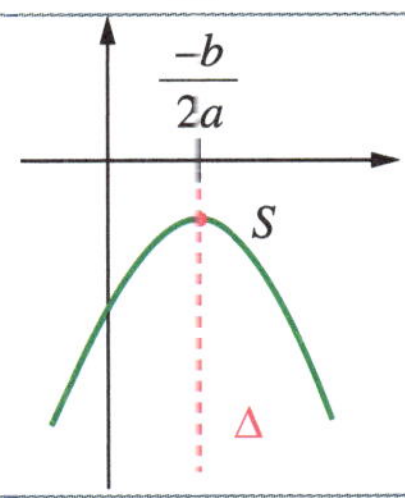	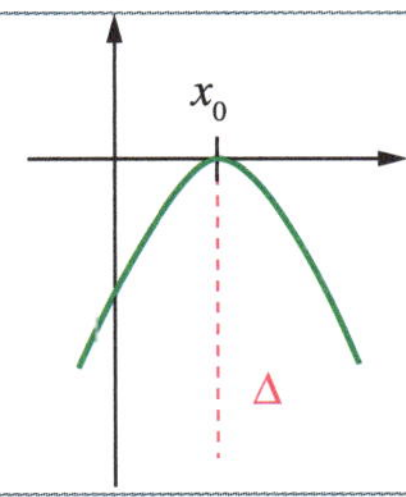	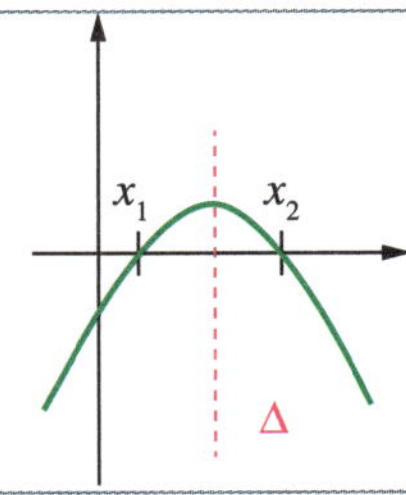
Solutions de l'équation $f(x) = 0$	pas de solution	une solution x_0	deux solutions x_1 et x_2
Factorisation	pas de factorisation possible	$f(x) = a(x - x_0)^2$	$f(x) = a(x - x_1)(x - x_2)$

Résolution graphique de l'équation $f(x) = 0$ et factorisation *(suite)*

Exemple

Soit f la fonction telle que :
$f(x) = 0{,}25x^2 + 0{,}5x - 2$.
Les solutions de l'équation $f(x) = 0$ sont :
$x_1 = -4$ et $x_2 = 2$.
$f(x)$ s'écrit sous forme factorisée :
$f(x) = 0{,}5x(x + 4)(x - 2)$.

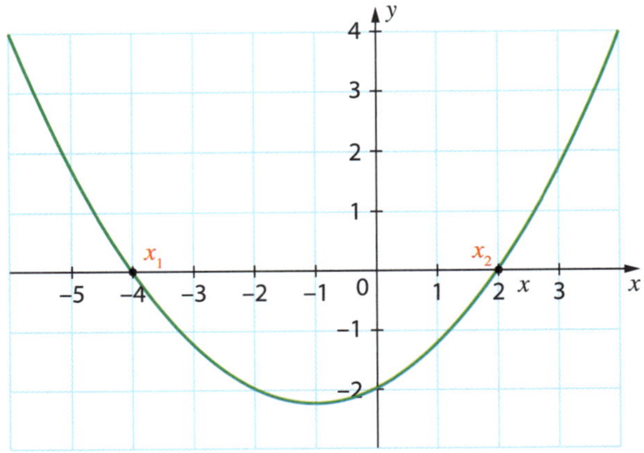

L'abscisse du sommet S de la parabole est telle que $x_S = \dfrac{x_1 + x_2}{2}$.

Exemple

Soit $f(x) = 0{,}25x^2 + 0{,}5x - 2$.
f admet un minimum pour $x_S = -1$ (voir exemple de la page précédente).
Si une des solutions de l'équation $f(x) = 0$ est $x_1 = -4$, on peut déterminer la seconde solution x_2 sachant que $x_S = \dfrac{x_1 + x_2}{2}$.

On a alors : $x_2 = 2x_S - x_1 \Leftrightarrow x_2 = 2 \times (-1) - (-4) = 2$

3 Racine(s) et signe d'un polynôme de degré 2

Soit un polynôme de degré 2 de la forme $ax^2 + bx + c$, où a, b et c sont des réels et $a \neq 0$.

- Les solutions de l'équation $ax^2 + bx + c = 0$, si elles existent, sont appelées **racines** du polynôme.
- Le polynôme peut s'écrire sous forme factorisée :
  – si x_0 est l'unique racine, la forme factorisée est $a(x - x_0)^2$;
  – si x_1 et x_2 sont deux racines distinctes, la forme factorisée est $a(x - x_1)(x - x_2)$.
- Le polynôme est du signe de a sauf entre ses racines s'il y en a.

	Pas de racine	Une racine unique x_0	Deux racines distinctes x_1 et x_2
Signe du polynôme de degré 2	signe de a		(voir tableau ci-dessous)

Valeur de x		x_1		x_2	
Signe de $ax^2 + bx + c$	signe de a	0	signe contraire de a	0	signe de a

Exemple

Le polynôme $0{,}25x^2 + 0{,}5x - 2$ a deux racines : -4 et 2.
Il peut s'écrire $0{,}25(x + 4)(x - 2)$. Le tableau de signes est :

x		-4		2	
Signe de $0{,}25x^2 + 0{,}5x - 2$	+	0	–	0	+

Exercices

Testez-vous !

QCM interactif

Cochez la bonne réponse parmi les trois proposées.

1. On donne les courbes représentatives de trois fonctions f, g et h sur l'intervalle [–2 ; 4].

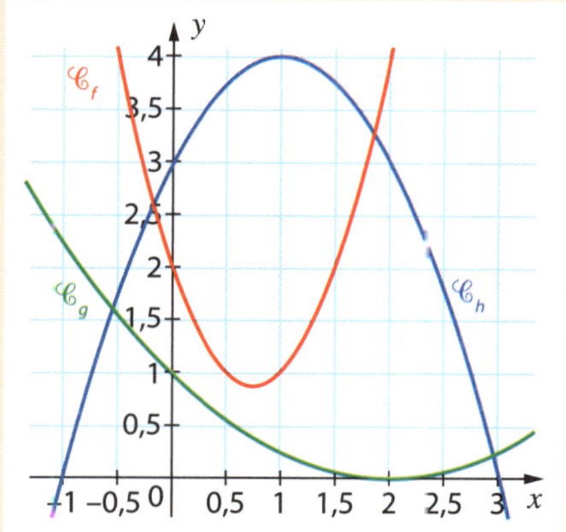

L'expression algébrique de la fonction g est :

- ☐ $g(x) = 0{,}25x^2 - x + 1$
- ☐ $g(x) = -0{,}25x^2 - x + 2$
- ☐ $g(x) = 0{,}25x^2 - 2x + 2$

2. On considère les courbes représentatives de la question **1.** Laquelle de ces trois équations n'admet aucune solution ?

☐ $f(x) = 0$ ☐ $g(x) = 0$ ☐ $h(x) = 0$

3. On considère les courbes représentatives de la question **1.** L'équation $h(x) = 0$ a pour solution(s) :

☐ $x_0 = 2$ ☐ $x_1 = -1$ et $x_2 = 3$ ☐ $x_0 = 3$

4. Soit la fonction f telle que $f(x) = 2x^2 - 4x - 1$ et dont la représentation graphique est une parabole de sommet S. L'abscisse de S est :

☐ $x_S = 1$ ☐ $x_S = -1$ ☐ $x_S = 2$

5. Soit la fonction f telle que les solutions de l'équation $f(x) = 0$ sont $x_1 = 3$ et $x_2 = 7$. La fonction f admet un extremum en :

☐ $x_S = 4$ ☐ $x_S = 5$ ☐ $x_S = 2$

6. Soit le polynôme $P(x) = 5(x + 6)^2$. Le polynôme P :

- ☐ n'a pas de racine réelle.
- ☐ a pour racine $x_0 = -6$.
- ☐ a pour racines $x_1 = -6$ et $x_2 = 5$.

7. Soit le polynôme $-3x^2 + 9x + 12$ dont les racines sont $x_1 = -1$ et $x_2 = 4$. Sa forme factorisée est :

- ☐ $-3(x - 1)(x + 4)$
- ☐ Elle n'existe pas.
- ☐ $-3(x + 1)(x - 4)$

8. À quel polynôme correspond le tableau de signe ci-dessous ?

x		–3		1	
Signe du polynôme	–	0	+	0	–

- ☐ $P_1(x) = -(x + 3)(x + 1)$
- ☐ $P_3(x) = -(x + 3)(x - 1)$
- ☐ $P_2(x) = (x + 3)(x + 1)$

Automatismes

Calcul mental

1 Soit la fonction $f(x) = 3x^2 - 12x + 5$.

a. Calculez l'abscisse du sommet de la parabole représentant f sachant que $x_S = \dfrac{-b}{2a}$.

b. Calculez $f(x_S)$.

2 Soit la fonction f telle que : $f(x) = x^2 - 10x + 9$.

Recherchez, parmi les valeurs de x ci-dessous, celles qui sont solutions de l'équation $f(x) = 0$.

- $x = 1$
- $x = 5$
- $x = 9$

À l'oral

3 Comment procéderiez-vous pour résoudre graphiquement une équation de la forme $f(x) = 0$, où f est une fonction polynôme de degré 2 ?

4 Soit le polynôme de degré 2 donné sous sa forme factorisée :

$$P(x) = 4(x - 6)(x - 8)$$

- Comment procéderiez-vous pour étudier le signe de ce polynôme ? Justifiez.

5 **Exercice corrigé**

La courbe représentative $\mathscr{C}_f$ d'une fonction f polynôme de degré 2 sur l'intervalle [–1 ; 5] est donnée ci-dessous.

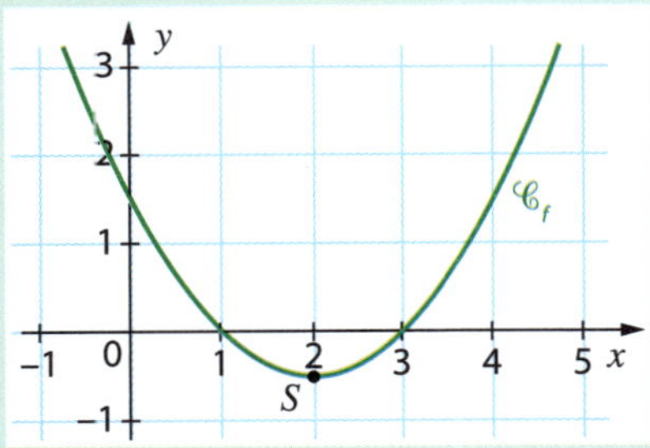

a. Résolvez graphiquement $f(x) = 0$.

b. Déterminez l'abscisse du sommet S de la parabole sachant que $x_S = \frac{x_1 + x_2}{2}$.

c. Sachant que $a = 0{,}5$, écrivez $f(x)$ sous sa forme factorisée.

Corrigé

a. $x_1 = 1$ et $x_2 = 3$.

b. $x_S = \frac{1 + 3}{2} = 2$

c. $f(x) = 0{,}5(x - 1)(x - 3)$

Fonction polynôme de degré 2

6 La courbe représentative d'une fonction polynôme de degré 2, définie sur [–1 ; 3], est donnée ci-contre.

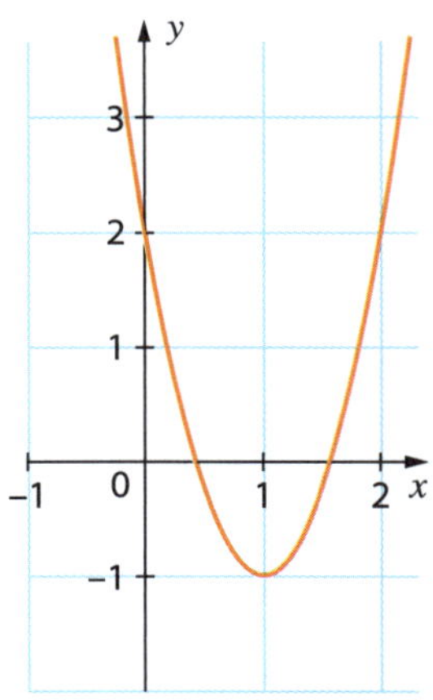

a. Tracez l'axe de symétrie de la parabole.

b. Déterminez son ordonnée à l'origine.

....

....

7 Associez à chacune des fonctions suivantes la parabole qui lui correspond dans le schéma ci-après.

a. $f(x) = -2x^2 + 4x$: ....

b. $g(x) = 2x^2 - 4x + 3$: ....

c. $h(x) = 2x^2 + 4x - 2$: ....

d. $j(x) = -2x^2 - 4x + 2$: ....

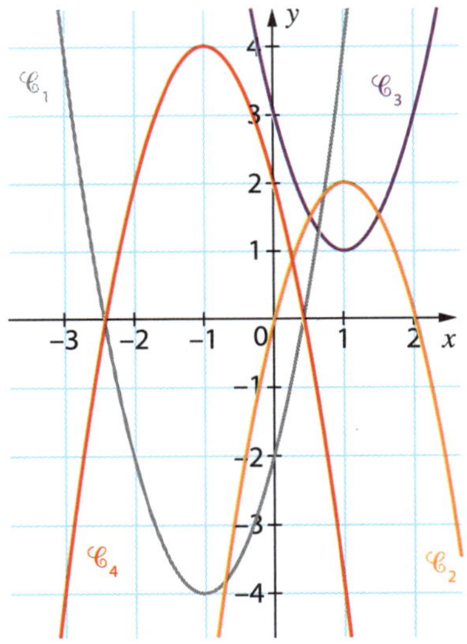

8 On considère la fonction f définie sur l'intervalle [–10 ; 10] par :

$$f(x) = -2x^2 + 14x - 9.$$

a. Déterminez par le calcul la valeur de x pour laquelle f admet un extremum.

....

b. Dressez le tableau de variations de f.

x	....
Variations de f	

Résolution graphique de l'équation $f(x) = 0$ et factorisation

9 In each of the following cases, solve the equation $f(x) = 0$ graphically.

a. $f(x) = x^2 + 4x + 3$

....

b. $f(x) = -4x^2 + 12x - 9$

....

10 Résolvez graphiquement l'équation $f(x) = 0$ et déduisez-en l'expression factorisée de la fonction f dans les cas suivants.

a. $f(x) = 3x^2 + 6x - 45$

....

....

b. $f(x) = 8x^2 - 4x + 0{,}5$

....

....

11 Exprimez les équations suivantes sous la forme $ax^2 + bx + c = 0$, puis résolvez-les graphiquement :

a. $2x^2 = -12x - 18$

b. $-x^2 + 2 = x^2 + 3x$

12 **En physique-chimie**

La relation liant la puissance P absorbée par un dipôle de résistance R traversé par un courant d'intensité I est $P = R \times I^2$.

a. Résolvez graphiquement l'équation $4x^2 - 100 = 0$.

b. Déduisez-en la valeur de I (en A) si $P = 100$ W et $R = 4\ \Omega$.

13 Dessinez l'allure des courbes des fonctions suivantes.

a. $f_1(x) = -(x + 1)(x - 2)$

b. $f_2(x) = 2(x - 1)^2$

c. $f_3(x) = 0,5(x - 2)(x + 3)$

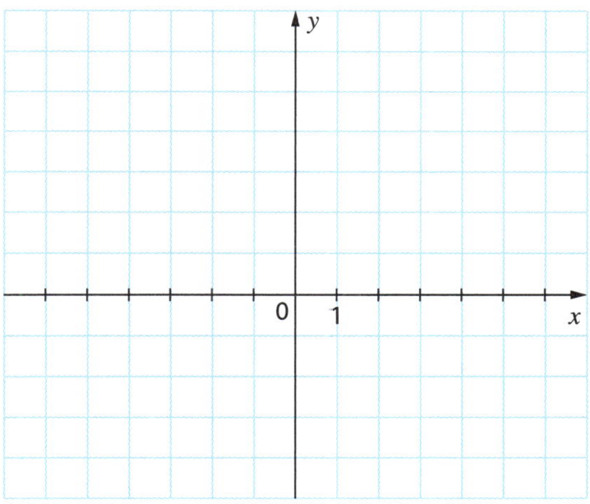

Racines et signe d'un polynôme de degré 2

14 Pour chacun des polynômes suivants admettant deux racines, vérifiez que x_1 est une racine, puis déterminez sa deuxième racine x_2.

a. $P_1(x) = x^2 + 2x - 8$ et $x_1 = -4$.

b. $P_2(x) = -0,5x^2 + 3x - 2,5$ et $x_1 = 5$.

15 Écrivez les polynômes P_1 et P_2 de l'exercice 14 sous leur forme factorisée.

a. $P_1(x) =$

b. $P_2(x) =$

16 Donnez la ou les racine(s) des polynômes suivants.

a. $P_1(x) = -(x + 1)(x - 2,5)$

b. $P_2(x) = 0,5(x + 3)^2$

c. $P_3(x) = 2x(x + 4)$

17 Complétez les tableaux de signes des polynômes de l'exercice 16.

a.

Valeur de x	
Signe de $P_1(x)$	

b.

Valeur de x	
Signe de $P_2(x)$	

c.

Valeur de x	
Signe de $P_3(x)$	

18 **Démarche mathématique**

Montrez que :

$$(x - x_1)(x - x_2) = x^2 - Sx + P$$

avec $S = x_1 + x_2$ et $P = x_1 \times x_2$

Problèmes

Problème corrigé

1 La capacité d'accueil est-elle dépassée ?

Le graphique des heures d'affluence d'un site touristique ouvert de 9 h à 19 h en été est donné ci-dessous. À partir de 500 visiteurs, le temps d'attente aux caisses devient problématique.

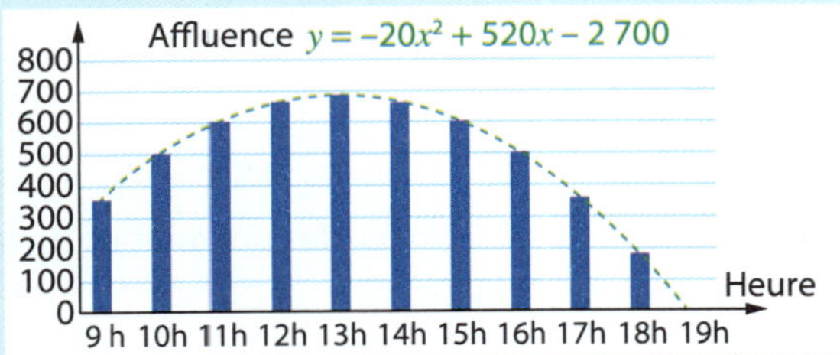

1. **S'approprier.** Par quelle fonction f peut-on modéliser le nombre de visiteurs présents sur le site en fonction de l'heure ?
2. **Analyser. Raisonner.** Proposez une méthode permettant de déterminer pour quels horaires le temps d'attente aux caisses devient problématique.
3. **Réaliser.**
   a. Déterminez graphiquement les solutions de l'équation $-20x^2 + 520x - 3\,200 = 0$.
   b. Factorisez le polynôme : $-20x^2 + 520x - 3\,200$.
   c. Étudiez son signe.
4. **Valider.** À quelles heures le passage aux caisses n'est-il pas problématique ?
5. **Communiquer.** Expliquez à des touristes à quel moment de la journée il vaut mieux planifier sa visite du site.

Corrigé

1. $f(x) = -20x^2 + 520x - 2\,700$, définie sur $[9 ; 19]$.
2. Il faut étudier le signe du polynôme :
   $P(x) = -20x^2 + 520x - 3\,200$.
3. a. Les solutions sont :
   $$x_1 = 10 \text{ et } x_2 = 16.$$
   b. $P(x) = -20(x - 10)(x - 16)$
   c.

x		10		16	
Signe de $P(x)$	−	0	+	0	−

4. Il faut se présenter aux caisses avant 10 h ou après 16 h.
5. Il faut se présenter aux caisses entre 9 h et 10 h préférentiellement, ou entre 16 h et 19 h.

2 Quelles sont les dimensions de la fenêtre ?

CO-INTERVENTION

► Problématique professionnelle

Dans un grenier, on souhaite installer une menuiserie dont la forme est celle d'un triangle isocèle de hauteur 3 m et de base 4 m, avec au centre une fenêtre rectangulaire. Il faut que l'aire de la fenêtre soit supérieure à 2,6 m².

► En maths

1. **S'approprier.**
   a. En utilisant le théorème de Thalès dans le triangle ABH, montrez que $QM = \dfrac{3(2 - x)}{2}$.

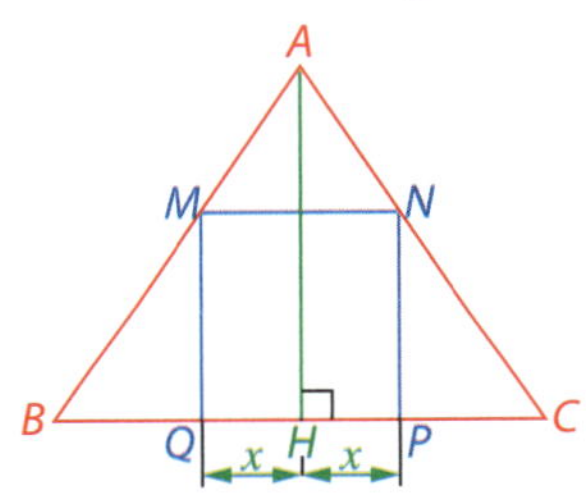

....

....

....

   b. Déduisez-en que l'aire de la fenêtre peut être modélisée par une fonction A, définie sur $[0 ; 2]$ par $A(x) = -3x^2 + 6x$.

....

....

....

2. **Analyser. Raisonner.** Proposez une méthode permettant de déterminer les valeurs de x pour lesquelles l'aire est au moins égale à 2,6 m².

....

....

....

....

....

3. Réaliser. Mettez en œuvre cette méthode de résolution (arrondir à 0,001 près).

....

....

....

....

▶ **En enseignement professionnel**

4. Valider. Quelles devront être les dimensions de la fenêtre pour que l'aire de l'ouverture soit supérieure à 2,6 m² ?

....

....

....

5. Communiquer. Faites un schéma donnant les dimensions de la fenêtre.

3 Quelle intensité pour la calculatrice ?

En électricité, la puissance utile P_u (en W) fournie par une pile est donnée par la relation : $P_u = -r \times I^2 + E \times I$, où r (en Ω) est sa résistance interne, E (en V) sa force électromotrice et I (en A) l'intensité qu'elle délivre.

Il faut quatre piles de type LR03 pour alimenter la calculatrice utilisée en classe. Pour chacune de ces piles, on donne $E = 1{,}5$ V et $r = 0{,}5$ Ω. On cherche à déterminer la valeur de I pour laquelle la puissance utile fournie par les 4 piles est supérieure à 4 W.

1. S'approprier.

a. Exprimez P_u en fonction de I pour les 4 piles.

....

....

b. Montrez que, pour répondre à la problématique, il faut résoudre l'inéquation : $-2x^2 + 6x - 4 > 0$.

....

....

....

2. Analyser. Raisonner. On se propose de trouver les solutions de l'équation $-2x^2 + 6x - 4 = 0$ à l'aide du programme Python dont le script est donné ci-dessous.

```
#saisie des variables
a=float(input('Saisissez la valeur du coefficient a:"))
b=float(input('Saisissez la valeur du coefficient b:"))
c=float(input('Saisissez la valeur du coefficient c:"))
borneInf=float(input("Saisissez la valeur de la borne inférieure:"))

# Fonction étudiée
def f(x):
    y=a*x**2+b*x+c
    return y
# Resolution de f(x)=0 par balayage à partir de la borne inférieure
def balayage(borneInf):
    i=borneInf
    while f(i)*f(i+0.01)>0:
        i=i+0.01
    return i+0.01
# Programme principal
x1=balayage(borneInf)
x2=balayage(x1+0.01)
print("x1=",x1)
print("x2=",x2)
```

Programme à télécharger
Python
hachette-clic.fr/21mab005

▶ Algorithmique et programmation p. 157

Construisez au brouillon l'algorigramme du programme « balayage ».

3. Réaliser.

a. Téléchargez et testez le programme pour déterminer les solutions de l'équation $-2x^2 + 6x - 4 = 0$ sur l'intervalle [0 ; 10].

....

b. Écrivez $-2x^2 + 6x - 4$ sous sa forme factorisée.

....

....

4. Valider. Déduisez de la question précédente le tableau de signes de P_u en fonction de I.

Valeur de I	
Signe de P_u	

5. Communiquer. Répondez à la problématique : « Pour quelles valeurs de I la puissance utile fournie par les 4 piles est-elle supérieure à 4 W ? »

....

....

....

....

Démarche scientifique

4 Quelle est la largeur de l'arche ?

CO-INTERVENTION

Le viaduc de l'Hers permet au métro de passer au-dessus du périphérique toulousain. La forme géométrique de la plus haute arche est assimilée à la représentation graphique de la fonction f définie sur [0 ; 63] par : $f(x) = -0{,}018x^2 + 1{,}134x$.

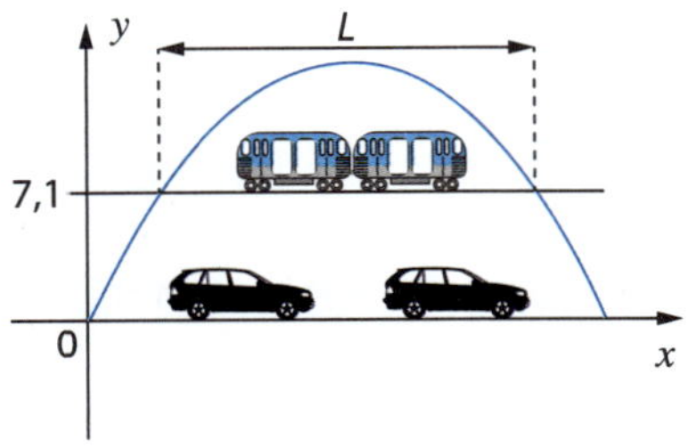

Le tablier du viaduc sur lequel circule le métro est situé à 7,1 m au-dessus du périphérique.

1. À quelle hauteur au-dessus du sol culmine l'arche ?

2. Quelle est sa longueur L au niveau du tablier ?

5 Comment résoudre cette énigme ?

Le professeur de mathématiques demande à Yanis de résoudre cette énigme :
« Un nombre soustrait à son carré donne un résultat de 110. Quel est ce nombre ? »
Yanis répond : « C'est $x = -10$. »

- Yanis a-t-il raison ? Existe-t-il une autre solution ?

6 Quelle est la durée de vol du javelot ?

Une athlète lance un javelot à l'instant $t = 0$ s. Au bout de t secondes, la hauteur (en m) atteinte par ce javelot est donnée par $h(t) = -5t^2 + 10\sqrt{3}t + 2$.

- Déterminez la durée de vol du javelot.

Évaluation

Nom : ....

Prénom : ....

Quel périmètre de sécurité pour le 14 Juillet ?

30 min

Afin d'assurer la sécurité des spectateurs, il est primordial de définir le périmètre de sécurité à mettre en place lors du feu d'artifice du 14 Juillet. La trajectoire des fusées qui portent le plus haut et le plus loin est assimilée à la représentation graphique d'une fonction f définie sur [0 ; 100] par :

$$f(x) = -0{,}02x^2 + 5{,}67x$$

$f(x)$ est l'altitude (en m) atteinte par la fusée à une distance x (en m) de son lieu de tir.

1. S'approprier.

a. Montrer que $x = 0$ est solution de l'équation $f(x) = 0$.

b. Donnez une interprétation concrète de ce résultat.

2. Analyser. Raisonner.

Proposez une méthode permettant de déterminer une autre solution de l'équation $f(x) = 0$.

3. Réaliser.

Mettez en œuvre votre protocole de résolution.

4. Valider.

À quelle distance de son lieu de tir la fusée pourrait-elle retomber si elle n'explosait pas ?

5. Communiquer.

Répondez à la question « Quelle est la distance minimale à laquelle doivent être placés les spectateurs ? » Justifiez votre réponse.

Question	Capacités	Connaissances
1.	Tester si un nombre réel est racine d'un polynôme de degré 2.	Fonction polynôme de degré 2 à coefficients réels. Racine réelle d'un polynôme de degré 2.
2. 3. 5.	Déterminer la deuxième solution d'une équation du second degré possédant deux solutions dont une est connue.	Eléments caractéristiques d'une parabole : signe de a, sommet, ordonnée à l'origine, axe de symétrie.
4.	Résoudre graphiquement des équations de la forme d'inéquations de la forme $f(x) = g(x)$ où f et g sont des fonctions.	Résolution graphique d'équations de la forme $f(x) = g(x)$ où f et g sont des fonctions.

Activité de co-intervention

Combien consomme un poids lourd ?

Problématique professionnelle

La consommation en carburant d'un poids lourd varie en fonction de la vitesse à laquelle il roule. On cherche à étudier ces variations.

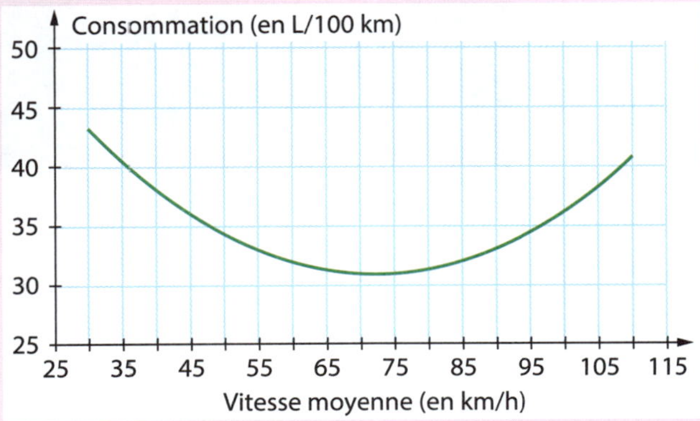

En enseignement professionnel

1. **S'approprier.** Comment varie la consommation en fonction de la vitesse ?

....

....

En mathématiques

2. **Analyser. Raisonner.**

a. Parmi ces trois fonctions, cochez celle qui modélise la consommation d'un poids lourd en fonction de sa vitesse x.

☐ $f(x) = -0,007x^2 + 1,015x + 67,7$ ☐ $f(x) = 0,007x^2 + 1,015x - 67,7$ ☐ $f(x) = 0,007x^2 - 1,015x + 67,7$

b. Comment procéderiez-vous pour déterminer la vitesse pour laquelle la consommation est minimale ?

....

3. **Réaliser.**

a. Déterminez la valeur de x pour laquelle la fonction f admet un extremum.

....

b. Déduisez-en la valeur de cet extremum. S'agit-il d'un maximum ou d'un minimum ?

....

En enseignement professionnel

4. **Valider.**

a. Que consomme un camion s'il roule à 72,5 km/h ?

....

b. Comment varie la consommation à partir de 72,5 km/h ?

....

5. **Communiquer.** Quelles sont les conséquences du passage de la vitesse maximale de 90 km/h à 80 km/h sur la consommation des poids lourds ? Justifiez.

....

....

6 Dérivée et variations d'une fonction

Activité 1 Comment varie la vitesse d'une fusée à eau ?

Démarche scientifique

10 min

Construire en un point la tangente à une courbe à l'aide d'outils numériques.

Après un lancer de sa fusée à eau, Thomas a construit dans le fichier fourni la courbe qui donne l'altitude atteinte par la fusée en fonction du temps de vol.

- Ouvrez le fichier fourni et utilisez les outils du logiciel pour tracer les tangentes aux points *A*, *B*, *C*, *D*, *E* et *F*.
- Le coefficient directeur de la tangente en un point correspond à la vitesse instantanée de la fusée en ce point. Décrivez en quelques lignes la variation de la vitesse au cours du vol.

Fichier à télécharger
Géométrie
hachette-clic.fr/21mab006

Vol d'une fusée à eau
Lien vidéo
3 min 05 s
hachette-clic.fr/21mab006

Pour bien démarrer ▶ **Une tangente est une droite qui « touche la courbe » au plus près. Pour la tracer, utilisez l'outil** .

....

....

Activité 2 Comment déterminer une pente ?

20 min

Déterminer par lecture graphique le nombre dérivé d'une fonction en un point.

La courbe $\mathscr{C}_f$ ci-dessous, représentative d'une fonction *f*, modélise une partie du parcours que Leïlani doit emprunter avec son poney lors d'un prochain concours. La cavalière souhaite savoir si, dans les descentes, la pente est supérieure à 55 % car, au-delà de cette valeur, elle préfère mettre son cheval au pas.

Leïlani construit la tangente dessinée au point *A*. Elle détermine ainsi que, dans ce passage, $\frac{\Delta y}{\Delta x} \approx \frac{+1}{+2} \approx 0{,}50$ et conclut que la pente est de 50 %. En mathématiques, la valeur décimale de $\frac{\Delta y}{\Delta x}$ est appelée le **nombre dérivé** de la fonction *f* en x_A et se note $f'(x_A)$. Il s'agit aussi du coefficient directeur de la tangente.

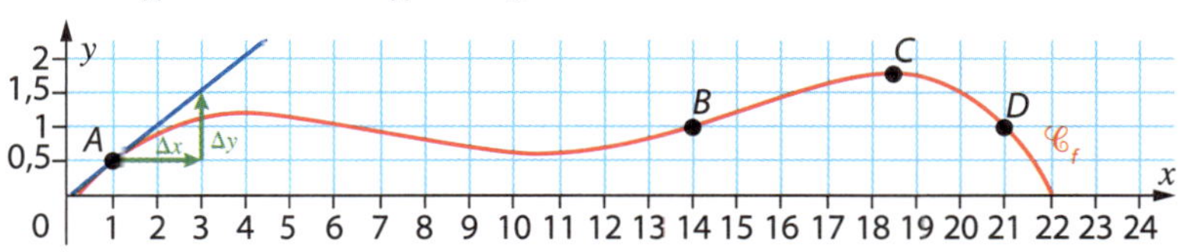

1. Déterminez graphiquement les nombres dérivés $f'(x_B)$, $f'(x_C)$ et $f'(x_D)$.

....

....

Pour bien démarrer ▶ **Δy est négatif si la flèche pointe vers le bas, mais la valeur de la pente est toujours positive.**

2. Leïlani pourra-t-elle faire courir son poney sur tout le parcours ? Justifiez votre réponse.

....

....

Activité 3 Combien de semaines pour être au top niveau ?

Démarche scientifique

20 min

Étudier les variations d'une fonction à partir de l'étude du signe de sa dérivée. Déterminer un maximum.

Juliet suit un programme d'entraînement de course à pied pour préparer le cross du lycée. Elle note, à la fin de chaque semaine, l'évolution de sa vitesse moyenne v_m sur un parcours test de 3 km.

Après quatre semaines de préparation, elle détermine avec un tableur-grapheur que la progression de cette vitesse (en km/h) suit la relation : $v_m(x) = -0{,}03x^2 + 0{,}6x + 13$, où x est la durée de préparation, en semaine.

- Étudiez, avec puis sans calculatrice, les variations de la fonction v_m afin de déterminer si Juliet aura atteint sa vitesse maximale après les 8 semaines d'entraînement qu'elle a prévues.

Pour bien démarrer ▶ **La fonction $v_m'(x) = -0{,}06x + 0{,}6$ donne les nombres dérivés de la fonction v_m. Le nombre dérivé en un point est le coefficient directeur de la tangente en ce point.**

Appelez le professeur pour une aide, ou lui montrer votre réponse.

Travaux pratiques

TP 1 Comment varie la durée d'utilisation d'une application ?

Outils numériques

25 min

Objectifs
- Étudier les variations d'une fonction à partir de l'étude du signe de sa dérivée.
- Dresser son tableau de variations.

Oscar a noté la durée quotidienne moyenne, en minutes, qu'il a passée sur son application préférée au cours des 12 derniers mois. À l'aide d'un logiciel, il a modélisé cette durée d'utilisation par la fonction f, définie sur [0 ; 12] par $f(x) = -0{,}374x^3 + 5x^2 + 0{,}8x + 32$, où x est le numéro du mois de l'année.

1. À l'aide d'une calculatrice ou d'un logiciel de géométrie 2D, représentez la fonction f, puis complétez le tableau ci-dessous.

x	0	3	6	8
Nombre dérivé : $f'(x)$	....	....	....	....
Équation de la tangente : $y = ax + b$	....	....	....	....

x	9	10	12
Nombre dérivé : $f'(x)$	....	....	....
Équation de la tangente : $y = ax + b$	....	....	....

▶ **Logiciel** p. 168 ▶ **Calculatrice** p. 171 à 176

2. a. Observez les valeurs du tableau et proposez une définition du nombre dérivé de la fonction f en un point.

....

....

....

b. Complétez le tableau de variations ci-dessous.

x	0		9		12
Signe du nombre dérivé $f'(x)$		....	0	....	
Sens de variation de f					

c. Conjecturez le lien entre le signe du nombre dérivé $f'(x)$ sur un intervalle et le sens de variation de f sur ce même intervalle.

....

....

....

3. Décrivez les variations de la durée quotidienne moyenne qu'Oscar a passée sur son application préférée au cours des 12 derniers mois.

....

....

....

TP 2 Comment optimiser le bénéfice ?

Algorithmique et programmation

Objectifs
- Déterminer par balayage un encadrement ou une valeur approchée d'un extremum d'une fonction polynôme de degré 2.
- Modifier un algorithme.

30 min

L'entreprise Kiwima fabrique de 10 à 80 paires de chaussettes de sport haut de gamme par semaine. Le bénéfice $B(x)$ (en €) qu'elle réalise pour la vente de x paires de chaussettes est donné par la relation : $B(x) = -0{,}055x^2 + 8x - 100$.

1. Détermination d'un extremum par balayage

On donne le programme Python ci-contre.

```
1  #Calcul du bénéfice#
2  def benefice(x):
3      benefice=?????????
4      return(benefice)
5
6  #Calcul du bénéfice maximal#
7  def balayage(pas):
8      x=10
9      b0=benefice(x)
10     b1=benefice(x+pas)
11     while x<80 and b1>=b0:
12         x=x+pas
13         b0=benefice(x)
14         b1=benefice(x+pas)
15     return(x)
16 pas=float(input("pas ?"))
17 print("Maximum :",balayage(pas))
```

a. La fonction « benefice » détermine le bénéfice pour x paires de chaussettes vendues. Que faut-il saisir à la ligne 3 ?

....

b. La fonction « balayage » calcule le nombre de paires de chaussettes pour lequel le bénéfice est maximal.
- Recopiez ou téléchargez ce programme.

Fichier à télécharger
python
hachette-clic.fr/21mab006

- Complétez-le avec votre réponse à la question précédente.
- Testez votre programme en vérifiant que le nombre de paires de chaussettes qui permet à l'entreprise d'optimiser son bénéfice est de 73.

2. Vérification de la valeur de l'extremum à partir de l'étude du signe de $B'(x)$

Soit $B'(x) = -0{,}11x + 8$, la fonction dérivée de la fonction B. Le programme ci-contre permet de déterminer pour quelle valeur de x le nombre dérivé devient négatif.
- Recopiez ou téléchargez ce programme.

Fichier à télécharger
python
hachette-clic.fr/21mab006

```
def nbderive(x):
    nbderive=??????
    return(nbderive)

def deriveenulle(pas):
    x=10
    fprime=nbderive(x)
    while ??????????:
        x=x+pas
        fprime=nbderive(x)
    return(x)
??????????????
??????????????
```

- Complétez-le avec les instructions manquantes à la place des points d'interrogation.
- Testez votre programme et vérifiez que la fonction B' devient négative pour $x = 73$.

3. Conclusion

Rédigez une conclusion mathématique sur votre travail, en utilisant les mots *dérivée*, *signe* et *extremum*.

....

....

....

....

▶ Algorithmique et programmation p. 157

L'essentiel

1 Tangente à une courbe en un point

La **tangente à une courbe** au point *M* :
- est la droite qui approche le mieux la courbe au voisinage du point *M* ;
- « touche » la courbe au point *M*. Ce point est donc commun à la courbe et à la tangente.

! Remarque : Une droite est **sécante** à une courbe lorsqu'elle coupe cette courbe, c'est-à-dire qu'elle a un point commun avec la courbe sans lui être tangente.

Exemple

Soit $\mathscr{C}_f$ la courbe représentative d'une fonction *f*.

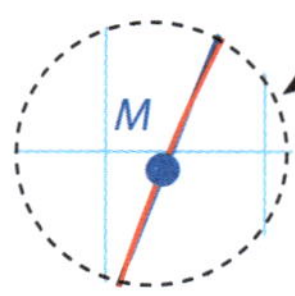

Au voisinage de *M*, la droite $\mathscr{T}$ semble confondue avec la courbe $\mathscr{C}_f$.
$\mathscr{T}$ est la **tangente** à $\mathscr{C}_f$ au point *M*.

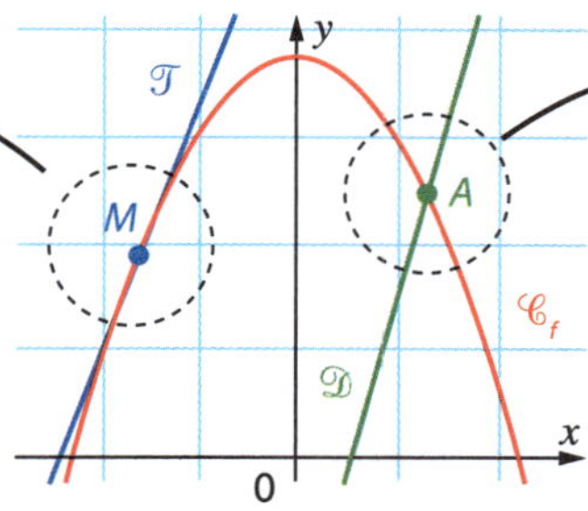

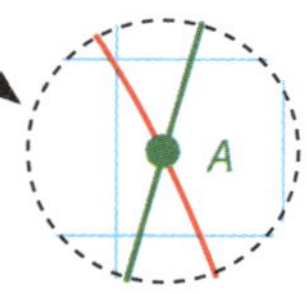

La droite $\mathscr{D}$ coupe la courbe $\mathscr{C}_f$ sans lui être tangente.
$\mathscr{D}$ et $\mathscr{C}_f$ sont **sécantes** en *A*.

- L'équation d'une tangente est de la forme : $y = ax + b$, où *a* est le **coefficient directeur**.
- Si $a > 0$, alors la droite « **monte** ». Si $a < 0$, alors la droite « **descend** ».

2 Nombre dérivé et équation réduite d'une tangente

- Le **nombre dérivé** $f'(x_A)$ est le coefficient directeur de la tangente $\mathscr{T}$ à la courbe représentative de la fonction *f* au point $(x_A\ ;\ f(x_A))$.

  ! Remarque : $f'(x_A)$ se lit « *f* prime de x_A ».
- L'équation réduite de la tangente $\mathscr{T}$ à la courbe $\mathscr{C}_f$ en un point $A(x_A\ ;\ f(x_A))$ est :

$$y = f'(x_A)(x - x_A) + f(x_A)$$

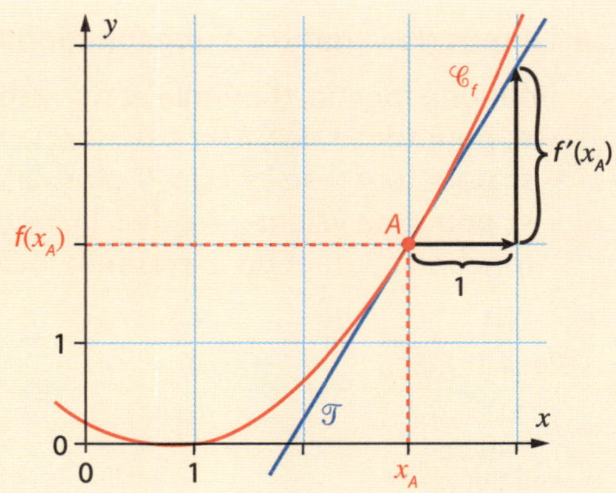

Exemple

Soit $\mathscr{C}_f$ la courbe représentative d'une fonction *f* et $\mathscr{T}$ la tangente à $\mathscr{C}_f$ au point *A* de coordonnées (4 ; 2).
On lit sur le graphique que le coefficient directeur de $\mathscr{T}$ est $f'(x_A) = \dfrac{1{,}8}{1} = 1{,}8$.
L'équation réduite de la tangente $\mathscr{T}$ est donc :

$y = 1{,}8 \times (x - 4) + 2$
$\Leftrightarrow \quad y = 1{,}8 \times x - 1{,}8 \times 4 + 2$
$\Leftrightarrow \quad y = 1{,}8x - 5{,}2$

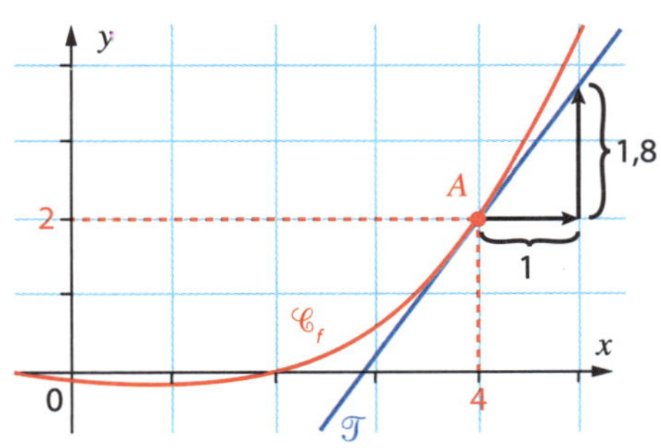

3 Fonction dérivée

- Une fonction f est **dérivable** sur un intervalle I si, pour tout x de l'intervalle I, la fonction admet un nombre dérivé noté $f'(x)$.
- On appelle **fonction dérivée** la fonction notée f' qui, à x, associe le nombre dérivé $f'(x)$.

! Remarque : La fonction dérivée f' permet de calculer les coefficients directeurs de toutes les tangentes à la courbe représentative de la fonction f.

- **Règles de dérivation**

Les expressions des fonctions dérivées notées dans les tableaux ci-dessous sont admises.
a et b désignent des nombres réels.

Expression de la fonction f	Expression de la fonction f'	Exemple
$f(x) = a$	$f'(x) = 0$	Si $f(x) = 7$, alors $f'(x) = 0$.
$f(x) = ax + b$ avec $a \neq 0$	$f'(x) = a$	Si $f(x) = 3x + 9$, alors $f'(x) = 3$.
$f(x) = x^2$	$f'(x) = 2x$	Si $f(x) = x^2$, alors $f'(x) = 2x$.
$f(x) = \frac{1}{x}$	$f'(x) = -\frac{1}{x^2}$	Si $f(x) = \frac{1}{x}$, alors $f'(x) = -\frac{1}{x^2}$.

- u et v sont des fonctions définies et dérivables sur un intervalle I et k est un nombre réel.

Expression de la fonction f	Expression de la fonction f'	Exemple
$k \times u(x)$	$k \times u'(x)$	Si $f(x) = 6x^2$, alors $f'(x) = 6 \times 2x = 12x$.
$u(x) + v(x)$	$u'(x) + v'(x)$	Si $f(x) = x^2 + \frac{1}{x}$, alors $f'(x) = 2x - \frac{1}{x^2}$.

4 Étude des variations d'une fonction

- Le **sens de variation d'une fonction f** est donné par le **signe de sa dérivée f'**.
- Pour une fonction f définie et dérivable sur un intervalle $I = [a ; b]$:
  - si, pour tout x de I, **$f'(x) < 0$**, alors la fonction **f est décroissante** sur I.
  - si, pour tout x de I, **$f'(x) > 0$**, alors la fonction **f est croissante** sur I.
  - si, pour une valeur $x = c$ de I, la fonction dérivée f' s'annule **en changeant de signe**, alors la fonction f admet un **extremum local** en c sur I dont la valeur est $f(c)$.

x	a		c		b
Signe de $f'(x)$		+	0	–	
Sens de variation de f	$f(a)$	↗	$f(c)$	↘	$f(b)$

Pour $x = c$, $f'(c) = 0$ et la fonction f admet un **maximum** égal à $f(c)$.

x	a		c		b
Signe de $f'(x)$		–	0	+	
Sens de variation de f	$f(a)$	↘	$f(c)$	↗	$f(b)$

Pour $x = c$, $f'(c) = 0$ et la fonction f admet un **minimum** égal à $f(c)$.

- La plus petite et la plus grande valeur de $f(x)$ sont les **extremums globaux** de f sur I.

Exemple

Soit la fonction g définie sur $[-4 ; 3]$ par $g(x) = x^2 - x - 0{,}75$.
La fonction g', dérivée de la fonction g, est définie par :
$g'(x) = 2x - 1$ donc pour $x = 0{,}5$, $g'(x) = 0$.
Pour $x < 0{,}5$: $g'(x) < 0$, et pour $x > 0{,}5$: $g'(x) > 0$.
g est donc décroissante sur $[-4 ; 0{,}5]$, croissante sur $[0{,}5 ; 3]$ et admet un minimum égal à -1 pour $x = 0{,}5$.

x	-4		$0{,}5$		3
Signe de $g'(x)$		–	0	+	
Sens de variation de g	$g(-4) = 19{,}25$	↘	-1	↗	$g(3) = 5{,}25$

Exercices

Testez-vous !

QCM interactif

Cochez la bonne réponse parmi les trois proposées.

1. La courbe $\mathscr{C}_f$ est représentative de la fonction f définie sur [–1 ; 4].

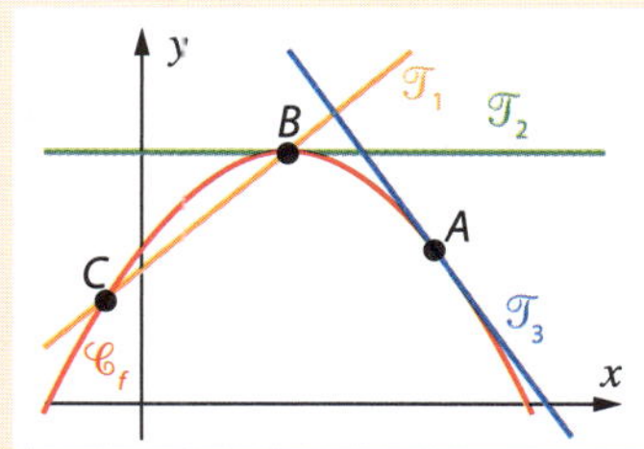

☐ $\mathscr{T}_2$ et $\mathscr{T}_3$ sont des tangentes à $\mathscr{C}_f$ et $\mathscr{T}_1$ est une sécante à $\mathscr{C}_f$.

☐ $\mathscr{T}_1$ et $\mathscr{T}_3$ sont des sécantes à $\mathscr{C}_f$ et $\mathscr{T}_2$ est une tangente à $\mathscr{C}_f$.

☐ $\mathscr{T}_1$, $\mathscr{T}_2$ et $\mathscr{T}_3$ sont des tangentes à $\mathscr{C}_f$.

2. $\mathscr{T}$ est tangente à $\mathscr{C}_f$ au point A.

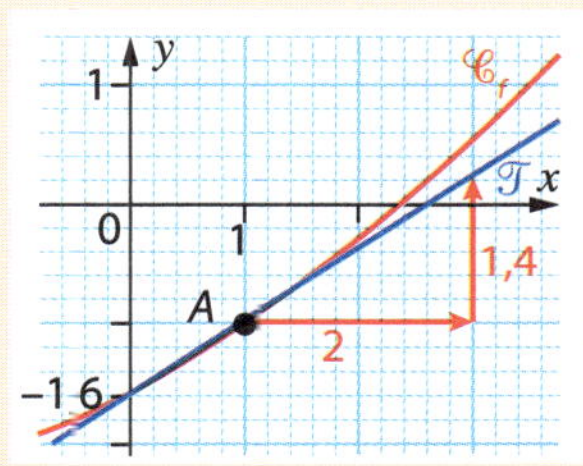

☐ $f'(1) = \dfrac{2}{1,4}$

☐ $f'(1) = \dfrac{1,4}{2}$

☐ $f'(1)$ est le coefficient directeur de $\mathscr{C}_f$.

3. L'équation de la tangente tracée à la question **2** est :

☐ $y = -0,7x + 1,6$

☐ $y = 0,7x - 2,6$

☐ $y = 0,7x - 1,6$

4. La dérivée de la fonction f telle que $f(x) = x^2 + \dfrac{1}{x}$ est :

☐ $f'(x) = 2x - \dfrac{1}{x^2}$ ☐ $f'(x) = 2x + \dfrac{1}{x^2}$ ☐ $f'(x) = -\dfrac{2x}{x^2}$

5. Si f', dérivée d'une fonction f, est négative sur l'intervalle $I = [4 ; 6]$, alors la fonction f est :

☐ négative sur I. ☐ décroissante sur I.

☐ croissante sur I.

6. Si f', dérivée d'une fonction f, est positive sur l'intervalle [4 ; 6], alors :

☐ $f(4) < f(6)$ ☐ $f(4) > f(6)$ ☐ $f(4) = f(6)$

7. Soit $f'(x) = x + 4$ la fonction dérivée de la fonction f définie sur l'intervalle [–6 ; 6]. Le tableau de variations de f est :

☐

x	–6		–4		6
Signe de $f'(x)$		+	0	–	
Sens de variation de f		↗		↘	

☐

x	–6		–4		6
Signe de $f'(x)$		–	0	+	
Sens de variation de f		↘		↗	

☐

x	–6		4		6
Signe de $f'(x)$		–	0	+	
Sens de variation de f		↘		↗	

Automatismes

Calcul mental

1 Déterminez les solutions des equations et des inéquations ci-dessous.

a. $4x - 6 = 0$ **b.** $3x + 1 = -10$

c. $2,5x - 30 > 0$ **d.** $-4x + 36 < 0$

À l'oral

2 **a.** Quand peut-on dire qu'une fonction est croissante sur un intervalle I ?

b. Quand peut-on dire qu'une fonction est négative sur un intervalle I ?

3 Corrigez les affirmations suivantes en justifiant.

a. $f(4) = 2$ signifie que la fonction f est croissante si $x = 4$.

b. Si $f'(3) < 0$, alors la fonction f est négative en $x = 3$.

c. Si, sur un intervalle I, la fonction dérivée f' est croissante, alors la fonction f est positive sur I.

4 Une équation de droite est de la forme $y = ax + b$, avec a et b des réels.

a. Comment nomme-t-on le réel a ?

b. Qu'indique le signe de a ?

5 **Exercice corrigé**

Soit la fonction f définie sur l'intervalle $I = [-2 ; 6]$ par $f(x) = \frac{1}{2}x^2 - 2x - 3$.

a. Déterminez la fonction dérivée f'.

b. Étudiez le signe de f' sur I et dressez le tableau de variations de f.

c. S'il existe, donnez l'extremum global de f sur I.

Corrigé

a. $f'(x) = \frac{1}{2} \times 2 \times x - 2 = x - 2$.

b. On résout $x - 2 > 0 \Leftrightarrow x > 2$.

Donc, si $x = 2$ alors $f'(x) = 0$; si $x > 2$ alors $f'(x) > 0$; si $x < 2$ alors $f'(x) < 0$.

$f(-2) = 3$; $f(2) = -5$ et $f(2) = 3$.

x	-2		2		6
Signe de $f'(x)$		$-$	0	$+$	
Sens de variation de f	3	↘	-5	↗	3

c. -5 est le minimum global de la fonction f sur l'intervalle I.

Tangente à une courbe en un point

6 **a.** Avec la calculatrice ou un logiciel de géométrie 2D, représentez la fonction $f(x) = x^2$.

b. Tracez les tangentes à la courbe aux points $A(2 ; 4)$ et $B(-2 ; 4)$.

c. Relevez le coefficient directeur de chaque tangente.

....

....

7 **a.** Using geometry software, draw the graph of the function f given by : $f(x) = 6x^2 + 12x - 144$.

b. On the graph, put the point A with abscissa $x_A = 8$ and draw the tangent to the graph at the point A.

c. Write the gradient a of the tangent.

....

Nombre dérivé et équation réduite d'une tangente

8 On a tracé ci-après $\mathscr{C}_f$, la représentation graphique de la fonction $f(x) = \frac{1}{x}$ et $\mathscr{T}$, la tangente à $\mathscr{C}_f$ en M.

a. Déterminez par lecture graphique le nombre dérivé $f'(1)$.

....

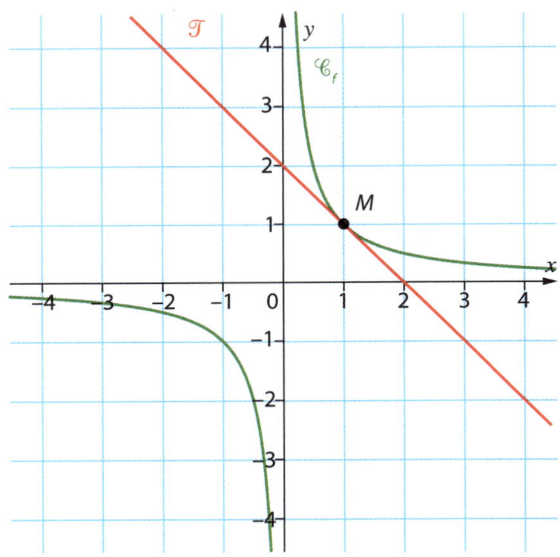

b. Pourquoi ne pouvez-vous pas déterminer $f'(0)$?

....

....

....

9 **a.** Construisez la tangente à la courbe $\mathscr{C}_f$ représentée ci-dessous au point d'abscisse $x = 3$.

On donne $f'(3) = 2$.

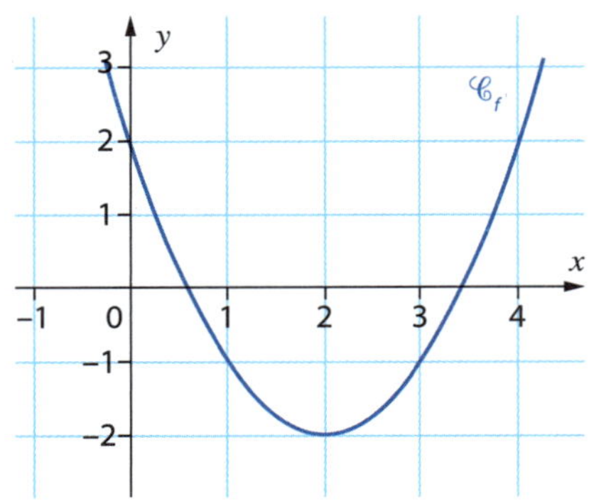

b. Relevez la valeur de $f(3)$ puis déterminez l'équation de la tangente représentée à la question **a**.

....

....

....

Fonction dérivée

10 Complétez le tableau ci-dessous.

Expression de la fonction f	Expression de la fonction f'
$f(x) = 4$	$f'(x) =$ ....
$f(x) = 3x + 2$	$f'(x) =$ ....
$f(x) = x^2$	$f'(x) =$ ....
$f(x) = \frac{1}{x}$	$f'(x) =$ ....

11 Pour chacune des fonctions suivantes, donnez sa fonction dérivée.

a. $f(x) = 4$

b. $g(x) = 2x$

c. $h(x) = 2x + 4$

d. $i(x) = -6x + 27$

e. $j(x) = 9x + 4 - 6x$

f. $k(x) = -9 + 31x$

12 Pour chacune des fonctions suivantes, donnez sa fonction dérivée.

a. $f(x) = 6x^2$

b. $g(x) = 5 \times \frac{1}{x}$

c. $h(x) = 6x^2 + \frac{5}{x}$

d. $j(x) = 26x - 32 - 14x^2$

Étude des variations d'une fonction

13 Soit la fonction f telle que $f(x) = x^2 - 7x + 3$.

a. Déterminez l'expression de f', la fonction dérivée de f.

b. Calculez $f'(0)$, $f'(3,5)$ et $f'(3)$.

c. En déduire l'orientation des tangentes à la courbe de f aux points d'abscisses 0, 3,5 et 3.

14 Soit la fonction f définie sur $I = [-4 ; 3]$ par $f(x) = 2,5x^2 - 5x + 12$.

a. Déterminez f', la fonction dérivée de f.

b. Résolvez l'inéquation $f'(x) > 0$ et étudiez le signe de f' dans l'intervalle I.

c. Complétez le tableau de variations et donnez la valeur de l'extremum de f.

x	
Signe de $f'(x)$	
Sens de variation de f	

15 Soit la fonction f définie sur l'intervalle $I = [0 ; 60]$ par $f(x) = 0,5x - 8$.

a. Étudiez le signe de $f'(x)$ sur I.

b. En déduire le tableau de variations de f sur I.

x	
Signe de $f'(x)$	
Sens de variation de f	

16 **Démarche mathématique**

Soit la fonction g définie pour tout x différent de 0 par $g(x) = \frac{1}{x}$.

- Donnez g', la dérivée de g, puis démontrez que g est strictement décroissante sur $]-\infty ; 0[$.

17 **En physique-chimie**

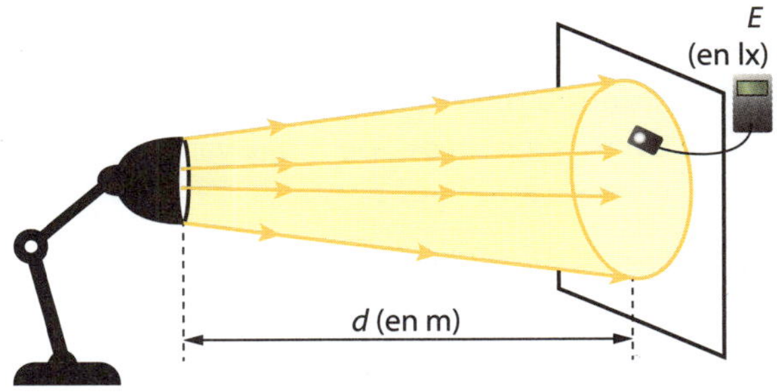

L'éclairement E d'une surface varie en fonction du carré de la distance $x = d^2$ selon la fonction :

$f(x) = \frac{80}{x}$, avec $x \in]0 ; 25]$.

a. Complétez le tableau de variations de la fonction f.

x	
Signe de $f'(x)$	
Sens de variation de f	

b. Déduisez-en l'évolution de l'éclairement d'une surface quand la distance à la source augmente.

Problèmes

Problème corrigé

1 À quelle température le capteur est-il le plus sensible ? CO-INTERVENTION

▶ **Problématique professionnelle**

Un capteur de température est d'autant plus sensible si une variation de 1 °C induit une grande variation de l'intensité I. La caractéristique d'un capteur est donnée ci-dessous.

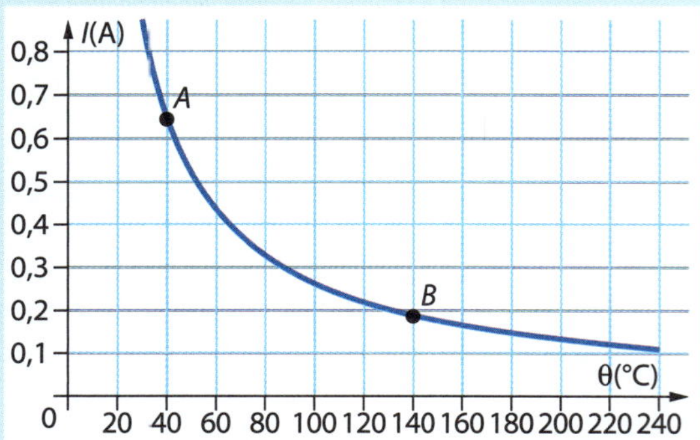

1. S'approprier. Pour ce capteur, quelle grandeur varie avec la température ?

▶ **En maths**

2. Analyser. Raisonner. La fonction f, définie sur $[30 ; 240]$ par $f(x) = \frac{26}{x}$, modélise la caractéristique du capteur.
Proposez une méthode pour déterminer la sensibilité (variation de I pour une variation de 1 °C) de la sonde à 40 °C et 140 °C.

3. Réaliser. Calculez $f'(x)$, puis $f'(40)$ et $f'(140)$.

4. Valider. Comparez $f'(40)$ et $f'(140)$, puis concluez sur la sensibilité du capteur.

▶ **En enseignement professionnel**

5. Communiquer. Répondez à la question posée en titre.

Corrigé

1. L'intensité I varie avec la température θ.
2. La sensibilité de la sonde à la température x_A est égale au nombre dérivé $f'(x_A)$. Il faut donc calculer $f'(40)$ et $f'(140)$ pour déterminer les sensibilités demandées.
3. $f'(x) = -\frac{26}{x^2}$.
$f'(40) \approx -0,016$; $f'(140) \approx -0,001$.
4. $f'(40) \gg f'(140)$. La sensibilité est beaucoup plus grande à $x = 40$ qu'à $x = 140$.
5. Le capteur est beaucoup plus sensible à des températures proches de 40 °C qu'à des températures proches de 140 °C.

2 Le téléphone se charge-t-il toujours à la même vitesse ?

Sofiane constate qu'il ne reste que 9 % d'autonomie sur les 2 200 mA·h (milliampère-heures) de la batterie de son téléphone. Il le branche alors à un chargeur portatif. La quantité d'électricité Q contenue dans le téléphone, donnée en mA·h, suit alors la relation $Q(t) = -400t^2 + 1\,789t + 199,7$ où t est la durée de charge en heure.

1. S'approprier. Quelle est, en mA·h, la quantité d'électricité restante dans la batterie du téléphone au début de la situation ($t = 0$ s) ?

....

....

2. Analyser. Raisonner.

a. La vitesse de charge semble-t-elle constante ?

....

....

b. Soit la fonction f définie sur $[0 ; 3]$ par :

$$f(x) = -400x^2 + 1\,789x + 199,7$$

Proposez une méthode pour déterminer, en mA·h/h, la vitesse à laquelle la batterie du téléphone se charge 30 minutes, puis 1 h après le branchement du chargeur.

Pour bien démarrer ▶ **La vitesse de la charge est la dérivée de la quantité d'électricité.**

....

....

....

....

3. Réaliser. Calculez $f'(x)$, puis $f'(0,5)$ et $f'(1)$.

....

....

....

4. Valider. Comparez les valeurs obtenues à la question **3**, puis validez ou invalidez l'hypothèse formulée à la question **2. a.**

....

....

5. Communiquer. En quelques lignes, expliquez la méthode permettant de déterminer les variations d'une fonction sur un intervalle donné.

....

....

....

3 À quel moment une vaccination est-elle la plus efficace ?

À la suite de la vaccination d'un patient, des analyses ont permis de mesurer le taux d'anticorps T_1 dans le sang après la première injection, puis le taux T_2 après le rappel. T_1 a été mesuré du 5e au 50e jour et T_2 du 50e au 100e jour. Des modélisations mathématiques ont permis d'établir les relations entre les taux d'anticorps et la durée t (en jours) écoulée depuis la première injection :

- $T_1(t) = -0{,}0022t^2 + 0{,}12t - 0{,}37$ pour t compris entre 5 et 50.
- $T_2(t) = -0{,}0025t^2 + 0{,}44t - 15{,}62$ pour t compris entre 50 et 100.

1. S'approprier. Quel est le taux d'anticorps le 50e jour ?

2. Analyser. Raisonner. On définit les fonctions f et g telles que :

- $f(x) = -0{,}0022x^2 + 0{,}12x - 0{,}37$ pour $x \in [5 ; 50]$;
- $g(x) = -0{,}0025x^2 + 0{,}44x - 15{,}62$ pour $x \in [50 ; 100]$.

Proposez une méthode permettant de déterminer le jour où le taux d'anticorps est maximal.

3. Réaliser.

a. Déterminez les expressions des fonctions f' et g', dérivées des fonctions f et g.

b. Étudiez les signes des fonctions dérivées et complétez les tableaux de variations.

x	
Signe de $f'(x)$	
Sens de variation de f	

x	
Signe de $g'(x)$	
Sens de variation de g	

c. Pour quelles valeurs de x les fonctions f et g sont-elles à leurs maximums ?

4. Valider. À quel moment le taux d'anticorps est-il à son maximum ?

5. Communiquer. Expliquez en quelques lignes pourquoi, selon cette étude, il est nécessaire de réaliser un rappel de vaccination.

4 Jade a-t-elle dépassé 200 km/h ?

Lors d'un saut en parachute, durant les dix premières secondes en chute libre, le mouvement de Jade est uniformément accéléré. Son altitude h varie dans le temps selon la relation :
$h(t) = -4{,}9t^2 + 4\,000$, avec h en m et t en s. Durant les 30 s suivantes, la chute se fait à vitesse constante jusqu'à l'ouverture du parachute.
La moniteur assure à Jade qu'à un moment, elle a dépassé les 200 km/h.

1. S'approprier. Comment évolue la vitesse de Jade durant la phase de chute libre ?

2. Analyser. Raisonner. La vitesse en chute libre est définie par $v(t) = h'(t)$. Comment procéderiez-vous pour calculer la valeur de la vitesse à un instant donné durant une chute libre ?

3. Réaliser. Calculez la vitesse de Jade à la fin de la phase d'accélération.

4. Valider. La vitesse de 200 km/h annoncée par le moniteur est-elle vérifiée ?

5. Communiquer. Expliquez comment il est possible de calculer la vitesse d'un objet en chute libre si on connaît la formule donnant sa position en fonction du temps.

Démarche scientifique

5 Quelles dimensions pour le bassin de rétention ? CO-INTERVENTION

Morgane doit établir les plans d'une réserve d'eau de volume $V = 4\,000$ m^3 en forme de pavé droit de 25 m de long.

Elle doit aussi déterminer la hauteur h et la largeur ℓ qui minimisent l'aire des parois, afin de minimiser les coûts de construction.

1. Schématisez le réservoir, puis vérifiez que $\ell = \dfrac{4\,000}{25 \times h}$ et que l'expression de la surface S de paroi (sol et murs) en fonction de ℓ et h est $S = 25\ell + 2h \times (25 + \ell)$.

2. Quelles dimensions répondent aux contraintes imposées à Morgane ?

6 Peut-on voir le train ?

Un bureau d'étude est chargé de dessiner la structure du futur train à sensation d'un parc d'attraction. Dans le projet schématisé ci-dessous, après une montée lente, le train se dirige à grande vitesse en direction d'une ligne d'arrivée matérialisée par un drapeau à damier.

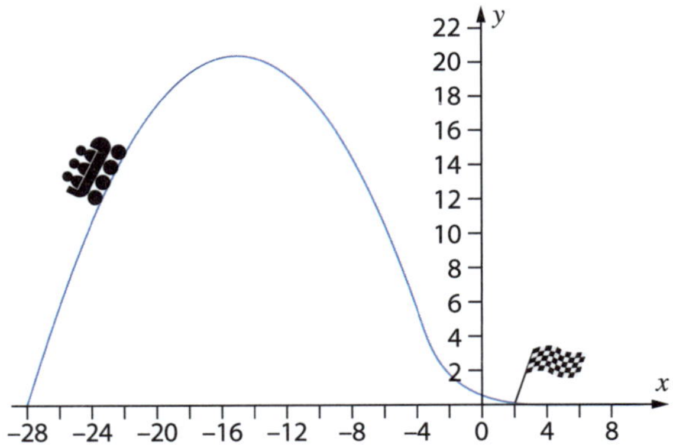

La première partie du parcours est une parabole représentative de la fonction f telle que $f(x) = -0{,}12x^2 - 3{,}6x - 6{,}7$ avec $x \in [-28 ; -3{,}5]$.

- Proposez une méthode permettant de déterminer à partir de quelle position le train est visible par une personne placée à côté du drapeau à damier, situé au point de coordonnées (2 ; 0). Mettez en œuvre la méthode choisie.

Évaluation

Nom : ....

Prénom : ....

La trajectoire du marteau est-elle optimale ?

30 min

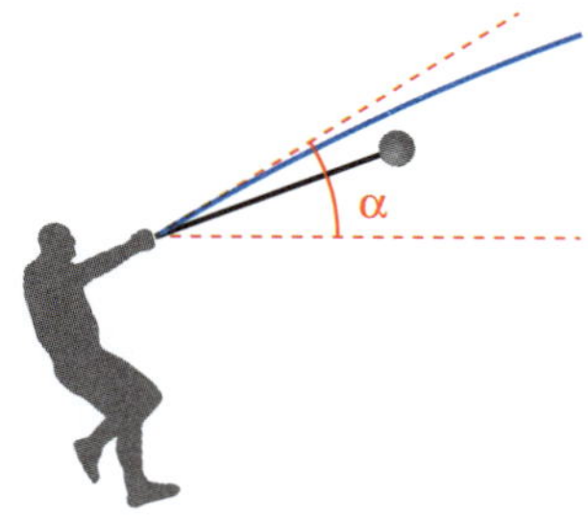

Lors d'un entraînement d'athlétisme, Rémi détermine que la trajectoire de son marteau est représentée par la fonction f telle que : $f(x) = -0{,}015x^2 + 0{,}8x + 1{,}6$ avec $x \in [0 ; 56]$. $f(x)$ représente la hauteur du marteau et x la distance horizontale parcourue, toutes deux en m.
Pour un lancer optimal, au moment du lâcher du marteau, la pente de la tangente à la trajectoire doit être égale à 1.
Rémi souhaite déterminer les caractéristiques de la trajectoire de son marteau : pente de la tangente au départ, hauteur maximale, position de l'impact au sol.

1. S'approprier. Pour un lancer idéal, quelle doit être la pente de la tangente à la trajectoire lors du lâcher du marteau ?

....

2. Analyser. Raisonner. Proposez une méthode, utilisant un logiciel de géométrie, permettant de déterminer les valeurs des paramètres recherchés par Rémi.

....

....

3. Réaliser.

a. Déterminez l'expression $f'(x)$ de la fonction dérivée de la fonction f, puis calculez $f'(0)$.

....

....

b. Complétez le tableau de variations de f ci-contre.

c. À l'aide d'une calculatrice ou d'un logiciel de géométrie, résolvez graphiquement $f(x) = 0$.

....

x	0 56
Signe de $f'(x)$	
Sens de variation de f	

4. Valider. Indiquez la pente que Rémi a donnée à la trajectoire du marteau lorsqu'il l'a lâché, ainsi que la distance et la hauteur maximale atteintes par le marteau.

....

....

5. Communiquer. La trajectoire donnée au marteau est-elle idéale ? Sinon, quel conseil donneriez-vous à Rémi pour qu'il améliore sa performance ?

....

....

Question	Capacités	Connaissances
2	Construire, en un point, la tangente à la courbe d'une fonction f à l'aide d'outils numériques.	Tangente à une courbe en un point.
3.a	Utiliser les formules et les règles de dérivation.	Nombre dérivé. Fonction dérivée. Notation f'.
3.b 3.c	Étudier, sur un intervalle donné, les variations d'une fonction à partir du calcul et de l'étude du signe de sa dérivée. Dresser son tableau de variations.	Lien entre signe de la dérivée d'une fonction et sens de variation de cette fonction.
4	Déterminer un extremum d'une fonction sur un intervalle donné à partir de son sens de variation.	Extremum d'une fonction sur un intervalle donné.

Activité de co-intervention

Quel motoventilateur choisir ?

▶ Problématique professionnelle

Un technicien doit choisir un motoventilateur pour le système de ventilation de son entreprise. Le rendement de cet appareil dépend de la pression mesurée dans l'air à la sortie du ventilateur et de l'énergie électrique qu'il consomme. Ces deux grandeurs varient en fonction du débit d'air fourni.
Le technicien possède deux motoventilateurs, numérotés 1 et 2, mais il n'a pas les documentations techniques. Comment déterminer, pour chaque appareil, le débit pour lequel il a le meilleur rendement ?

▶ En enseignement professionnel

1. S'approprier. Recherchez les unités possibles pour les grandeurs évoquées dans le texte :

- pression : ....
- débit : ....
- énergie : ....
- rendement : ....

2. Analyser. Raisonner. À partir de mesures réalisées à l'atelier, le technicien modélise les rendements η_1 et η_2 des deux moteurs par les fonctions $\eta_1(q) = -6q^2 + 44q$ et $\eta_2(q) = -4q^2 + 36q$, avec q le débit d'air en m^3/h.
Proposez une méthode pour déterminer lequel de ces deux motoventilateurs est le plus adapté.

....

....

....

▶ En mathématiques

3. Réaliser. Soient f_1 et f_2 deux fonctions telles que :

$$f_1(x) = -6x^2 + 44x \quad \text{et} \quad f_2(x) = -4x^2 + 36x \text{ pour } 0 < x < 6.$$

a. Calculez $f_1'(x)$ et $f_2'(x)$, les fonctions dérivées des fonctions f_1 et f_2.

....

b. Déterminez les valeurs x_1 et x_2 pour lesquelles les fonctions f_1 et f_2 sont à leurs maximums.

....

....

4. Valider. Le motoventilateur doit fournir un débit de 4,5 m^3/h. Quel appareil est le plus adapté ?

....

....

▶ En enseignement professionnel

5. Communiquer. Expliquez en quelques lignes la complémentarité entre les mesures de terrain et l'étude mathématique qui en découle.

....

....

....

....

7 Géométrie dans l'espace

Activité 1 Quels solides constituent le vérin hydraulique ?

Démarche scientifique

10 min

Exploiter une représentation d'un solide constitué d'un assemblage de solides usuels.

Le vérin hydraulique ci-contre a été représenté en utilisant le logiciel professionnel de conception assistée par ordinateur (CAO) SolidWorks.

- Décrivez ce vérin en détaillant les solides usuels qui le constituent.

....

....

....

....

....

....

....

Activité 2 Comment fabriquer un banc en bois ?

20 min

Représenter un solide usuel à l'aide d'un logiciel de géométrie ou d'un logiciel métier.

Un artisan en métiers du bois doit fabriquer des bancs pour une aire de pique-nique. Sa cliente lui demande de s'inspirer de la photo ci-dessous et de dimensionner l'assise de chaque banc pour qu'il puisse accueillir 3 personnes. L'artisan envisage d'utiliser un tronc d'arbre massif de 25 cm de rayon et de 1,50 m de long.

1. Comment doit-il sectionner le tronc d'arbre afin d'obtenir, pour l'assise de son banc, une surface de coupe rectangulaire et la plus grande possible ?

....

....

2. Représentez le tronc d'arbre et sa section plane à l'aide d'un logiciel de géométrie 3D.

▶ Logiciel p. 170

3. Faites afficher l'aire de l'assise du banc.

4. Une personne assise sur un banc a besoin d'un espace de 60 cm en largeur sur 40 cm de profondeur. Le banc conçu par l'artisan respecte-t-il les critères imposés par sa cliente ?

....

....

Activité 3 Quelle est la surface d'une chambre d'hôtel ?

Démarche scientifique

25 min

Réaliser la section d'un solide usuel par un plan à l'aide d'un logiciel de géométrie ou d'un logiciel métier.

Dans la ville de Dubaï (Émirats arabes unis), connue pour son architecture ultra moderne, le Gevora Hotel, hôtel le plus haut du monde, a été inauguré en 2018. D'une hauteur totale de 356 m, il comprend 528 chambres, réparties sur 75 étages.

L'hôtel le plus haut du monde
Lien vidéo
0 min 51 s
hachette-clic.fr/21mab007

Le bâtiment est constitué d'un pavé de 20 m de longueur, de 18 m de largeur et de 342 m de hauteur, surmonté d'une structure vide pyramidale de 14 m de hauteur.

- À l'aide d'un logiciel de géométrie 3D, déterminez la surface moyenne d'une chambre.
- Sachant que l'aire minimale d'une chambre dans un hôtel 5 étoiles est de 24 m², diriez-vous que le Gevora mérite sa classification d'« hôtel de luxe » ?

▶ **Logiciel** p. 170

Pour bien démarrer ▶ **Représentez le solide en utilisant un logiciel de géométrie 3D, puis réalisez une section pour obtenir la surface d'un étage.**

Appelez votre professeur pour une aide, ou lui montrer votre proposition.

Travaux pratiques

TP 1 Quels polygones peuvent être obtenus par section d'un cube ?

Outils numériques

25 min

Objectifs
- Représenter un solide usuel à l'aide d'un logiciel de géométrie dynamique.
- Réaliser la section d'un solide usuel par un plan.
- Construire la section plane d'un solide passant par des points donnés.

1. Construction du cube à l'aide d'un logiciel de géométrie 3D

- Pour construire le cube, dans la fenêtre **Graphique 3D**, placez deux **Points** *A* et *B* quelconques.
- Cliquez sur l'outil **Cube**, puis sur les points *A* et *B*.

▶ **Logiciel** p. 170

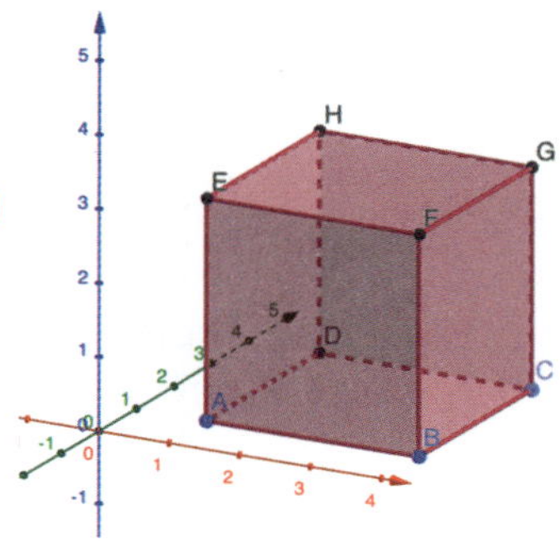

2. Section par un plan parallèle à une face

- En utilisant l'outil **Point sur objet**, placez un point *M* sur l'arête [*EF*].
- Créez le plan parallèle à la face *BCGF* passant par *M*. Pour cela, utilisez l'outil **Plan parallèle**, puis sélectionnez le point *M* et la face *BCGF*.
- Cliquez sur **Intersection de deux surfaces**, puis sélectionnez, dans la fenêtre « Algèbre » (ou directement sur le graphique), le plan créé et le cube.
- Dans la fenêtre « Algèbre », sélectionnez la coupe **Poly1**, faites un clic droit puis **Créer une vue 2D**.

a. Quelle est la nature du polygone obtenu ?

....

b. Pensez-vous obtenir le même résultat pour toute section réalisée par un plan parallèle à une face du cube ?

....

....

3. Section passant par trois points

- Ouvrez une nouvelle feuille et créez à nouveau un cube *ABCDEFGH* à partir de deux points *A* et *B*.
- En utilisant l'outil **Point sur objet**, construisez le point *I* sur l'arête [*EF*], le point *J* sur l'arête [*FG*]. Après avoir créé la **Droite** (*FB*), construisez un point *K* sur (*FB*).
- Avec l'outil **Plan passant par trois points**, créez le plan passant par les points *I*, *J* et *K*, noté (*IJK*).

a. À votre avis, quel est le polygone obtenu en réalisant la section du cube par le plan (*IJK*) lorsque *K* reste sur l'arête [*FB*] ?

....

b. Vérifiez en utilisant les fonctionnalités du logiciel utilisées à la question **2.** (**Intersection de deux surfaces** et **Créer une vue 2D**). Le résultat est-il celui que vous attendiez ?

....

c. Sélectionnez, puis déplacez le point *K* sur la droite (*FB*). Observez l'évolution de la vue 2D. Quels sont les différents types de polygones pouvant être obtenus ?

....

....

TP 2 Comment calculer la hauteur ou le volume contenu dans un réservoir ?

Algorithmique et programmation

25 min

Objectifs
- Analyser un problème.
- Repérer les enchaînements logiques, les traduire en instructions conditionnelles ou en boucles.
- Concevoir et modifier un algorithme.

Un réservoir se présente sous la forme d'un cône de hauteur totale H et de rayon R. h est la hauteur du liquide qu'il contient et V le volume de ce liquide. Vous allez créer un programme permettant de calculer :
– soit le volume V connaissant la hauteur h ;
– soit la hauteur h connaissant le volume V.

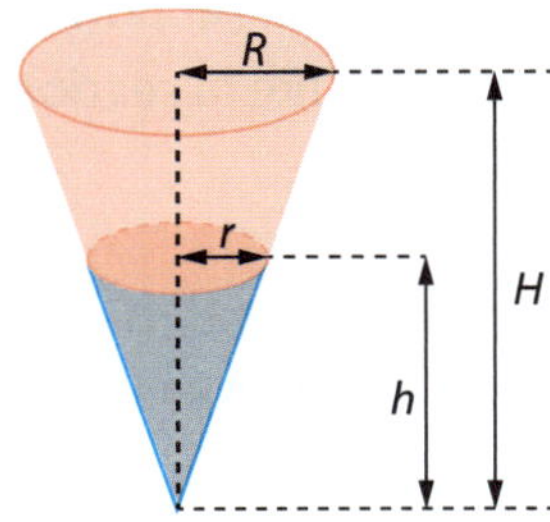

1. Analyse du problème

Le volume du cône se calcule à l'aide de la formule : $V = \frac{1}{3} \times \pi \times r^2 \times h$.

Quelle est l'expression de la hauteur du cône ? Cochez la bonne réponse.

☐ $h = \frac{3V}{\pi \times r^2}$ ☐ $h = \frac{\pi \times r^2}{3V}$ ☐ $h = 3V \times \pi \times r^2$

2. Travail sur l'algorithme

Le programme Python ci-contre permet de répondre au problème, mais il est incomplet.

```
1 from math import pi
2 print ("On va travailler sur un cône de rayon R et de hauteur H")
3 R =float(input("Saisir la valeur de R en m"))
4 H =float(input("Saisir la valeur de H en m"))
5 ??????????????
6
7 lettre=input("Cherchez-vous la hauteur h ou le volume V?")
8 if (lettre =='V'):
9     h =float(input("Saisir la valeur de h en m"))
10     print("pour h=",h,"m, la valeur de V est V =",1/3*pi*(h/H*R)**2*h, "m3")
11 elif (lettre =='h'):
12     V =float(input("Saisir la valeur de V en m3"))
13     h=0
14     while ?????????????
15         h=???????
16     print ???????????
17 else:
18     print("Vous avez commis une erreur de saisie, merci de recommencer")
```

a. Ouvrez le fichier fourni, puis rédigez et saisissez l'instruction manquante de la ligne 5 permettant d'afficher à l'écran le volume total du réservoir.

b. Complétez les lignes 14 à 16, qui permettent de calculer et d'afficher à l'écran la valeur de h connaissant V.

▶ Algorithmique et programmation p. 157

Fichier à télécharger
Python
hachette-clic.fr/21mab007

3. Expérimentation

Pour un réservoir conique de hauteur $H = 10$ m et de rayon $R = 2{,}8$ m, testez votre programme pour répondre aux questions suivantes.

a. À quel volume correspondrait une hauteur de liquide de 7 m ?

....

b. À quelle hauteur de liquide correspondrait un volume de 50 m^3 ?

....

c. Les résultats théoriques sont : $V = 28{,}16$ m^3 pour la question **a.** et $h = 8{,}5$ m pour la question **b.** Votre programme fonctionne-t-il correctement ?

....

....

L'essentiel

1 Solides usuels

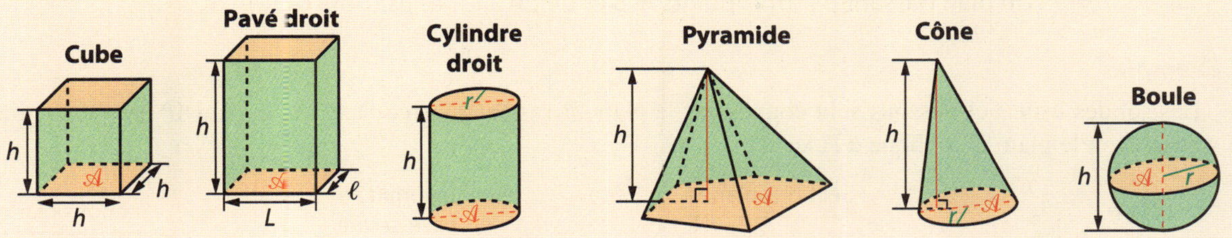

Cube	Pavé droit	Cylindre droit	Pyramide	Cône	Boule
$\mathcal{A} = h \times h$	$\mathcal{A} = L \times \ell$	$\mathcal{A} = \pi \times r^2$	$\mathcal{A}$: aire du polygone	$\mathcal{A} = \pi \times r^2$	$\mathcal{A} = \pi \times r^2$
$\mathcal{V} = h^3$	$\mathcal{V} = L \times \ell \times h$	$\mathcal{V} = \pi \times r^2 \times h$	$\mathcal{V} = \dfrac{\mathcal{A} \times h}{3}$	$\mathcal{V} = \dfrac{\pi \times r^2 \times h}{3}$	$\mathcal{V} = \dfrac{4\pi \times r^3}{3}$

Cube, pavé droit, cylindre droit : $\mathcal{V} = \mathcal{A} \times h$

Pyramide, cône : $\mathcal{V} = \mathcal{A} \times \dfrac{h}{3}$

Boule : $\mathcal{V} = \mathcal{A} \times \dfrac{2h}{3}$

Les solides usuels peuvent être représentés en utilisant un **logiciel de géométrie dynamique 3D** ou des **logiciels professionnels**. Ils peuvent être obtenus :
- par construction, en reliant les sommets du solide ;
- par extrusion à partir d'une base précédemment créée et en spécifiant la hauteur souhaitée.

! Remarque : Dans un repère orthogonal de l'espace, tout point M est défini par ses coordonnées dans l'espace $(x_M ; y_M ; z_M)$, où x_M est l'abscisse, y_M l'ordonnée et z_M la cote.

Exemple

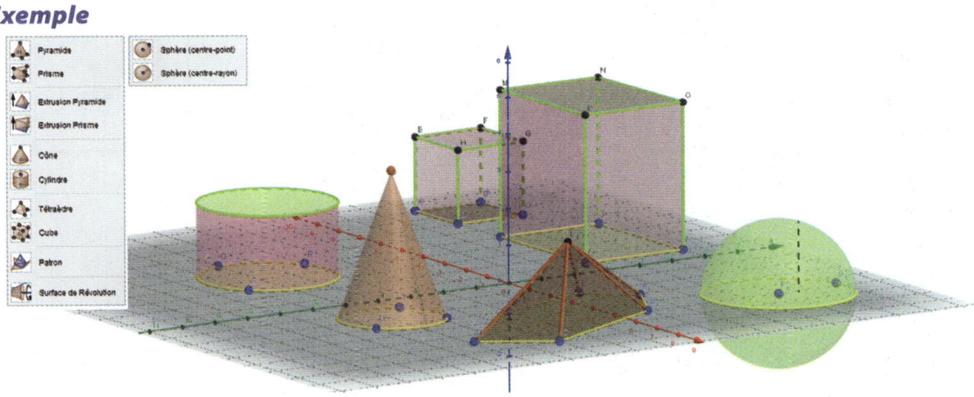

Identifier l'ensemble des solides usuels constituant un solide permet d'en réaliser la représentation dans l'espace à l'aide d'un logiciel. Il est possible d'obtenir des informations sur les longueurs, les aires, les volumes et les angles avec les outils du logiciel.

Exemple

Savoir que, dans la molécule de méthane CH_4, les atomes d'hydrogène sont aux sommets d'une pyramide dont les quatre faces sont des triangles équilatéraux, et que l'atome de carbone est au centre, permet d'en réaliser la représentation avec un logiciel de géométrie 3D. Il est aussi possible d'afficher la valeur de l'angle entre deux liaisons : 109,47°.

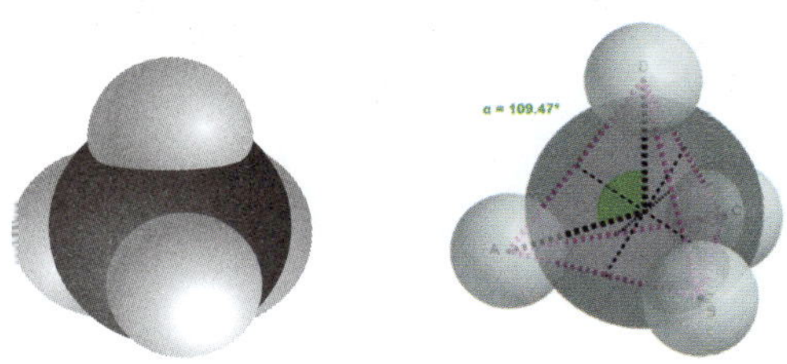

2 Section d'un solide par un plan

On appelle **section plane** la figure plane formée par l'intersection d'un solide et d'un plan, défini par trois points non alignés.

! Remarque : Un plan passant par trois points A, B et C non alignés est noté (ABC).

Exemples

Les solides usuels ci-dessous sont coupés par le plan $\mathscr{P}_1$ confondu avec l'axe $\mathscr{D}$, le plan $\mathscr{P}_2$ perpendiculaire à l'axe $\mathscr{D}$ et le plan $\mathscr{P}_3$ oblique à l'axe $\mathscr{D}$.

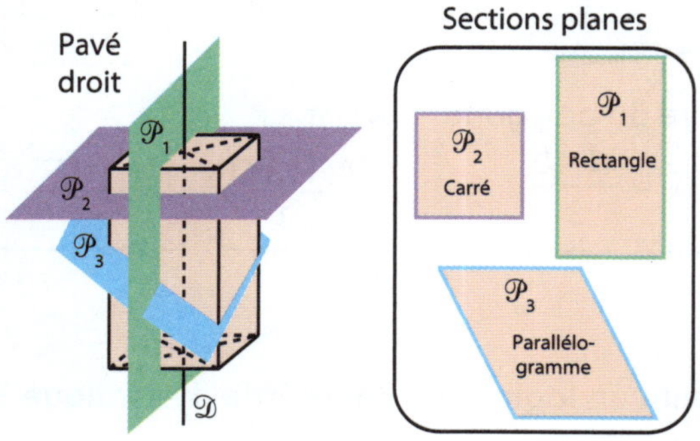

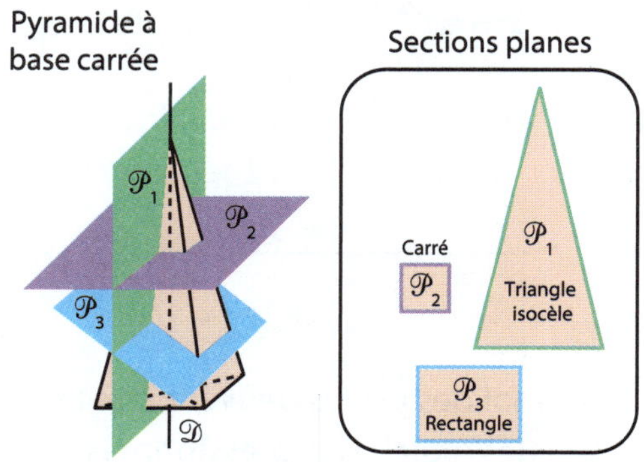

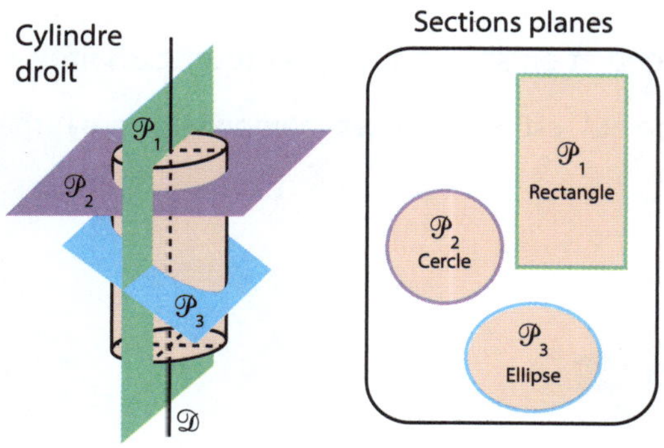

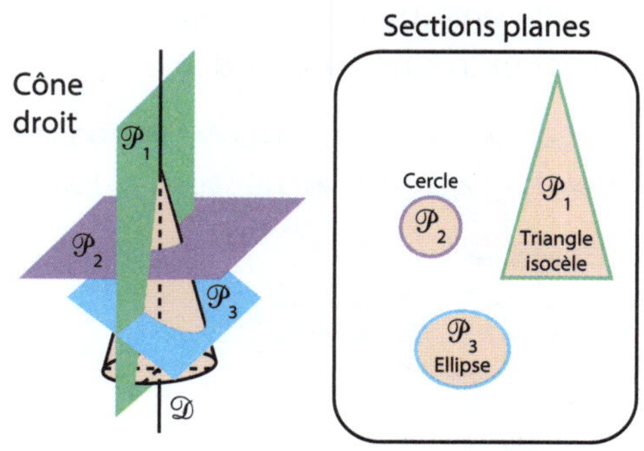

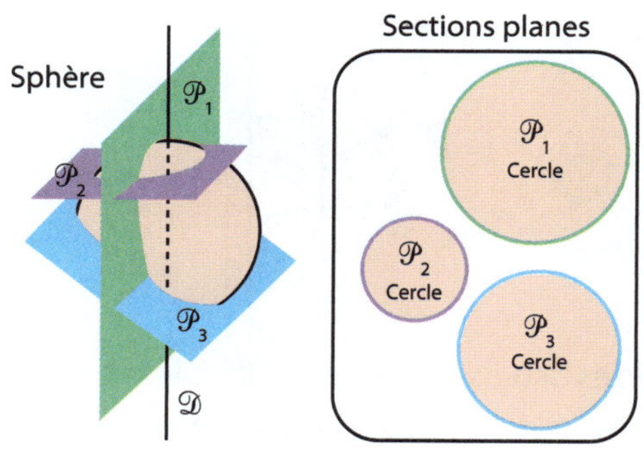

Les sections planes peuvent être représentés en utilisant un logiciel de géométrie 3D ou des logiciels professionnels. À l'aide des outils du logiciel, il est possible d'obtenir des informations sur les longueurs, les aires et les angles des sections planes.

Exercices

Testez-vous !

QCM interactif

Cochez la bonne réponse parmi les trois proposées.

1. La section d'un cylindre par un plan ne peut pas être :

- ☐ un rectangle
- ☐ un disque
- ☐ un triangle

2. Parmi les propositions suivantes, l'aire de la section d'un cube par un plan est minimale lorsque le plan passe par :

- ☐ deux arêtes d'une même face
- ☐ deux arêtes parallèles n'appartenant pas à une même face
- ☐ deux diagonales parallèles de deux faces opposées

3. La section d'une sphère par un plan passant par deux points distincts de la sphère est :

- ☐ un cercle de diamètre supérieur à celui de la sphère
- ☐ un cercle de diamètre égal à celui de la sphère
- ☐ un cercle de diamètre inférieur ou égal à celui de la sphère

4. Le sablier ci-contre est composé de plusieurs :

- ☐ pyramides
- ☐ cônes
- ☐ sphères

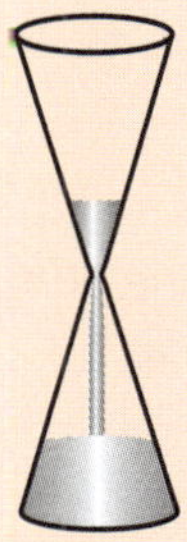

5. Pour le sablier de la question **4**, la section par un plan parallèle à la base est :

- ☐ un triangle
- ☐ un cercle
- ☐ une autre figure plane

6. Pour le sablier de la question **4**, la section par un plan perpendiculaire à la base est :

- ☐ un triangle
- ☐ un cercle
- ☐ une autre figure plane

7. De quelle figure est issue cette section plane ?

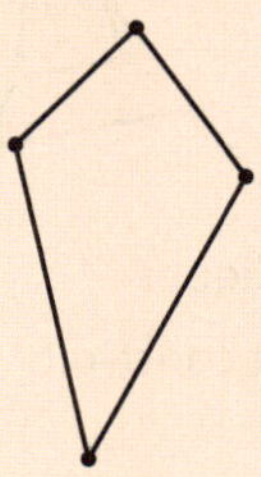

☐ 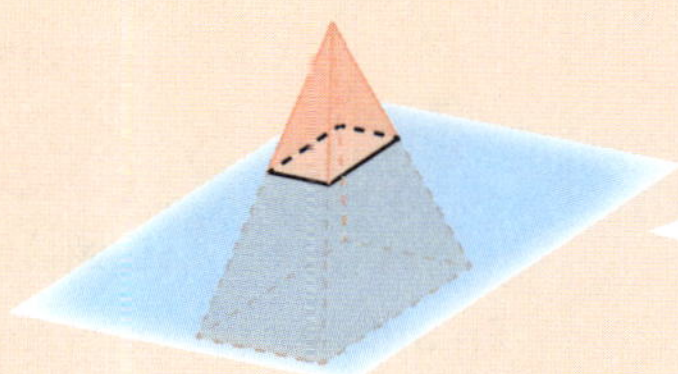

☐ 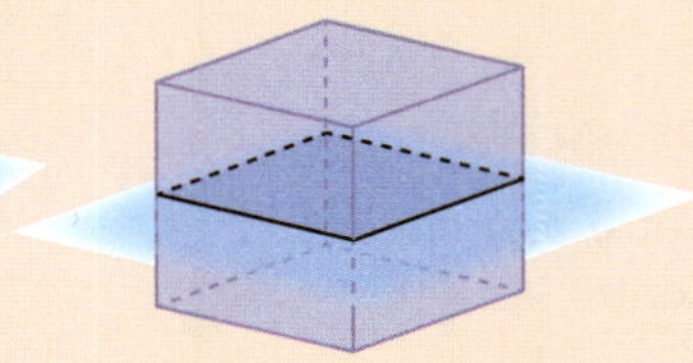

☐ 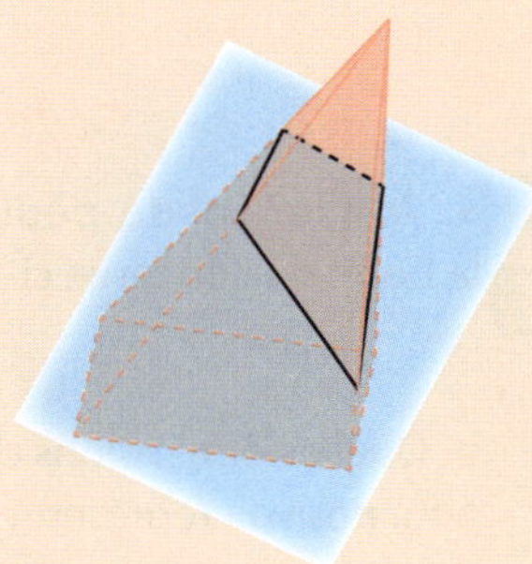

Automatismes

Calcul mental

1 Donnez, dans chaque cas, un ordre de grandeur.

a. $\pi \times 4^2 \times 2$

b. $\pi \times 10^2$

c. $\frac{1}{3} \times 11^2 \times 10$

d. $\frac{4}{3} \times \pi \times 10^3$

2 Calculez :

a. 12^2

b. 5^3

c. $3 \times 7 \times 11$

d. $\frac{1}{3} \times 30 \times 10^2$

À l'oral

3 Proposez deux méthodes permettant de construire une pyramide à l'aide d'un logiciel de géométrie 3D.

4 On veut réaliser, avec un logiciel de géométrie 3D, la section d'une boule par un plan passant par trois points non alignés *I*, *J* et *K*.

a. Expliquez comment faire pour obtenir une vue 2D de la section plane de la boule par le plan (*IJK*).

b. Quelle sera la figure obtenue ?

5 Exercice corrigé

On considère un pavé droit de longueur $L = 4$ cm, de largeur $\ell = 2$ cm et de hauteur $H = 3$ cm.

a. Utilisez un logiciel de géométrie 3D pour représenter le solide.

b. Calculez le volume du pavé. Vérifiez en faisant afficher le volume avec les fonctionnalités du logiciel.

c. Construisez la section plane du pavé par un plan parallèle à une des faces.

Corrigé

a. Voir ci-dessous.

b. $\mathcal{V} = 4 \times 2 \times 3 = 24$ cm^3. Le volume affiché est 24, ce qui est cohérent avec le résultat du calcul.

c. Voir ci-dessous.

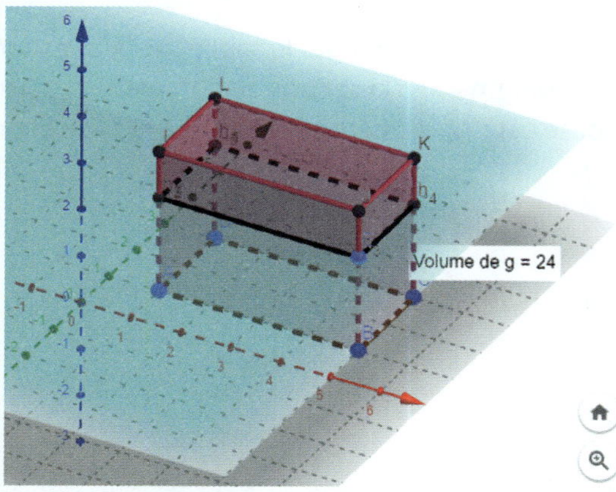

Solides usuels

6 **a.** À quel solide peut être assimilée la boîte de conserve ci-contre ?

....

b. Quelles dimensions doit-on connaître pour pouvoir représenter ce solide ?

....

....

c. Sachant que $r = 3$ cm et $h = 8$ cm, construisez le solide en utilisant un logiciel de géométrie 3D.

Logiciel p. 170

7 **a.** Dans le repère d'espace d'un logiciel de géométrie 3D, placez les points $A(1 ; 1 ; 0)$, $B(4 ; 1 ; 0)$, $C(4 ; 4 ; 0)$ et $D(1 ; 4 ; 0)$.

b. Quelle est la nature du polygone obtenu ?

....

c. Extrudez la pyramide de base $ABCD$ et de hauteur égale à 5. Quel est le volume du solide obtenu ?

....

Logiciel p. 170

8 **En physique-chimie**

Un glaçon flotte dans l'eau. Soumis à deux forces, son poids et la poussée d'Archimède, il est en partie immergé. L'objectif est de déterminer sur quel pourcentage de sa hauteur il est immergé.

a. Quelle est la nature du solide constituant le glaçon ?

....

b. À partir du fichier fourni, en utilisant une vue de face et les outils de mesure, déterminer la hauteur totale du glaçon et la hauteur immergée.

Fichier à télécharger
Géométrie
hachette-clic.fr/21mab007

....

....

c. En théorie, 90 % du glaçon devraient être immergés. Est-ce le cas ?

....

....

9 Un toit a été représenté avec un logiciel de géométrie 3D.

Fichier à télécharger
Géométrie
hachette-clic.fr/21mab007

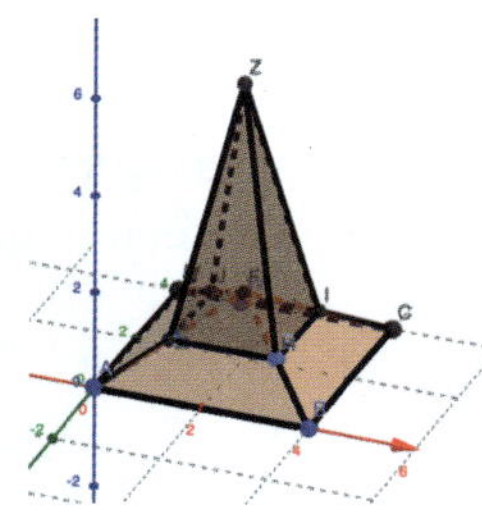

En utilisant le fichier fourni, indiquez :

a. à partir de quels solides il est construit.

....

....

b. quelle est la hauteur totale du toit.

....

c. quelle est la surface totale.

....

d. Proposez un protocole de construction pour cette figure.

....

....

....

....

....

10 **Démarche mathématique**

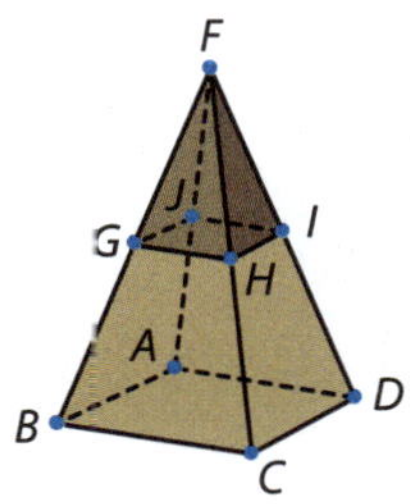

On considère la figure ci-contre. *ABCDF* est une pyramide à base carrée de hauteur *h*.
G, *H*, *I* et *J* sont les milieux respectifs de [*FB*], [*FC*], [*FD*] et [*FA*].

a. Donnez l'expression du volume de la pyramide *ABCDF* en fonction de *h* et de *AB*.

....

b. Montrez que le volume de la pyramide *FGHIJ* est égal à 1/8e du volume de la pyramide *ABCDF*.

....

....

....

....

Pour bien démarrer ▶ Utilisez le théorème de Thalès.

11 **Algorithmique et programmation**

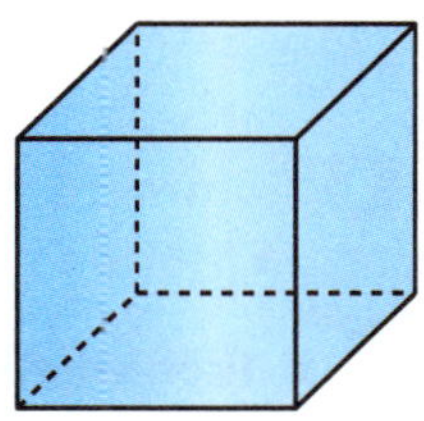

Rédigez le programme en langage Python qui, à partir de la saisie de la longueur d'une arête, calcule le volume d'un cube.

....

....

....

....

Section d'un solide par un plan

12 **a.** Construisez un cube avec un logiciel de géométrie 3D et placez le point *M* sur l'arête latérale, comme sur le dessin ci-contre.

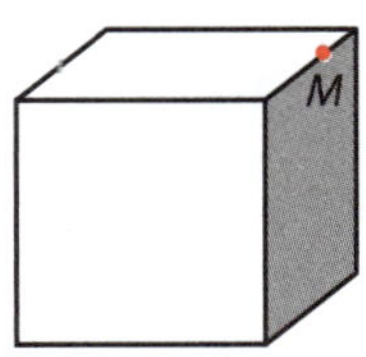

b. Effectuez une section du cube par un plan parallèle à une des faces passant par *M*.

c. Utilisez l'outil **Intersection entre deux surfaces** sur le cube, puis visualisez la section plane en créant une vue 2D. Quelle est la nature du polygone obtenu ?

....

13 **a.** On veut couper un cône de révolution par un plan. Quelle doit être la particularité du plan pour que la section soit un disque ?

....

....

b. On veut couper un cylindre de révolution par un plan.
Quelle doit être la particularité du plan pour que la section soit un rectangle ?

....

....

c. On veut couper une boule par un plan.
Quelle doit être la particularité du plan pour que la section ait une aire maximale ?

....

....

14 A pyramid is cut by a plane parallel to its base, as shown in drawing below.

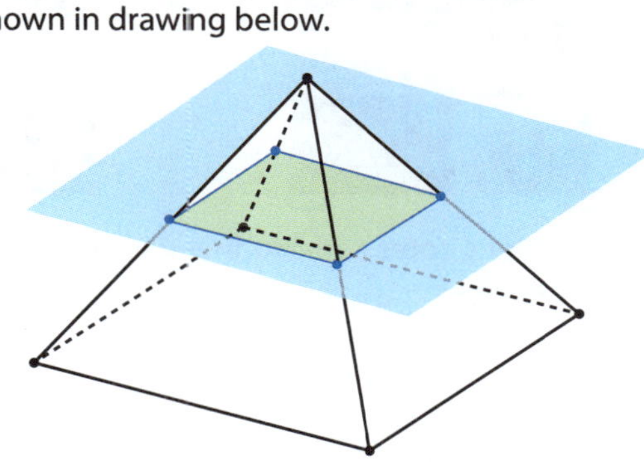

a. Use a 3D geometry software to draw the solid and the cross section.

b. Describe the cross section.

....

....

15 Le pavé droit ci-dessous a les dimensions suivantes : *AB* = 4 cm ; *BC* = 3 cm et *CG* = 2 cm.

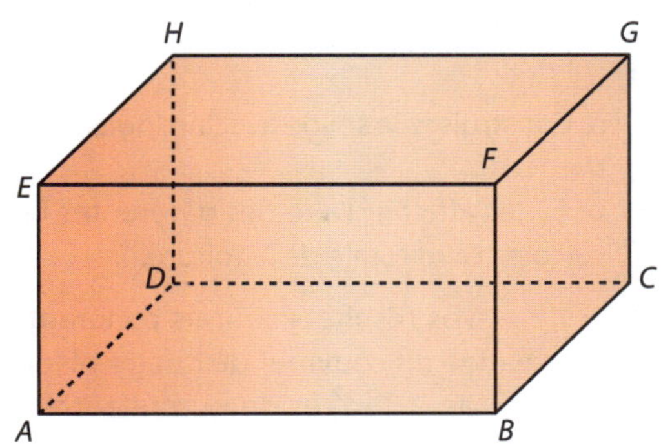

a. Construisez le pavé droit à l'aide d'un logiciel de géométrie 3D.

b. Effectuez une section par le plan (*ECD*), puis une autre par le plan (*CGE*).

c. Quelle est la nature des sections obtenues ?

....

....

....

Problèmes

Problème corrigé

1 Quelle est la surface de tôle nécessaire pour la toiture ?

Cette toiture antillaise typique est constituée de 8 plaques de tôle ondulée.

Certaines cotes sont données sur la vue de face ci-dessous.

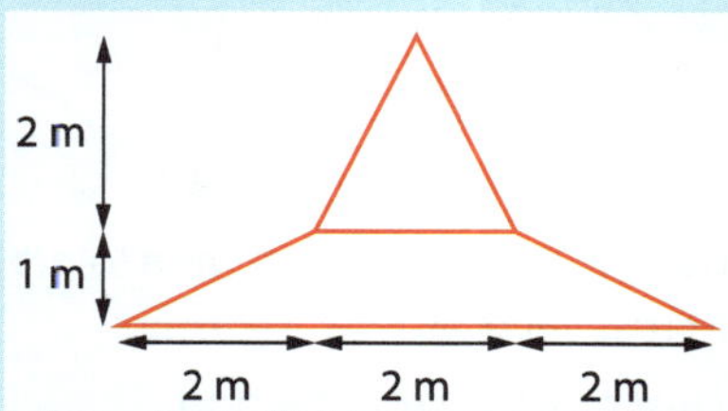

1. S'approprier. De quels types de solides est constitué ce toit ?

2. Analyser. Raisonner. Proposez un protocole permettant de modéliser ce toit en utilisant un logiciel de géométrie 3D, puis de calculer l'aire totale de la toiture.

3. Réaliser.

a. Construisez le solide avec un logiciel de géométrie 3D.

b. Faites afficher l'aire des différentes faces, puis calculez l'aire totale de la toiture.

4. Valider. Vos résultats sont-ils cohérents avec la commande du couvreur de quatre plaques triangulaires de 2,3 m^2 et de quatre autres plaques trapézoïdales de 9 m^2 ?

5. Communiquer. Détaillez en quelques lignes les caractéristiques de ce toit antillais.

Corrigé

1. Le solide est constitué d'une pyramide à base carrée posée sur une pyramide tronquée à base carrée.

2. Il faut construire chacune des pyramides en utilisant éventuellement les coordonnées cartésiennes des points, puis faire afficher l'aire des faces.

3. a.

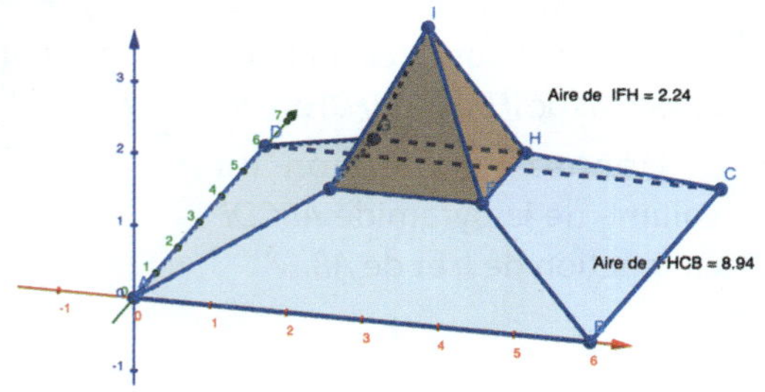

b. L'aire totale est de :
$4 \times 8{,}94 + 4 \times 2{,}24 = 44{,}72$ m^2

4. 4 faces sont des trapèzes de 8,94 m^2 et 4 faces des triangles de 2,24 m^2. La prévision du couvreur est donc correcte.

5. Le toit antillais, bâti à partir de pyramides à bases carrées imbriquées, est constitué de 8 faces, 4 faces triangulaires et 4 faces trapézoïdales. L'aire totale de tôle à prévoir est de 44,72 m^2.

2 Comment réaliser la fiche technique de la platine ?

► **Problématique professionnelle** CO-INTERVENTION

Vous devez réaliser des vues en coupe pour la fiche technique d'une platine de fixation, sur la base des informations suivantes.

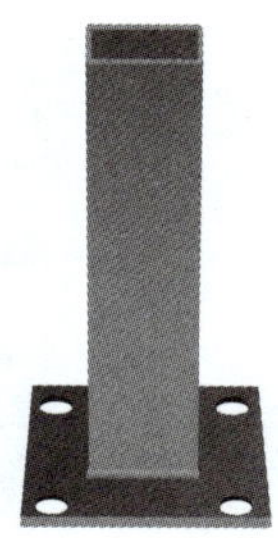

- Tube carré de 35 × 35 × 2 mm.
- Soudé sur une base de 80 × 80 mm, de 5 mm d'épaisseur.
- Hauteur totale : 150 mm

1. S'approprier. De quels solides est constituée la platine ? Précisez pour chaque solide les dimensions connues.

....

....

....

► **En maths**

2. Analyser. Raisonner. Proposez un protocole pour représenter la platine et obtenir une vue de dessus et une vue de coupe selon un plan perpendiculaire au sol.

....

....

....

....

3. Réaliser.

a. Construisez une représentation de la platine en utilisant un logiciel de géométrie 3D. Faites afficher une vue de dessus.

b. Réalisez une coupe par un plan perpendiculaire au sol passant par le centre de la base de la platine

c. Déterminez l'aire de la plaque d'acier nécessaire à la construction de la platine.

4. Valider. Une entreprise concurrente propose le produit ci-dessous. Diriez-vous que les deux articles sont similaires ?

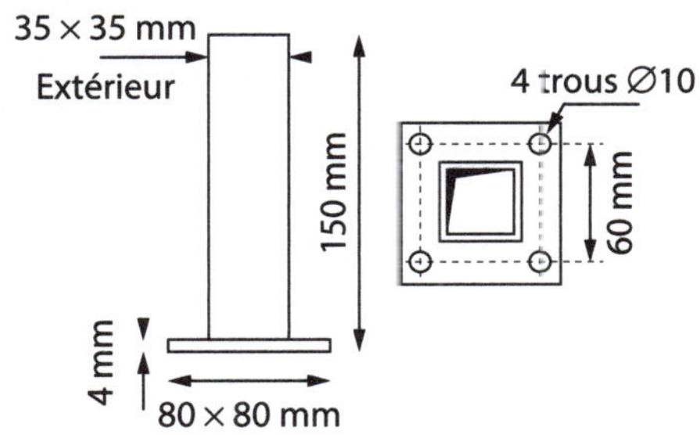

► **En enseignement professionnel**

5. Communiquer. Rédigez une note pour détailler les caractéristiques de la platine de l'énoncé.

3 Le nouvel emballage est-il plus écologique ?

Transition écologique

Dans le cadre du développement durable, la réduction des emballages, en plastique notamment, est une priorité. Une marque française a fait le choix de passer aux éco-emballages, en diminuant la quantité de plastique, et en utilisant des matériaux recyclables.

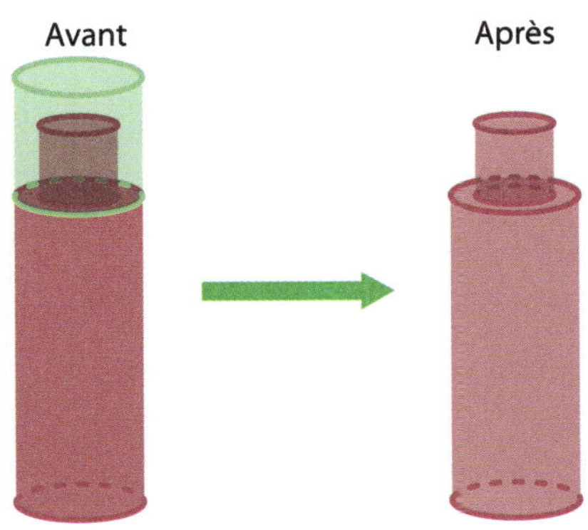

1. S'approprier. À partir de l'image ci-avant, décrivez les modifications apportées à l'emballage. Diriez-vous qu'il y a eu réduction de l'emballage ?

2. Analyser. Raisonner. Proposez une méthode permettant de déterminer précisément les différences de dimensions entre les deux emballages à partir d'une modélisation 3D.

3. Réaliser.

a. À partir du fichier fourni et d'un logiciel de géométrie 3D, réalisez la section des deux emballages par un plan perpendiculaire au sol passant par O.

Fichier à télécharger
Géométrie
hachette-clic.fr/21mab007

b. Faites afficher les dimensions de la section plane et détaillez les différences entre les deux emballages

c. Faites afficher le volume pouvant être contenu dans chaque emballage.

4. Valider.

a. Les deux emballages sont conçus pour contenir 100 mL de produit. Cela est-il cohérent avec vos résultats précédents ?

b. Le fabricant indique avoir réduit de 27 % ses emballages. Pensez-vous que cela peut n'être lié qu'à la forme des emballages ? Quel autre paramètre pourrait avoir une incidence ?

5. Communiquer. Expliquez en quelques lignes les choix réalisés par l'entreprise pour rendre les emballages plus écologiques.

Démarche scientifique

4 Quelles doivent être les dimensions de l'ouverture sur le toit ? CO-INTERVENTION

On désire rajouter une cheminée sur le toit d'une maison.
La toiture a une pente de 35° et la cheminée est construite en boisseaux de 60 cm par 30 cm.

L'objectif est de prévoir la forme et les dimensions de l'ouverture à réaliser dans le toit.

1. En utilisant un logiciel de géométrie 3D, représentez la cheminée et le toit, ainsi que la section plane obtenue.

2. Précisez la forme et les dimensions de l'ouverture à réaliser dans la toiture.

5 Quel est le volume du vase d'expansion ? CO-INTERVENTION

Dans une installation de chauffage central, le vase d'expansion, petit réservoir intégré à la chaudière, permet de rectifier les variations de volume d'eau et d'assurer une pression constante.

Une vue en coupe du vase d'expansion est représentée ci-dessous.

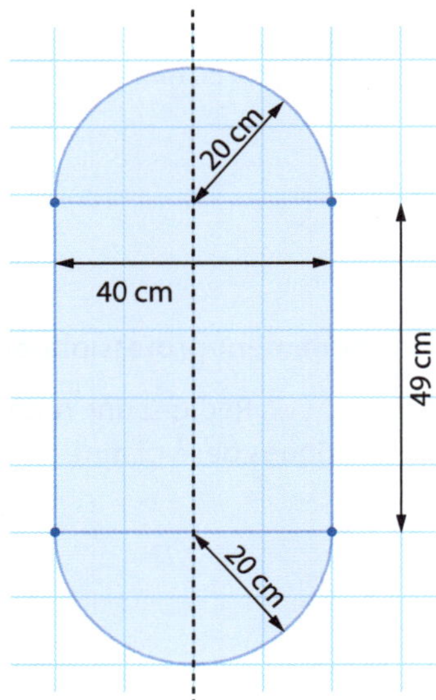

- La notice indique que le volume du vase d'expansion est de 100 L. Vérifiez cette information.

Pour bien démarrer ▶ Réalisez une construction du solide avec un logiciel de géométrie 3D.

Nom : ....

Prénom : ....

Évaluation

Quelles sont les caractéristiques d'une yourte ?

30 min

Une entreprise a développé la fabrication de yourtes (des tentes d'habitation) de dimensions variables. Les clients regrettent que certains éléments ne soient pas indiqués sur le site Internet de l'entreprise : pente du toit, volume et vue en coupe. Votre objectif est d'apporter ces informations pour la yourte dont les caractéristiques sont données ci-dessous.

Superficie	Diamètre	Hauteur du centre	Hauteur des murs
80 m²	10,07 m	4,95 m	2,25 m

Vue de dessus

1. S'approprier.

a. De quels solides est constituée la yourte ?

....

b. Pour chacun des solides, précisez ses dimensions.

....

....

2. Analyser. Raisonner. Proposez une méthode permettant de construire la section plane de la yourte par un plan perpendiculaire au sol et de déterminer l'angle de pente du toit.

....

....

3. Réaliser.

a. Avec un logiciel de géométrie 3D, construisez la yourte, puis un plan perpendiculaire au sol passant par le sommet.

b. Réalisez la section de la yourte par le plan et faites afficher une vue 2D de la section plane.

c. En utilisant les fonctionnalités du logiciel, déterminez l'angle existant entre le mur et le toit, ainsi que le volume total de la yourte.

....

4. Valider.

a. La pente de toit des yourtes traditionnelles est de 22°. Cette valeur est-elle respectée ?

....

b. Vérifiez par un calcul le volume affiché à la question **3. c.**

....

....

5. Communiquer. Détaillez en quelques lignes les caractéristiques complémentaires de la yourte.

....

....

Question	Capacités	Connaissances
3. a.	Représenter un solide usuel à l'aide d'un logiciel de géométrie dynamique ou d'un logiciel métier.	Solides usuels : le cube, le pavé droit, la pyramide, le cylindre droit, le cône, la boule.
1. 2. 3. a. 3. c 4. a. 4. b	Exploiter une représentation d'un solide usuel ou d'un solide constitué d'un assemblage de solides usuels.	
2. 3. b	En utilisant un logiciel de géométrie dynamique ou un logiciel métier : réaliser la section d'un solide usuel par un plan ; construire la section plane d'un solide passant par des points donnés.	Section d'un solide par un plan.

Activité de co-intervention

Comment construire une maison en impression 3D ?

▶ Problématique professionnelle

Très utilisée dans de nombreux domaines, l'impression 3D apparaît aujourd'hui comme une technologie d'avenir dans le secteur du BTP.
Des bâtiments conçus grâce à ce procédé voient le jour en France et dans le monde. Mais comment construire une maison en impression 3D ?

Une maison imprimée en 3D
Lien vidéo 1 min 38 s
hachette-clic.fr/21mab007

▶ En enseignement professionnel

1. **S'approprier.** Recherchez sur Internet le principe de fonctionnement et les spécificités d'une imprimante 3D conçue pour le secteur du bâtiment.

....

....

....

2. **Analyser. Raisonner.** L'imprimante est programmée à partir de l'export d'un fichier 3D du projet. La construction est réalisée en utilisant une technologie d'extrusion.
On envisage de construire une petite maison à toit plat en impression 3D dont le plan est donné ci-contre. La hauteur sous plafond est de 2,5 m. Par souci de simplification, les ouvertures ne sont pas représentées.
À partir du plan, proposez un protocole permettant de concevoir le fichier 3D nécessaire à la construction en utilisant un logiciel mathématique ou professionnel.

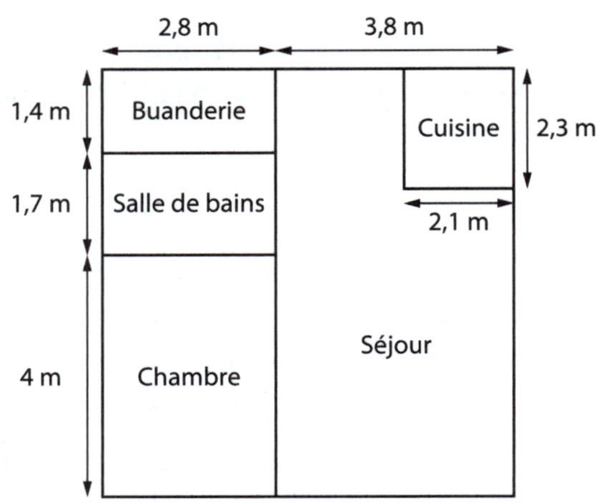

....

....

....

▶ En mathématiques

3. **Réaliser.** Utilisez un logiciel de géométrie 3D ou un logiciel professionnel pour créer une vue 3D du projet de construction.

4. **Valider.** La plupart des maisons construites par impression 3D ont un volume total de l'ordre de 150 m^3. Au vu de cette information, le projet vous paraît-il réalisable ?

....

....

▶ En enseignement professionnel

5. **Communiquer.** Expliquez l'intérêt de cette méthode de construction, puis recherchez des applications de l'impression 3D dans votre secteur d'activité.

....

....

....

8 Vecteurs du plan

Activité 1 Quel est le bilan des forces qui s'exercent sur l'avion ?

Transition écologique — Démarche scientifique

15 min

Reconnaître graphiquement des vecteurs égaux, des vecteurs opposés, des vecteurs colinéaires.

Lorsque l'avion électrique Solar Impulse vole à vitesse et altitude constantes, les quatre types de force qui s'exercent sur lui sont représentées ci-contre. L'avion se trouvant en équilibre, la somme des vecteurs (les segments fléchés représentant les forces) est nulle.

- Décrivez, puis comparez les forces qui s'exercent sur l'avion en utilisant les mots *vertical, horizontal, parallèle, perpendiculaire, égal* et *opposé*.

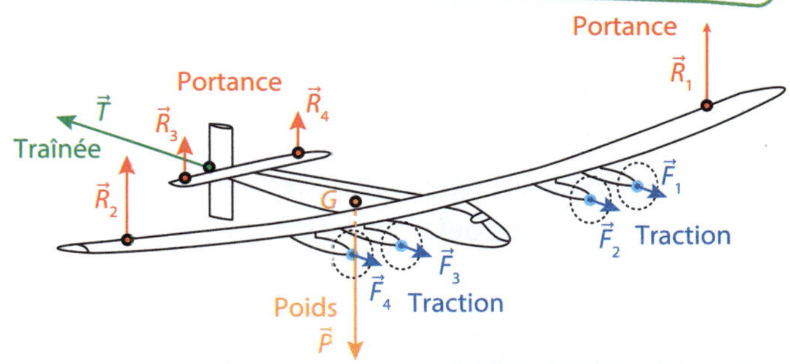

Pour bien démarrer ▶ **Un vecteur en physique est caractérisé par sa direction, son sens et sa valeur.**

....

....

....

....

Activité 2 Comment numériser le déplacement du laser ?

15 min

Déterminer graphiquement les coordonnées d'un vecteur dans le plan.

La découpe laser sur inox — Lien vidéo 2 min 14 s — hachette-clic.fr/21mab008

La programmation informatique d'une machine à découpe de pièces métalliques au laser permet la duplication rapide de formes identiques. Le déplacement du laser est vectorisé. Par exemple, dans le schéma ci-dessous, le vecteur $\overrightarrow{AA'}$ permet de caractériser la translation qui transforme *A* en *A'*. Ce vecteur est défini par $\overrightarrow{AA'} = 3\vec{i} + 2\vec{j}$ et ses coordonnées sont donc $\overrightarrow{AA'}\begin{pmatrix}3\\2\end{pmatrix}$.

1. Placez le point *B'* tel que le vecteur $\overrightarrow{BB'}$ ait pour coordonnées $\begin{pmatrix}3\\2\end{pmatrix}$.

2. Tracez le vecteur $\vec{u}$ d'origine *B* caractérisant la translation qui transforme la figure ① en la figure ③. Quelles sont ses coordonnées ?

....

3. Quelles sont les coordonnées du vecteur $\vec{v}$ caractérisant la translation qui transforme la figure ① en la figure ④ ?

....

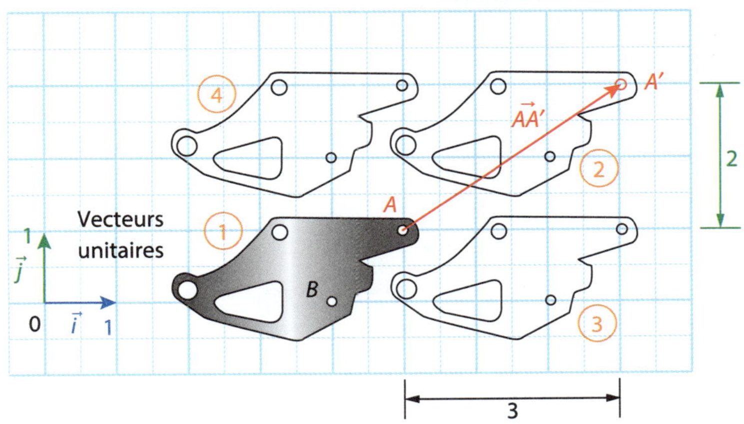

Activité 3 Comment modéliser un parcours de canoë-kayak avec des vecteurs ?

Démarche scientifique

15 min

Calculer les coordonnées de la somme de deux vecteurs, du produit d'un vecteur par un réel.

Pour préparer un entraînement de canoë-kayak, Tony a repéré par des points le parcours qu'il doit suivre : partir du ponton en O et se diriger vers la bouée en A ; rejoindre ensuite la bouée en B et, pour finir, se diriger vers la bouée en C.

Sa trajectoire entre deux points successifs étant rectiligne, il a modélisé avec un logiciel de géométrie son trajet par des vecteurs dont les coordonnées sont les suivantes : $\overrightarrow{OA}\begin{pmatrix}3\\2\end{pmatrix}$, $\overrightarrow{AB}\begin{pmatrix}3\\0\end{pmatrix}$ et $\overrightarrow{BC}\begin{pmatrix}6\\0\end{pmatrix}$.

- Recherchez une méthode permettant d'obtenir les coordonnées du vecteur $\overrightarrow{OC}$, modélisant le trajet rectiligne entre le ponton et la dernière bouée, à partir des coordonnées données des autres vecteurs.
- Déterminez le coefficient k tel que $\overrightarrow{AC} = k \times \overrightarrow{AB}$.

Pour bien démarrer ▶ $\overrightarrow{AC} = \overrightarrow{AB} + \overrightarrow{BC}$

Appelez votre professeur pour une aide, ou lui montrer votre proposition.

Travaux pratiques

TP 1 Faut-il suivre la direction du cap ou la « route de fond » ?

Outils numériques

20 min

Objectif

- Construire la somme de deux vecteurs avec un logiciel de géométrie 2D.

La vitesse $\vec{v}$ d'un bateau par rapport au fond de la mer est la somme vectorielle de sa vitesse propre $\vec{v_1}$ par rapport à la surface de l'eau et de la vitesse $\vec{v_2}$ du courant marin.
Le cap est l'angle formé par l'axe du bateau et la direction du nord.

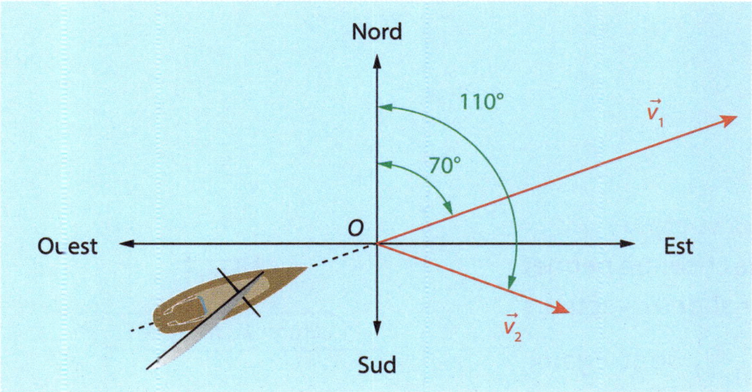

La « route de fond » est l'angle formé par la trajectoire réelle du bateau (par rapport au fond) et la direction du nord.
Un bateau se déplace à la vitesse de surface $v_1 = 6$ nœuds en affichant un cap de 70°.
Dans la zone de navigation, le courant marin a une vitesse $v_2 = 1{,}5$ nœud qui porte dans la direction 110°.

- Lancez le logiciel de géométrie dynamique 2D. Affichez la grille, les axes et la fenêtre « Algèbre ».
- Pour tracer le vecteur $\vec{v_1}$, tapez **v1 = (6 ; 20°)** dans la barre de saisie.
  Le logiciel trace l'angle d'inclinaison du vecteur par rapport à l'axe horizontal (90 – 70 = 20). Il faut utiliser un point-virgule entre la valeur de la vitesse et l'angle de direction et saisir l'unité « ° » à la suite de cet angle.
- Tracez le vecteur $\vec{v_2}$ en le nommant **v2**.
- Pour tracer le vecteur vitesse $\vec{v}$, somme des deux vecteurs $\vec{v_1}$ et $\vec{v_2}$, tapez **v = v1 + v2** dans la barre de saisie.
- Rédigez une conclusion sur la vitesse réelle du bateau et sur sa « route de fond ».

....
....
....
....
....
....
....
....
....

TP 2 À quoi peuvent servir les coordonnées d'un vecteur ?

Algorithmique et programmation

40 min

Objectifs

- Réaliser un calcul à l'aide de plusieurs variables.
- Repérer les enchaînements logiques et les traduire en instructions conditionnelles.
- Concevoir un programme simple pour résoudre un problème.

1. Calculer la norme d'un vecteur

L'algorigramme ci-contre permet de calculer la norme $\vec{v}$ d'un vecteur $\vec{v}\begin{pmatrix} X \\ Y \end{pmatrix}$, sachant que $\|\vec{v}\| = \sqrt{X^2+Y^2}$.

Rédigez en langage Python le programme correspondant.

▶ Algorithmique et programmation p. 157

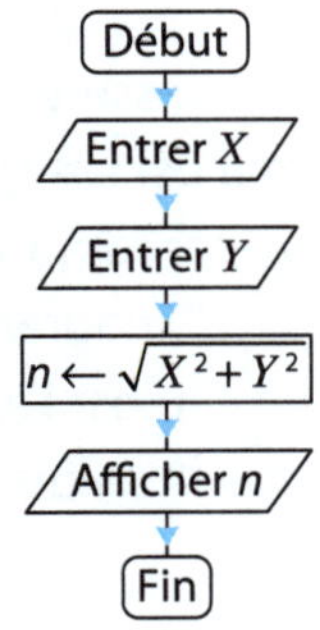

....

....

....

....

....

2. Comparer deux vecteurs

L'algorigramme ci-contre permet de déterminer si deux vecteurs $\vec{u}\begin{pmatrix} X_1 \\ Y_1 \end{pmatrix}$ et $\vec{v}\begin{pmatrix} X_2 \\ Y_2 \end{pmatrix}$ sont égaux, opposés, seulement colinéaires ou non colinéaires.

a. Au brouillon, rédigez en langage Python le programme correspondant.

b. Saisissez votre proposition de programme dans un logiciel Python ou dans votre calculatrice programmable.

c. Testez votre programme à l'aide des exemples suivants.

- $\vec{u}\begin{pmatrix} 5 \\ -7 \end{pmatrix}$ et $\vec{v}\begin{pmatrix} 5 \\ -7 \end{pmatrix}$ sont égaux ;
- $\vec{u}\begin{pmatrix} -3 \\ 8 \end{pmatrix}$ et $\vec{v}\begin{pmatrix} 3 \\ -8 \end{pmatrix}$ sont opposés ;
- $\vec{u}\begin{pmatrix} -2 \\ 3 \end{pmatrix}$ et $\vec{v}\begin{pmatrix} 6 \\ -9 \end{pmatrix}$ sont colinéaires ;
- $\vec{u}\begin{pmatrix} 1 \\ -9 \end{pmatrix}$ et $\vec{v}\begin{pmatrix} 2 \\ -4 \end{pmatrix}$ ne sont pas colinéaires.

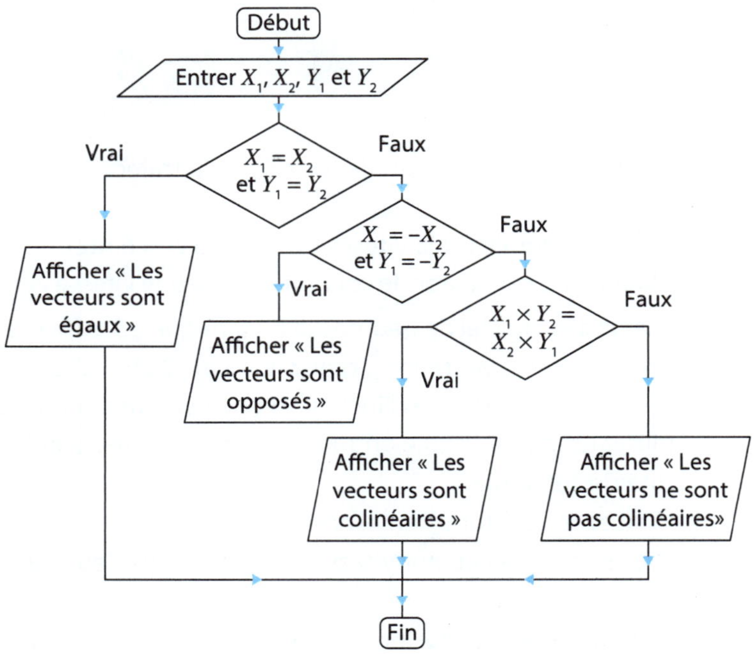

Pour bien démarrer ▶ **Deux vecteurs $\vec{u}$ et $\vec{v}$ sont colinéaires si leurs directions sont celles de droites parallèles.**

L'essentiel

1 Caractéristiques, coordonnées et norme d'un vecteur

- Deux points distincts A et B forment un **vecteur**, noté $\overrightarrow{AB}$ (A est son **origine** et B son **extrémité**) et représenté par un segment fléché, dont les **caractéristiques** sont :
  - sa **direction** : celle de la droite (AB) ;
  - son **sens** : de A vers B ;
  - sa **norme**, notée $\|\overrightarrow{AB}\|$, qui est la longueur AB.

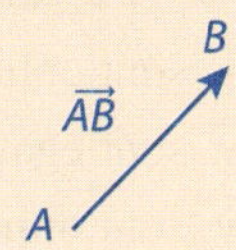

! Remarques :

- Pour nommer un vecteur, on utilise les points à l'origine et à l'extrémité, mais on peut aussi lui donner un nom à l'aide d'une lettre minuscule : $\vec{u}$, $\vec{v}$, $\vec{w}$...
- Le vecteur $\overrightarrow{AA}$ est appelé vecteur nul : il se note $\vec{0}$.

- Soient deux points distincts $A(x_A\,;y_A)$ et $B(x_B\,;y_B)$ dans un repère orthogonal.

Les **coordonnées** du vecteur $\overrightarrow{AB}$ sont notées $\overrightarrow{AB}\ (X\,;Y)$ ou $\overrightarrow{AB}\begin{pmatrix}X\\Y\end{pmatrix}$. Elles se calculent avec les coordonnées de A et B : $\boldsymbol{X = x_B - x_A}$ et $\boldsymbol{Y = y_B - y_A}$.

- La **norme** du vecteur $\overrightarrow{AB}$ se calcule avec les coordonnées du vecteur et la propriété de Pythagore :

$$\|\overrightarrow{AB}\| = AB = \sqrt{X^2+Y^2} \Leftrightarrow \|\overrightarrow{AB}\| = \sqrt{(x_B-x_A)^2+(y_B-y_A)^2}.$$

Exemple

Soit $(O\,;\vec{i},\vec{j})$ un repère orthogonal du plan tel que $\|\vec{i}\| = 1$ et $\|\vec{j}\| = 1$.

Soient les points $A(2\,;2{,}5)$ et $B(6\,;5{,}5)$.

- **Coordonnées de $\overrightarrow{AB}$**

$X = 6 - 2 = 4$ et $Y = 5{,}5 - 2{,}5 = 3$. Donc $\overrightarrow{AB}\begin{pmatrix}4\\3\end{pmatrix}$.

- **Norme de $\overrightarrow{AB}$**

$\|\overrightarrow{AB}\| = \sqrt{4^2+3^2} = 5$.

- **Caractéristiques de $\overrightarrow{AB}$:**
  - sa direction est celle de la droite $\mathscr{D}$, qui forme un angle $\alpha \approx 37°$ avec l'axe des abscisses ;
  - son sens est de A vers B ;
  - sa longueur est égale à 5.

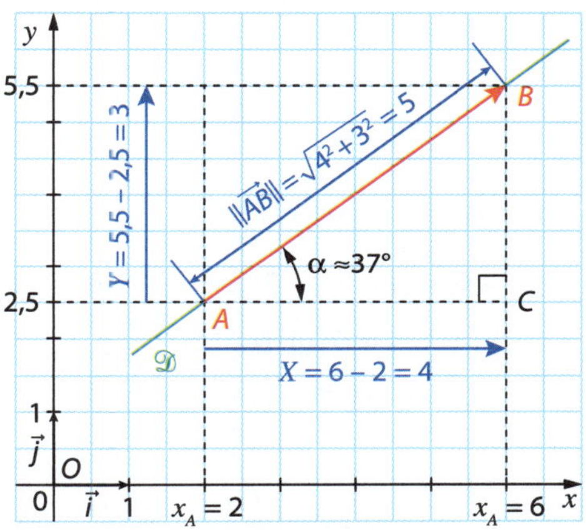

2 Vecteurs colinéaires, égaux ou opposés

Soient deux vecteurs $\vec{u}\begin{pmatrix}X_1\\Y_1\end{pmatrix}$ et $\vec{v}\begin{pmatrix}X_2\\Y_2\end{pmatrix}$ dans un repère orthogonal.

- $\vec{u}$ et $\vec{v}$ sont **colinéaires** s'ils ont comme directions des droites parallèles.

Leurs coordonnées sont alors proportionnelles. Autrement dit : $X_1 \times Y_2 = X_2 \times Y_1$.

- $\vec{u}$ et $\vec{v}$ sont **égaux** s'ils ont la même direction, le même sens et la même norme.

Leurs coordonnées sont alors égales : $X_1 = X_2$ et $Y_1 = Y_2$.

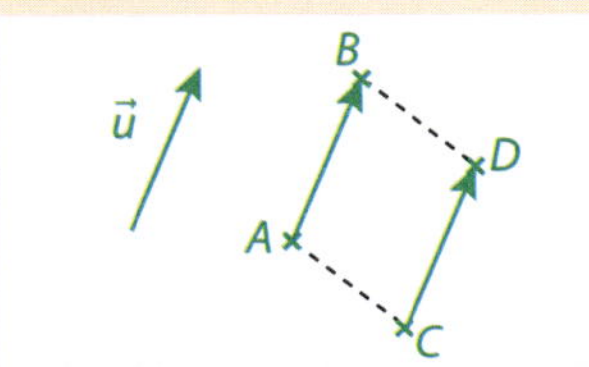

ABDC est un parallélogramme

! Remarque :

Si $\overrightarrow{AB} = \overrightarrow{CD} = \vec{u}$, on dit que $\overrightarrow{AB}$ et $\overrightarrow{CD}$ sont des **représentants** du vecteur $\vec{u}$.

- $\vec{u}$ et $\vec{v}$ sont **opposés** s'ils ont la même direction, la même norme, mais sont de sens contraires. On note $\vec{u} = -\vec{v}$.

Leurs coordonnées ont alors des valeurs opposées : $X_1 = -X_2$ et $Y_1 = -Y_2$.

Vecteurs colinéaires, égaux ou opposés *(suite)*

Exemples

Soit $(O\,;\,\vec{i}\,,\vec{j}\,)$ un repère orthogonal du plan tel que $\|\vec{i}\,\| = 1$ et $\|\vec{j}\,\| = 1$.

Soient les vecteurs $\vec{u}\begin{pmatrix}3\\2\end{pmatrix}$, $\vec{v_1}\begin{pmatrix}-1{,}5\\-1\end{pmatrix}$, $\vec{v_2}\begin{pmatrix}3\\2\end{pmatrix}$ et $\vec{v_3}\begin{pmatrix}-3\\-2\end{pmatrix}$.

- $\vec{u}$, $\vec{v_1}$, $\vec{v_2}$ et $\vec{v_3}$ sont colinéaires : ils ont pour direction des droites parallèles.
- $\vec{u}$ et $\vec{v_1}$ sont colinéaires : $3 \times (-1) = (-1{,}5) \times 2$.
- $\vec{u}$ et $\vec{v_2}$ sont égaux : ils ont les mêmes coordonnées.
- $\vec{u}$ et $\vec{v_3}$ sont opposés : $3 = -\,(-3)$ et $2 = -\,(-2)$.

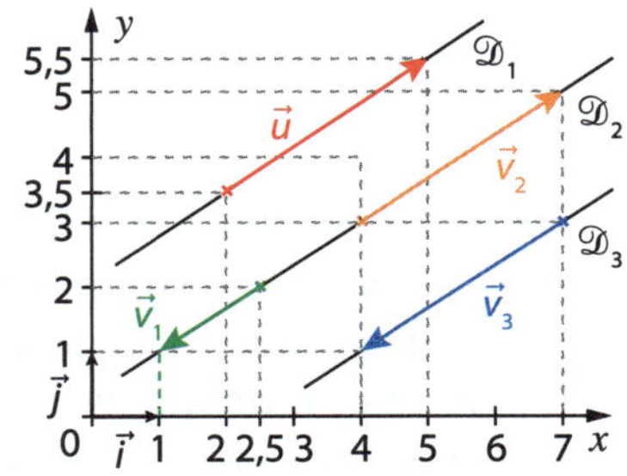

3 Opérations sur les vecteurs

Plusieurs méthodes permettent de tracer le **vecteur somme $\vec{u} + \vec{v}$**.

- **méthode du triangle** ① : on trace $\vec{u}$ puis un représentant du vecteur $\vec{v}$ qui a pour origine l'extrémité de $\vec{u}$.
- **méthode du parallélogramme** ② : on trace un représentant $\overrightarrow{AB}$ de $\vec{u}$ puis un représentant $\overrightarrow{AD}$ de $\vec{v}$, en prenant la même origine. On place le point C tel que $ABCD$ soit un parallélogramme.

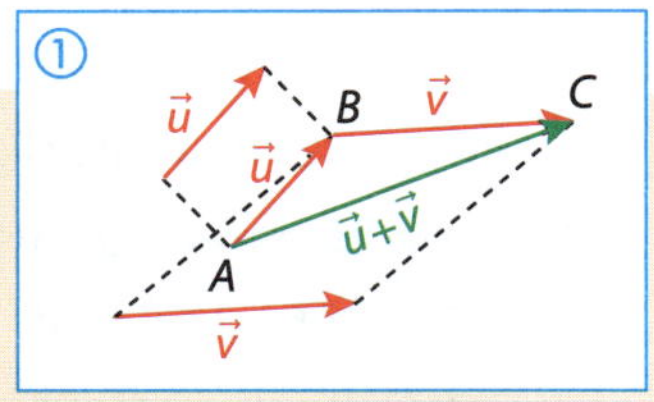

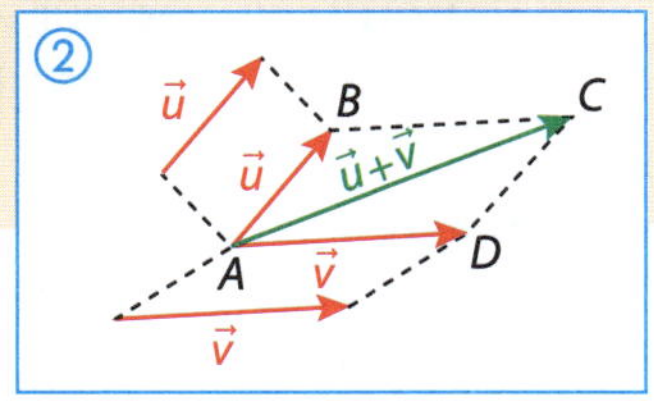

Soient deux vecteurs $\vec{u}\begin{pmatrix}X_1\\Y_1\end{pmatrix}$ et $\vec{v}\begin{pmatrix}X_2\\Y_2\end{pmatrix}$ et A, B, C trois points.

- La somme $\vec{u} + \vec{v}$ a pour coordonnées $\begin{pmatrix}X_1 + X_2\\Y_1 + Y_2\end{pmatrix}$.
- $\vec{u} + \vec{v} = \vec{v} + \vec{u}$ et $\vec{u} + (-\vec{u}) = \vec{0}$.
- Relation de Chasles : $\overrightarrow{AB} + \overrightarrow{BC} = \overrightarrow{AC}$.

Exemple

Soient les vecteurs $\vec{u}\begin{pmatrix}3\\5\end{pmatrix}$ et $\vec{v}\begin{pmatrix}8\\2\end{pmatrix}$. $\vec{u}+\vec{v}$ a pour coordonnées :

$X = 3 + 8 = 11$ et $Y = 5 + 2 = 7$.

D'ou $\vec{u}+\vec{v}$ a pour coordonnées $\begin{pmatrix}11\\7\end{pmatrix}$.

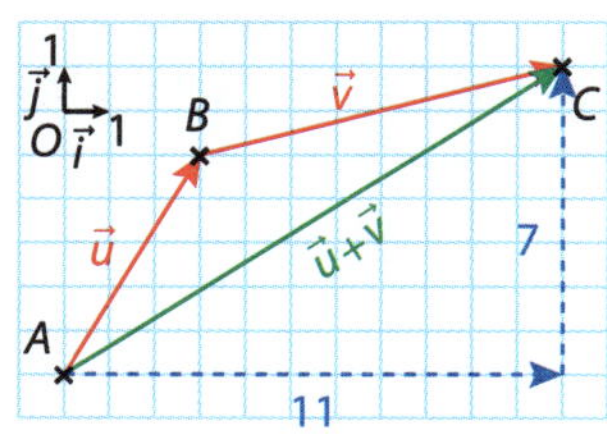

- Le produit $k \times \vec{u}$ (k réel) est un vecteur qui a même direction que le vecteur $\vec{u}$ et :

– si $k > 0$: même sens que $\vec{u}$ et pour norme $k \times \|\vec{u}\|$;

– si $k < 0$: le sens contraire de $\vec{u}$ et pour norme $-k \times \|\vec{u}\|$.

Les vecteurs $\vec{u}$ et $k \times \vec{u}$ sont donc colinéaires.

- Soit $\vec{u}\begin{pmatrix}X\\Y\end{pmatrix}$. Le produit $k \times \vec{u}$ a pour coordonnées $\begin{pmatrix}\boldsymbol{k \times X}\\\boldsymbol{k \times Y}\end{pmatrix}$.

Exemples

Soit $(O\,;\,\vec{i},\,\vec{j})$ un repère orthogonal et le vecteur $\vec{u}\begin{pmatrix}4\\2\end{pmatrix}$.

- $1{,}5 \times \vec{u}$ a pour coordonnées :
  $X = 1{,}5 \times 4 = 6$ et $Y = 1{,}5 \times 2 = 3$.
- $-1{,}5 \times \vec{u}$ a pour coordonnées :
  $X = -1{,}5 \times 4 = -6$ et $Y = -1{,}5 \times 2 = -3$.
- $\vec{u} = 4\vec{i} + 2\vec{j}$

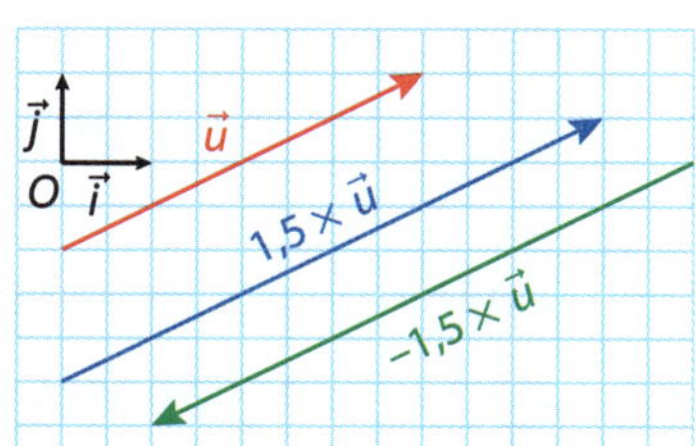

Exercices

Testez-vous !

QCM interactif

Cochez la bonne réponse parmi les trois proposées.

1.

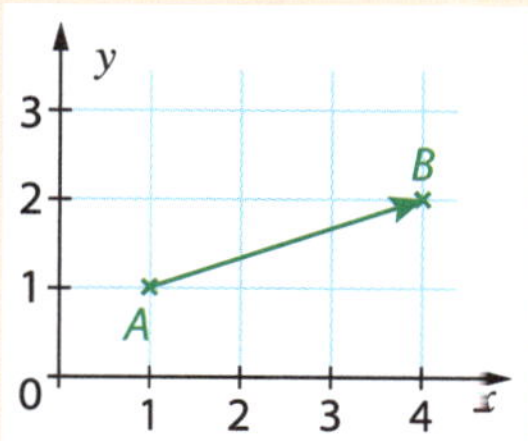

Les coordonnées du vecteur $\overrightarrow{AB}$ sont :

☐ $\begin{pmatrix} 1 \\ 4 \end{pmatrix}$ ☐ $\begin{pmatrix} 1 \\ 2 \end{pmatrix}$ ☐ $\begin{pmatrix} 3 \\ 1 \end{pmatrix}$

2. Soient $M(3\ ;5)$ et $N(7\ ;8)$. Alors les coordonnées du vecteur $\overrightarrow{MN}$ sont :

☐ $\overrightarrow{MN}\begin{pmatrix} -4 \\ -3 \end{pmatrix}$ ☐ $\overrightarrow{MN}\begin{pmatrix} 4 \\ 3 \end{pmatrix}$ ☐ $\overrightarrow{MN}\begin{pmatrix} 10 \\ 13 \end{pmatrix}$

3. La norme du vecteur $\overrightarrow{AB}\begin{pmatrix} -4 \\ 3 \end{pmatrix}$ est :

☐ 7 ☐ −1 ☐ 5

4. Les vecteurs $\vec{u}\begin{pmatrix} 5 \\ -2 \end{pmatrix}$ et $\vec{v}\begin{pmatrix} -5 \\ 2 \end{pmatrix}$ sont :

☐ opposés ☐ égaux ☐ ni l'un ni l'autre

5. Les vecteurs $\vec{u}\begin{pmatrix} 3 \\ 5 \end{pmatrix}$ et $\vec{v}\begin{pmatrix} -6 \\ -10 \end{pmatrix}$ sont :

☐ opposés ☐ colinéaires ☐ ni l'un ni l'autre

6. Quelle est l'égalité vraie ?

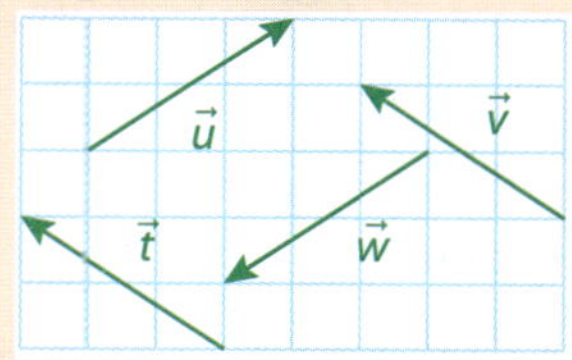

☐ $\vec{u} = \vec{w}$ ☐ $\vec{u} = \vec{v}$ ☐ $\vec{v} = \vec{t}$

7. Soient $\vec{u}\begin{pmatrix} 5 \\ 2 \end{pmatrix}$ et $\vec{v}\begin{pmatrix} -3 \\ -2 \end{pmatrix}$.

Alors le vecteur somme $\vec{u} + \vec{v}$ a pour coordonnées :

☐ $\begin{pmatrix} 2 \\ 0 \end{pmatrix}$ ☐ $\begin{pmatrix} -15 \\ -4 \end{pmatrix}$ ☐ $\begin{pmatrix} -8 \\ -4 \end{pmatrix}$

8. Quelle est l'égalité vraie ?

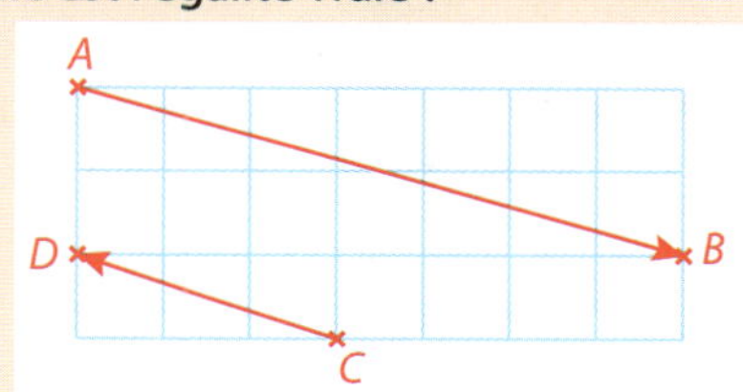

☐ $\overrightarrow{AB} = 2\overrightarrow{CD}$ ☐ $\overrightarrow{AB} = -2\overrightarrow{CD}$ ☐ $\overrightarrow{AB} = -0{,}5\overrightarrow{CD}$

Automatismes

Calcul mental

1 On donne les points $A(3\ ;6)$ et $B(5\ ;7)$.
Calculez les coordonnées du vecteur $\overrightarrow{AB}$.

2 On donne les points $C(4\ ;2)$ et $D(-2\ ;-3)$.
Calculez les coordonnées des vecteurs $\overrightarrow{DC}$ et $\overrightarrow{CD}$.

3 On donne les points $E(1\ ;2)$ et $F(3\ ;4)$.
Calculez les coordonnées des vecteurs $\overrightarrow{EF}$ et $\overrightarrow{FE}$.

À l'oral

4 Donnez les définitions de deux vecteurs égaux, de deux vecteurs opposés et de deux vecteurs colinéaires.

5 Décrivez le protocole de tracé du vecteur dont les caractéristiques sont données dans le tableau ci-dessous.

Notation	Direction	Sens	Norme
$\overrightarrow{AB}$	75°	→	5,7 cm

6 **Exercice corrigé**

Soient les points $A(2\,;2)$, $B(5\,;4)$ et $C(8\,;3)$.

a. Tracez dans un repère orthogonal les vecteurs $\overrightarrow{AB}$ et $\overrightarrow{BC}$.

b. Calculez les coordonnées de $\overrightarrow{AB}$ et $\overrightarrow{BC}$.

c. Déterminez graphiquement les coordonnées X et Y de $\overrightarrow{AC}$.

d. Vérifiez par le calcul que $\overrightarrow{AB} + \overrightarrow{BC} = \overrightarrow{AC}$.

Corrigé

a.

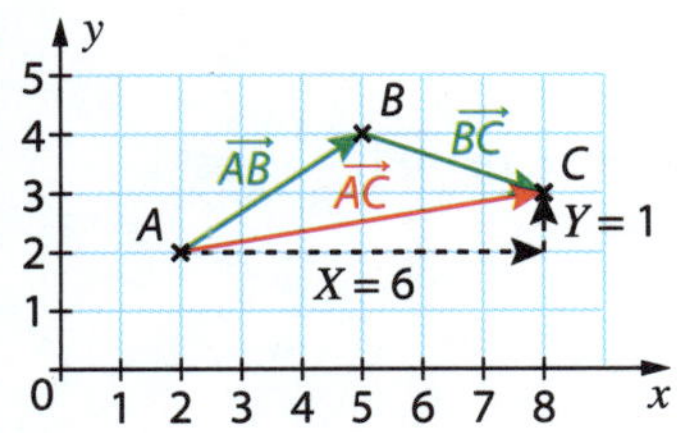

b. $\overrightarrow{AB}\begin{pmatrix}5-2\\4-2\end{pmatrix} \Leftrightarrow \overrightarrow{AB}\begin{pmatrix}3\\2\end{pmatrix}$

$\overrightarrow{BC}\begin{pmatrix}8-5\\3-4\end{pmatrix} \Leftrightarrow \overrightarrow{BC}\begin{pmatrix}3\\-1\end{pmatrix}$

c. Graphiquement : $X = 6$ et $Y = 1$.

d. $\overrightarrow{AB} + \overrightarrow{BC}\begin{pmatrix}3+3\\2+(-1)\end{pmatrix} \Leftrightarrow \overrightarrow{AB} + \overrightarrow{BC}\begin{pmatrix}6\\1\end{pmatrix}$

$\overrightarrow{AC}\begin{pmatrix}6\\1\end{pmatrix}$.

On a donc : $\overrightarrow{AB} + \overrightarrow{BC} = \overrightarrow{AC}$.

Caractéristiques, coordonnées et norme d'un vecteur

7 Donnez les caractéristiques du vecteur $\overrightarrow{AB}$.

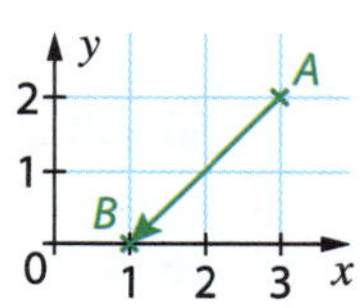

....

....

....

8 Relevez les coordonnées des différents vecteurs dans le repère $(O;\vec{i},\vec{j})$ ci-après, sachant que $\|\vec{i}\| = 1$ et $\|\vec{j}\| = 1$.

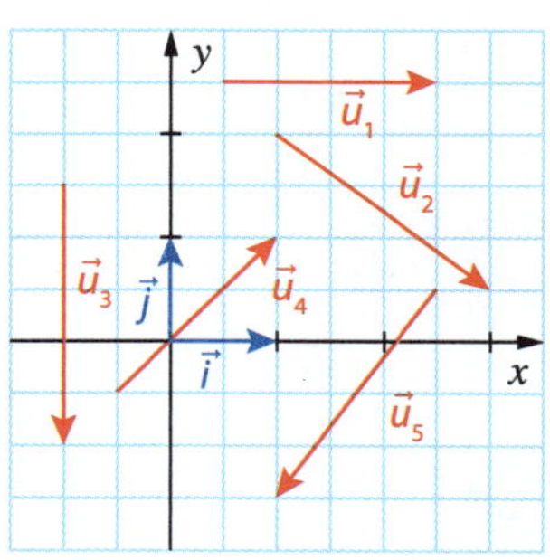

....

....

....

....

....

....

....

9 Dans le repère ci-dessous, tracez les vecteurs suivants.

- $\overrightarrow{AB}\begin{pmatrix}2\\3\end{pmatrix}$
- $\overrightarrow{CD}\begin{pmatrix}2\\1\end{pmatrix}$
- $\overrightarrow{EF}\begin{pmatrix}2\\-3\end{pmatrix}$
- $\overrightarrow{GH}\begin{pmatrix}-3\\-2\end{pmatrix}$
- $\overrightarrow{HK}\begin{pmatrix}-2\\2\end{pmatrix}$
- $\overrightarrow{KL}\begin{pmatrix}3\\0\end{pmatrix}$

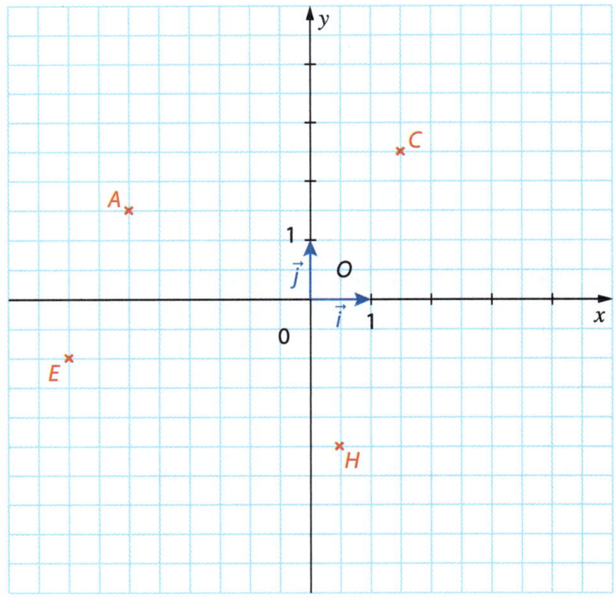

10 Consider the points $A(-4\,;-8)$, $B(-2\,;8)$ and $C(4\,;4)$. Calculate the coordinates of the vectors $\overrightarrow{AB}$, $\overrightarrow{AC}$ et $\overrightarrow{BC}$.

....

....

....

11 On donne les points $A(2\,;5)$, $B(4\,;6)$, $C(3\,;1)$ et $D(-1\,;-2)$. Calculez les normes des vecteurs $\overrightarrow{AB}$, $\overrightarrow{CD}$, $\overrightarrow{AC}$, $\overrightarrow{AD}$ et $\overrightarrow{DC}$.

....

....

....

....

....

Vecteurs colinéaires, égaux ou opposés

12 En utilisant les points du quadrillage, citez un vecteur égal au vecteur $\overrightarrow{DB}$, un vecteur opposé au vecteur $\overrightarrow{AE}$ et un vecteur colinéaire au vecteur $\overrightarrow{AC}$.

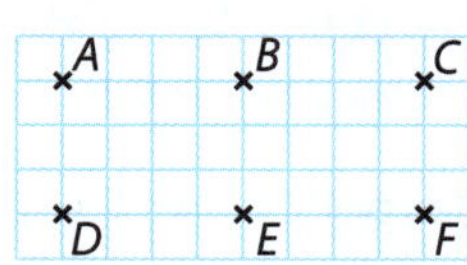

....

....

....

13 Parmi les vecteurs tracés dans le repère orthogonal ci-dessous, dressez la liste :

a. de tous les vecteurs égaux entre eux.

....

....

b. de tous les vecteurs opposés entre eux.

....

....

c. de tous les vecteurs colinéaires entre eux.

....

....

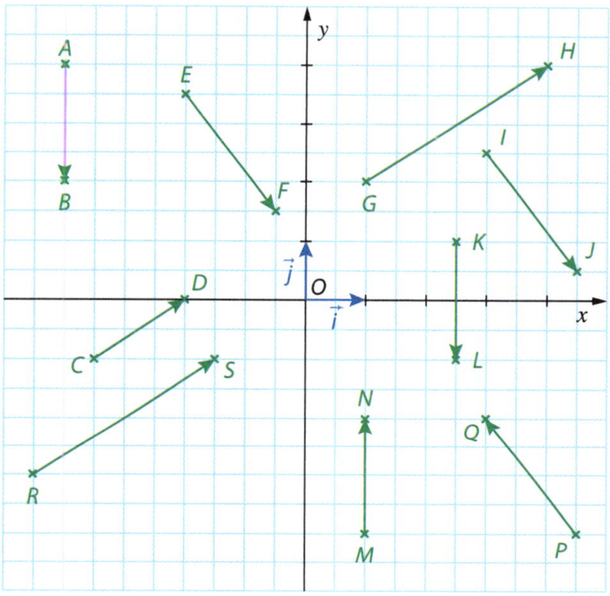

14 Dans chacun des cas suivants, indiquez si les deux vecteurs sont ou non colinéaires. Justifiez vos réponses.

a. $\overrightarrow{AB}\begin{pmatrix}5\\3\end{pmatrix}$ et $\overrightarrow{CD}\begin{pmatrix}10\\6\end{pmatrix}$

....

....

b. $\overrightarrow{EF}\begin{pmatrix}2\\3\end{pmatrix}$ et $\overrightarrow{GH}\begin{pmatrix}10\\6\end{pmatrix}$

....

....

c. $\overrightarrow{IJ}\begin{pmatrix}-2\\3\end{pmatrix}$ et $\overrightarrow{KL}\begin{pmatrix}-1\\1{,}5\end{pmatrix}$

....

....

d. $\overrightarrow{MN}\begin{pmatrix}6\\-2{,}5\end{pmatrix}$ et $\overrightarrow{OP}\begin{pmatrix}-12\\5\end{pmatrix}$

....

....

Opérations sur les vecteurs

15 Dans chacun des quatre cas suivants, construisez les vecteurs : • $\vec{u}+\vec{v}$ • $2\vec{u}$ • $-1{,}5\vec{v}$.

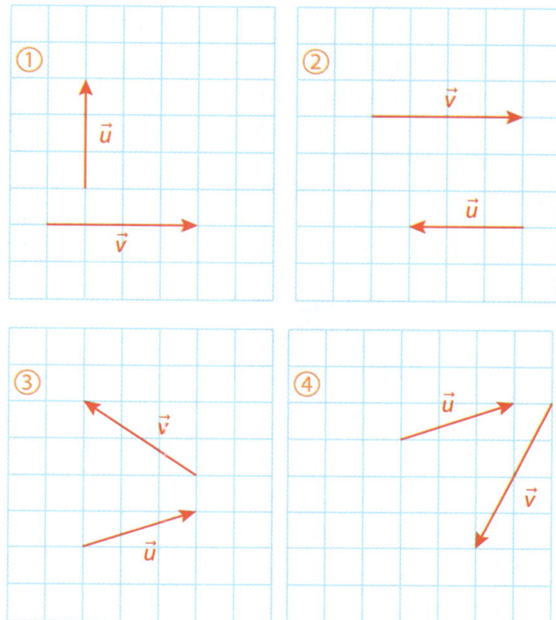

16 **En physique-chimie**

Justifiez que cet avion, qui est en train de voler, est en mouvement rectiligne uniforme à altitude constante.

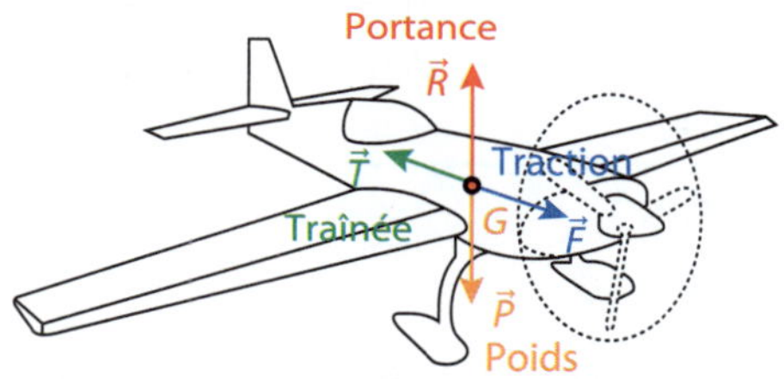

Pour bien démarrer ▶ **Un système persévère en mouvement rectiligne uniforme si la somme des forces qui s'exercent sur lui est nulle.**

....

....

....

17 **Démarche mathématique**

Soient les points $A(x_A\ ;\ y_A)$, $B(x_B\ ;\ y_B)$ et $C(x_C\ ;\ y_C)$. Montrez que $\overrightarrow{AB}+\overrightarrow{BC}=\overrightarrow{AC}$.

....

....

....

....

....

Problèmes

Problème corrigé

1 Vers où le traîneau se dirige-t-il ?

Deux chiens exercent sur les deux sangles fixées en un point A d'un traîneau deux forces dont les valeurs sont respectivement $F_1 = 350$ N et $F_2 = 400$ N.

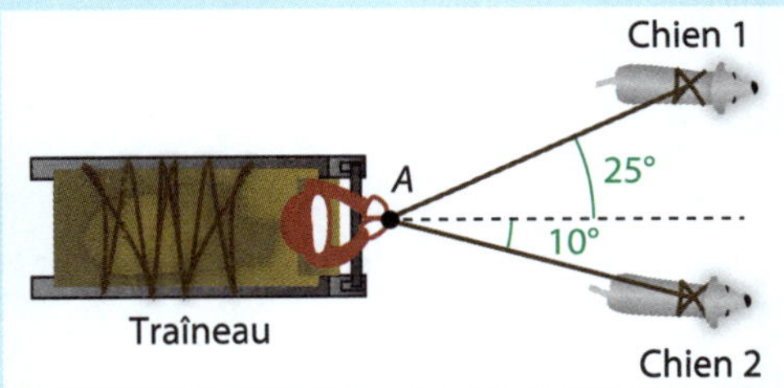

1. **S'approprier.** Quelle est la mesure de l'angle entre les deux sangles ?
2. **Analyser. Raisonner.** Proposez une méthode permettant de déterminer la force de traction résultante $\vec{F}$.
3. **Réaliser.** Tracez le vecteur $\vec{F}$ à l'aide d'un logiciel de géométrie 2D.
4. **Valider.** Quelles sont les caractéristiques de $\vec{F}$?
5. **Communiquer.** Décrivez le déplacement du traîneau.

Corrigé

1. 25° + 10° = 35°.
2. Il faut faire la somme vectorielle des forces exercées par les deux chiens.
3.

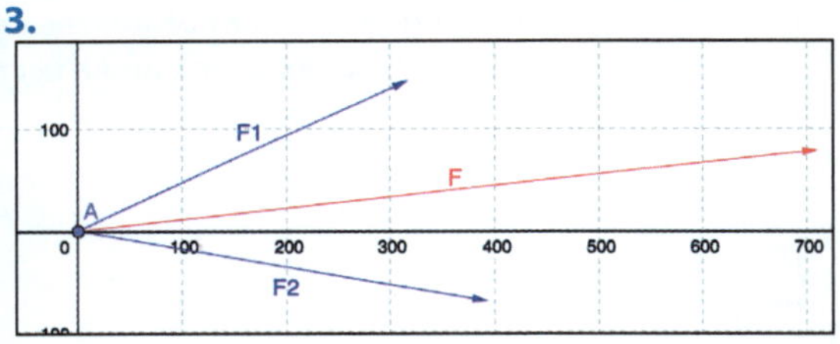

4.

Force résultante $\vec{F}$

Direction	6,3° par rapport à l'axe du traîneau
Sens	Du point A vers l'avant du traîneau
Valeur	$F = 715$ N

5. Le traîneau se déplacera avec un angle d'environ 6,3° sur la gauche de l'axe du traîneau et sera tiré par une force de 715 N.

2 Comment ses coéquipières maintiennent-elles Gaëlle en équilibre ?

La gymnastique rythmique et sportive (GRS), discipline olympique, consiste à pratiquer des mouvements en rythme et en coordination sur des musiques.

Lors d'un exercice, Gaëlle est maintenue en équilibre par ses deux coéquipières Anna et Badia, comme sur le schéma ci-dessous. On précise que Gaëlle a une masse de 42 kg.

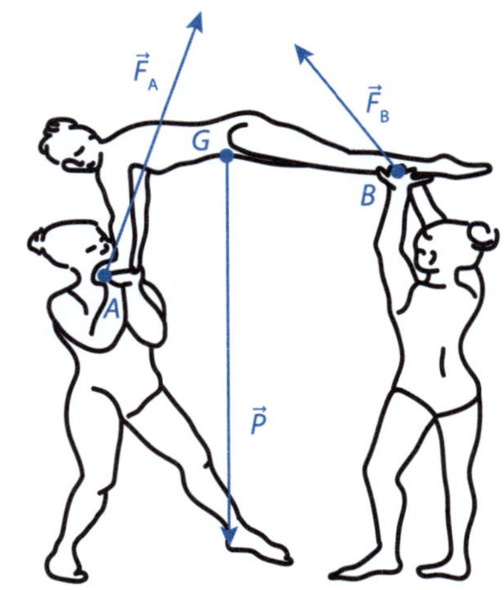

1. **S'approprier.** Décrivez l'action de la Terre sur Gaëlle, représentée par la force $\vec{P}$.

....

....

....

2. **Analyser. Raisonner.** En physique, un système est dit en équilibre si la somme vectorielle des forces qui s'exercent sur lui est nulle. Proposez une méthode permettant de vérifier que Gaëlle est en équilibre.

....

....

....

3. **Réaliser.**

a. Calculez la valeur P du poids $\vec{P}$ de Gaëlle.

....

....

Pour bien démarrer ▶ **Poids d'un corps de masse m : $P = m \times g$ (avec $g = 10$ N/kg).**

b. Mesurez la longueur du vecteur $\vec{P}$ sur le dessin. Déduisez-en l'échelle de représentation des forces utilisée.

....

....

....

c. Réalisez le tableau des caractéristiques des forces $\vec{F_A}$, $\vec{F_B}$ et $\vec{P}$.

d. Construisez, sur le schéma donné en début de problème, la somme vectorielle $\vec{P} + \vec{F_A} + \vec{F_B}$.

4. Valider. Confirmez-vous que Gaëlle est en équilibre ? Justifiez votre réponse.

5. Communiquer. Décrivez les actions que doivent exercer Anna et Badia sur Gaëlle pour la maintenir en équilibre.

3 Quelle est la vitesse du voilier ?

Dans un repère orthonormal $(O\ ;\ \vec{i},\ \vec{j})$ d'unité graphique 1 cm, est reproduite ci-après une carte à l'échelle $\dfrac{1}{900\ 000}$.

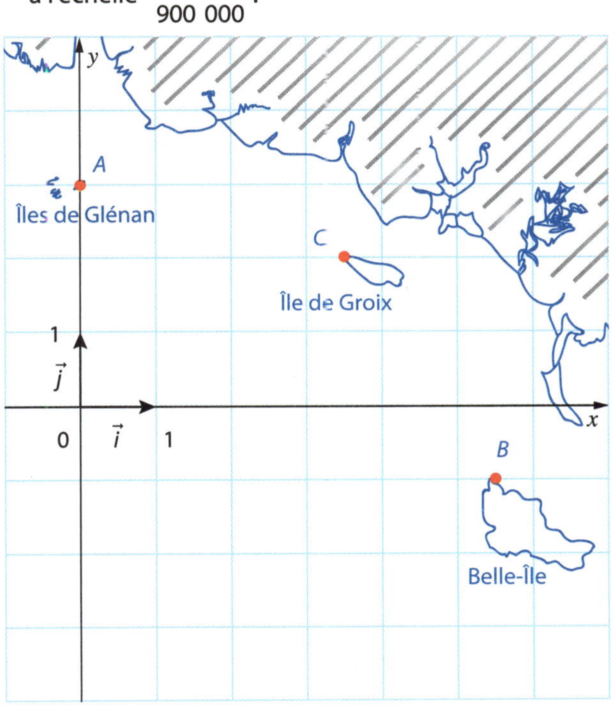

Un voilier effectue une croisière des îles de Glénan (*A*) à Belle-Île (*B*) en faisant escale à l'île de Groix (*C*). On suppose que les trajets sont rectilignes.

1. S'approprier. Relevez sur la carte les coordonnées des points *A*, *B* et *C*.

2. Analyser. Raisonner.

a. Décrivez une méthode qui permet de déterminer la distance réelle entre : les îles de Glénan et l'île de Groix ; l'île de Groix et Belle-Île ; les îles de Glénan et Belle-Île.

b. Proposez une formule de calcul de la vitesse moyenne *v* du voilier en km/h lors de la croisière.

3. Réaliser.

a. Ouvrez un logiciel de géométrie 2D et placez les points *A*, *B* et *C*. Déterminez les coordonnées des vecteurs $\vec{AC}$, $\vec{CB}$ et $\vec{AB}$, puis leur normes respectives.

b. Calculez, en km, les distances réelles entre les Glénan et Groix, Groix et Belle-Île et les Glénan et Belle-Île.

4. Valider. Ce jour-là, la traversée de l'île de Groix à Belle-Île dure 3 h 27 minutes. À l'aide de la formule de la vitesse moyenne ($v = \dfrac{d}{\Delta t}$), calculez, en km/h, la vitesse moyenne *v* du voilier sur ce trajet. Arrondissez le résultat à l'unité.

5. Communiquer. Expliquez pourquoi la norme du vecteur $\vec{AB}$ ne permet pas de trouver la distance correspondant au parcours réel *ACB* de la croisière.

4 Quel est le chemin le plus court dans les rues de Buenos Aires ?

Sarah fait un séjour linguistique à Buenos Aires (Argentine), ville construite selon un plan où toutes les rues du centre sont rectilignes et se croisent à angle droit. Sa journée s'annonce très chargée. Elle doit :

- rapporter des DVD à Anita (point A) ;
- passer au bureau de poste (point B) ;
- essayer des chaussures (point C) ;
- déjeuner avec sa tutrice dans une cafétéria (point D) ;
- enregistrer de la musique chez Esteban (point E) ;
- acheter des fournitures scolaires (point F) ;
- revenir chez elle (point S).

Voici les coordonnées des points des différents lieux visités par Sarah : $S(-6 ; 6)$, $A(-2 ; 6)$, $B(0 ; 10)$, $C(4 ; 5)$, $D(1 ; -2)$, $E(5 ; -2)$ et $F(6 ; -6)$.

1. À l'aide d'un logiciel de géométrie 2D, matérialisez par des vecteurs le trajet réellement suivi par Sarah. Déduisez-en la distance totale parcourue, sachant qu'une unité graphique correspond à 120 m de longueur.

2. Recherchez un ordre de déplacement qui permettrait le trajet le plus court.

5 Quelle est la longueur du profil d'usinage ?

CO-INTERVENTION

L'embout d'un arbre d'un moteur doit être retouché sur un tour. La section droite de la pièce est représentée ci-après dans le plan muni d'un repère $(O ; \vec{i}, \vec{j})$.

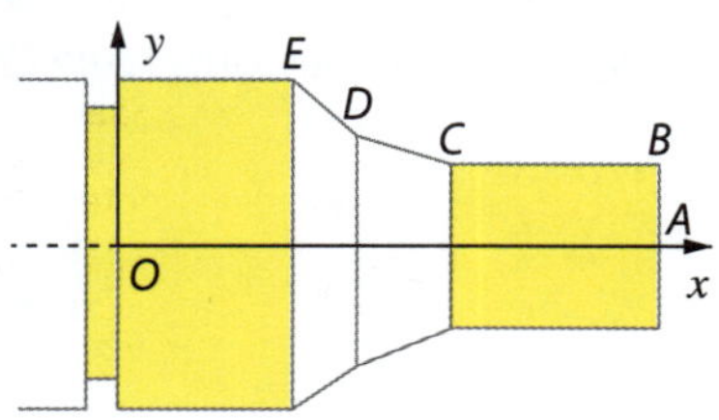

L'usinage s'effectue selon les points A, B, C, D, E. Ils délimitent la trajectoire de l'outil pendant l'usinage. L'unité étant le millimètre, les coordonnées des points sont les suivantes : $A(60 ; 0)$; $B\ 60 ; 15)$; $C(40 ; 15)$; $D(25 ; 25)$; $E(20 ; 60)$.

- Quelle est la distance parcourue par l'outil pendant l'usinage ?

6 Les points du logo sont-ils bien alignés ?

CO-INTERVENTION

Hugo doit dessiner le logo suivant, constitué d'un carré $OABD$ et de deux triangles équilatéraux OED et BCD, ici représentés dans un repère $(O ; \vec{i}, \vec{j})$. Il se demande si les points A, E et C sont alignés

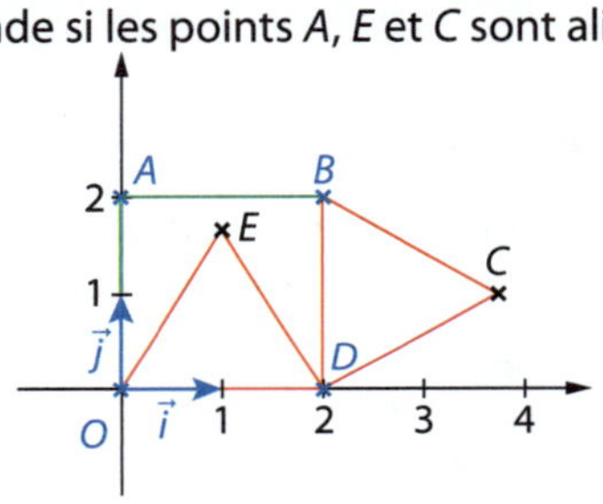

1. Calculez la hauteur issue de E du triangle OED.

2. Montrez que les points A, E et C sont alignés.

> *Pour bien démarrer* ▶ **Si deux vecteurs $\overrightarrow{AB}$ et $\overrightarrow{AC}$ sont colinéaires, alors les points A, B et C sont alignés.**

Évaluation

Nom : ....

Prénom : ....

Quelle est la vitesse du courant marin ?

30 min

Pour obtenir son premier niveau du brevet élémentaire de plongée sous-marine, Hermanus doit rejoindre, en nageant depuis un bateau, une balise sur la plage située à 200 m.

Sans courant marin, sa vitesse par rapport à la surface de l'eau peut être représentée par un vecteur $\vec{v}$ de coordonnées $\begin{pmatrix} 0 \\ 2{,}5 \end{pmatrix}$.

Le jour de son examen, Hermanus doit compenser l'effet d'un courant marin qui tend à l'écarter de la direction de la balise. Sa vitesse réelle est alors définie par le vecteur $\vec{v}_1$ de coordonnées $\begin{pmatrix} -2 \\ 3 \end{pmatrix}$.

Les coordonnées des vecteurs vitesse sont données en km/h.

1. S'approprier. Expliquez pourquoi, le jour de son brevet, Hermanus ne pourra pas atteindre la balise sur la plage si sa vitesse de nage reste $\vec{v}$.

....

....

2. Analyser. Raisonner.

a. Si $\vec{v}_2$ représente la vitesse du courant, cochez parmi les deux propositions suivantes celle qui correspond à la situation décrite.

☐ $\vec{v} = \vec{v}_1 + \vec{v}_2$ ☐ $\vec{v} + \vec{v}_1 = \vec{v}_2$

b. Proposez une méthode permettant de tracer le vecteur $\vec{v}_2$.

....

....

3. Réaliser.

a. À l'aide d'un logiciel de géométrie 2D, tracez le vecteur $\vec{v}$ à partir de l'origine O du repère.

b. Tracez le vecteur $\vec{v}_1$ à partir de l'origine du vecteur $\vec{v}$.

c. Tracez le vecteur $\vec{v}_2$ à l'extrémité du vecteur $\vec{v}_1$.

d. Déterminez la valeur de la vitesse du courant.

....

4. Valider. Votre choix à la question **2. a** est-il correct ?

....

5. Communiquer. Présentez toutes les caractéristiques de la vitesse du courant dans un tableau. L'angle de la direction de $\vec{v}_2$ sera donné par rapport à celle de la vitesse $\vec{v}$.

....

....

....

Question	Capacités	Connaissances
1. 2. 3. 5	Représenter, dans le plan rapporté à un repère orthogonal, un vecteur dont les coordonnées sont données.	Coordonnées d'un vecteur dans le plan rapporté à un repère orthogonal.
2. 3. 4.	Construire le vecteur obtenu comme somme de deux vecteurs.	Somme de deux vecteurs.

Activité de co-intervention

Comment varie la CMU d'une élingue ?

▶ Problématique professionnelle

Une élingue permet d'accrocher puis de soulever un objet au moyen d'un engin de manutention. Les fabricants indiquent leur CMU (charge maximale d'utilisation), c'est-à-dire la charge maximale que l'on peut soulever sans risque de rupture.
Lorsqu'on soulève une charge en équilibre, celle-ci est soumise à l'action de trois forces : son poids $\vec{P}$ et les forces $\vec{F_1}$ et $\vec{F_2}$ exercées par les deux brins de l'élingue.

Diamètre (mm)	CMU 0 à 90° (kg)	CMU 0 à 120° (kg)
6	1 960	1 400
7	2 660	1 900
8	3 500	2 500
10	5 600	4 000
13	9 380	6 700
16	14 000	10 000
19	19 600	14 000
22	26 600	19 000
26	37 100	26 500

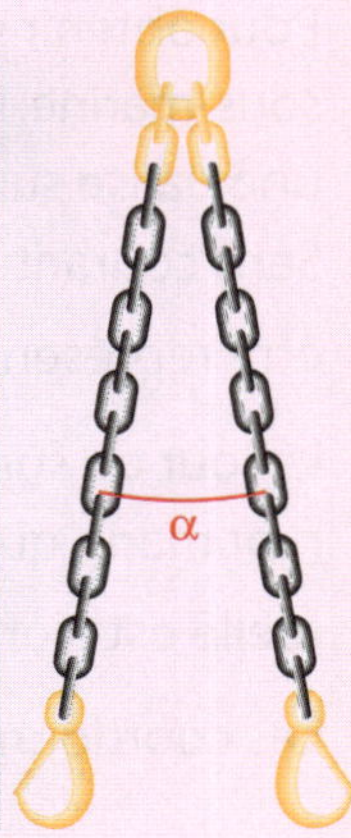

▶ En enseignement professionnel

1. **S'approprier.** Comment varie la CMU d'une élingue lorsque l'angle entre les deux brins augmente ?

....

....

▶ En mathématiques

2. **Analyser. Raisonner.** La résultante $\vec{F}$ de l'action des deux forces est égale à la somme vectorielle de $\vec{F_1}$ et $\vec{F_2}$. $\vec{F}$ est opposée au poids $\vec{P}$ de la charge. Traduisez ces deux informations par deux égalités vectorielles.

....

3. **Réaliser.**
a. À l'aide d'un logiciel de géométrie, réalisez le protocole suivant : construisez un cercle de centre $O(0\,;0)$ et de rayon 541 ; placez un point A sur ce cercle ; tracez le vecteur $\overrightarrow{OA}$ puis $\vec{F_2}$, le symétrique du vecteur $\vec{F_1} = \overrightarrow{OA}$ par rapport à l'axe des ordonnées ; tracez le vecteur $\vec{F} = \vec{F_1} + \vec{F_2}$; affichez l'angle α entre $\vec{F_1}$ et $\vec{F_2}$.
b. En lisant les coordonnées de $\vec{F}$, vérifiez les résultats de la colonne « 45° » puis complétez le tableau en déplaçant le point A. On rappelle que $P = mg$, avec m la masse en kg et $g = 10$ N/kg.

Angle inter-brins α	45°	60°	90°	120°
Valeur de $\vec{F} = \vec{F_1} + \vec{F_2}$	10 000 N	....	....	....
Valeur du poids de la CMU	10 000 N	....	....	....
CMU maximale	1 000 kg	....	....	....

4. **Valider.** La valeur maximale des forces de tension $\vec{F_1}$ et $\vec{F_2}$ et l'angle entre les deux brins déterminent la valeur de la CMU. Pouvez-vous valider cette affirmation ? Justifiez.

....

....

▶ En enseignement professionnel

5. **Communiquer.** Répondez en une phrase à la question posée en titre.

....

....

9 Trigonométrie

Activité 1 Quelle longueur de rebord est nécessaire ?

Démarche scientifique

20 min

Exploiter le cercle trigonométrique.

Pour construire le rebord en margelles d'un bassin circulaire de 1 m de rayon, un artisan pense que 4,7 m de margelles suffiront, puisqu'il faut prévoir l'ouverture des marches. L'ouverture des marches correspond à l'arc $\widehat{MI}$ sur le schéma ci-contre.

- À l'aide du fichier fourni et d'un logiciel de géométrie, vérifiez que 4,7 m de margelles ne suffisent pas, puis déterminez la longueur nécessaire de margelles pour terminer le rebord du bassin.
- À quoi correspond l'angle d'ouverture des marches affiché en radian ?

Pour bien démarrer ▶ **Le périmètre du cercle d'un cercle de rayon R est $2\pi R$.**

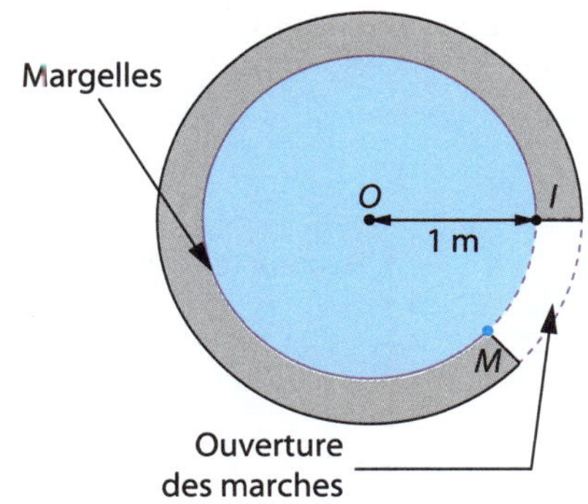

....

....

....

....

....

....

....

Fichier à télécharger
Géométrie
hachette-clic.fr/21mab009

Activité 2 Comment construire la courbe de la fonction sinus ?

30 min

Fichier à télécharger
Géométrie
hachette-clic.fr/21mab009

Utiliser les angles particuliers. Tracer la représentation graphique de la fonction sinus point par point.

1. Ouvrez le fichier fourni avec un logiciel de géométrie et déplacez le point M. Les valeurs du sinus de quelques angles particuliers apparaissent au fur et à mesure de son déplacement.

2. Sur le graphique ci-contre, placez les points correspondants en portant, en abscisse, la valeur de l'angle α et, en ordonnée, la valeur de $\sin \alpha$.

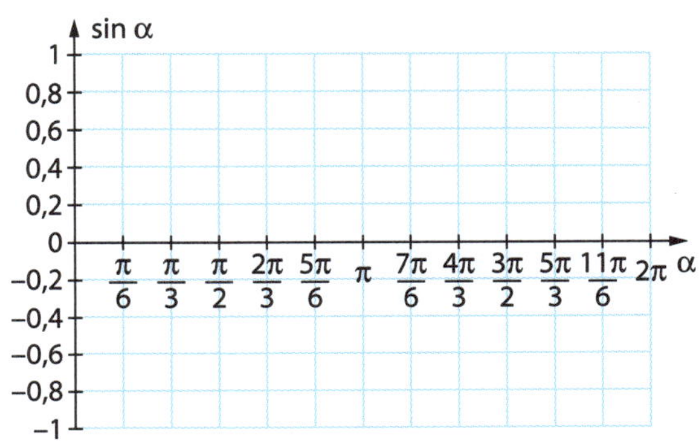

3. Créez le point N en saisissant N=(α,y(M)) dans la barre de saisie. Activez sa trace par un clic droit sur le point N en cochant **Activer la trace**.

4. Faites varier la position du point M et validez votre construction.

Activité 3 La vitesse de la houle est-elle suffisante ?

Transition écologique — Démarche scientifique

30 min

Le système « PowerBuoy » est une bouée composée d'une partie fixe et d'une partie qui oscille au rythme de la houle. Il convertit les oscillations mécaniques en énergie électrique.

Ce système est efficace dès que la vitesse de déplacement des crêtes de la houle dépasse 18 km/h. La représentation graphique ci-dessous modélise la forme sinusoïdale de la houle un jour où elle a été enregistrée.

L'enregistrement indique aussi que le passage de la crête des vagues s'est fait toutes les 4,65 secondes.

Exploiter la courbe de la fonction sinus.

Une bouée qui produit de l'électricité
Lien vidéo 0 min 16 s
hachette-clic.fr/21mab009

- Déterminez la vitesse de cette houle en m/s, puis en km/h.
- Le système a-t-il été efficace le jour de cet enregistrement ?

Pour bien démarrer ▶ $v = \frac{d}{t}$

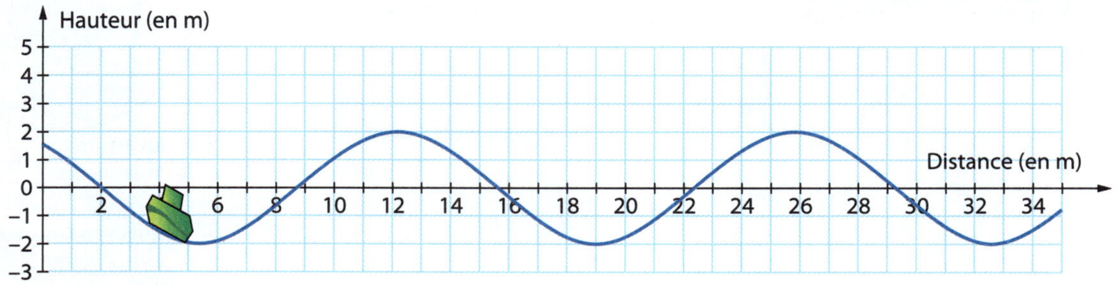

....

....

....

....

....

....

....

....

....

....

....

....

....

....

....

....

....

....

....

Appelez votre professeur pour une aide, ou lui montrer votre proposition.

Travaux pratiques

TP 1 Comment modéliser le mouvement d'un piston ?

Outils numériques

30 min

Objectifs
- Représenter la fonction sinus point par point.
- Exploiter la représentation graphique de la fonction sinus.

Le moteur à 4 temps
Lien vidéo
2 min 35 s
hachette-clic.fr/21mab009

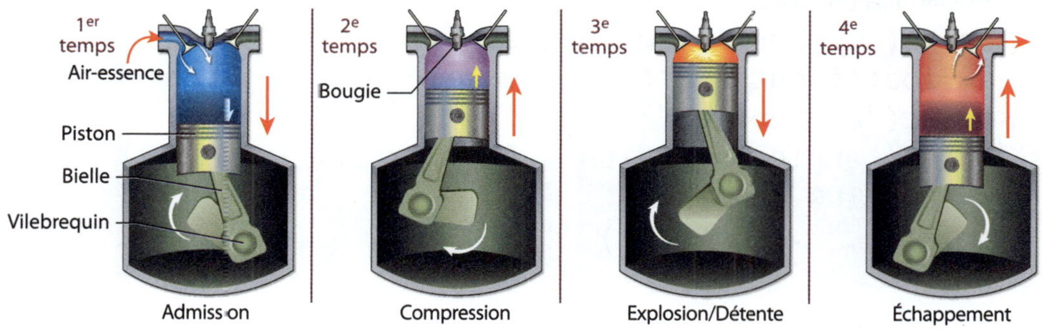

Dans un moteur thermique, le mouvement du piston entraîne le mouvement du vilebrequin grâce à la bielle.

On va modéliser, à l'aide d'un logiciel de géométrie, le fonctionnement de ce moteur.

1. Modélisation du système

- Ouvrez un logiciel de géométrie 2D.

Créez les points $O(0\,;0)$ et $I(1\,;0)$, tracez le cercle de centre O passant par le point I, placez un point que vous nommerez V sur ce cercle, puis tracez le segment $[OV]$.

- Faites afficher l'angle $\widehat{IOV}$ en radian. Par défaut, il est noté α.

Modélisation de la bielle

- Créez le point P en saisissant `P=(0,sqrt(9-x(V)^2)+y(V))`, puis tracez le segment $[VP]$.

Modélisation du piston

- Créez les points $A(-0{,}5\,;y(P))$ et $B(0{,}5\,;y(P))$.
- Utilisez l'outil **Polygone régulier** pour tracer un carré en sélectionnant le point A en premier, puis le point B, et en saisissant `4` pour le nombre de points.

2. Analyse de la modélisation

- Créez le point M en saisissant `M=(α,y(P))`, faites un clic-droit sur le point et cochez **Afficher la trace**. Déplacez le point V en le faisant tourner sur le cercle dans le sens anti-horaire.

a. Quelle est la nature du mouvement décrit par le point P ?

....

b. Quelle est la nature de la courbe suivie par le point M ?

....

c. La distance séparant le point P d'ordonnée minimale (le « point mort bas ») et le point P d'ordonnée maximale (le « point mort haut ») modélise la « course du piston ».
Déterminez la valeur de cette distance.

....

d. À quelles valeurs de l'angle $\widehat{IOV}$ correspondent ces deux positions de P ?

....

TP 2 Comment convertir des radians en degrés avec un programme ?

Algorithmique et programmation

30 min

Objectifs
- Modifier un programme.
- Concevoir un algorithme ou un programme simple pour résoudre un problème.

Le programme Python ci-dessous permet de convertir en radian la valeur d'un angle en degré.

```python
from math import pi
print("Convertir des degrés en radians")
a=float(input("Entrez la valeur de l'angle en degré :"))
print("angle=",a,"°")
print("angle en radian = (",a,"x pi)/180")
u=a*pi/180
print(a,"°=",u,"rad")
```

```
>>>
Convertir des degrés en radians
angle= 20.0 °
angle en radian = ( 20.0 x pi)/180
20.0 °= 0.3490658503988659 rad
>>>
```

1. Ce programme ne permet pas de convertir en degré la valeur d'un angle en radian. Proposez un nouveau programme permettant de faire cette conversion.

▶ Algorithmique et programmation p. 157

....

....

....

....

....

....

....

....

2. a. Dans un logiciel Python, ou dans votre calculatrice programmable, saisissez votre proposition de programme modifié.

b. Utilisez ce nouveau programme pour compléter le tableau suivant.

Angle en radian	$\frac{\pi}{4}$	$\frac{2\pi}{3}$	$\frac{\pi}{12}$	$\frac{5\pi}{7}$
Angle en degré	....	....	....	....

c. Vérifiez les résultats précédents avec votre calculatrice.

L'essentiel

1 Cercle trigonométrique

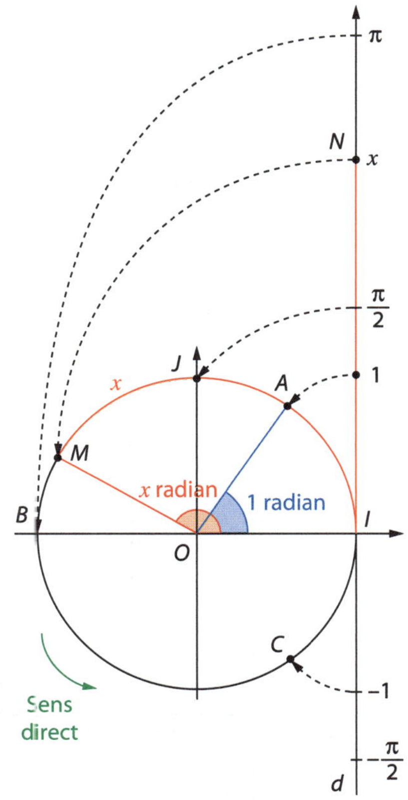

- Le **cercle trigonométrique** est un cercle de rayon 1, centré sur l'origine du repère, sur lequel on définit un sens positif de rotation appelé **sens direct** (sens inverse des aiguilles d'une montre).
- La droite graduée *d*, tangente au cercle trigonométrique en *I*, est l'ensemble des nombres réels : on l'appelle **droite numérique**. En enroulant cette droite autour du cercle, on associe à tout point *N* de la droite, d'abscisse x, un **unique** point *M* du cercle. On dit que le point *M* est l'**image** du nombre réel x sur le cercle trigonométrique.

Exemple

Réel x	−1	0	1	$\frac{\pi}{2}$	π
Point image	*C*	*I*	*A*	*J*	*B*

La valeur d'un angle en **radian** (noté rad) correspond à la longueur de l'arc intercepté par cet angle sur le cercle de rayon 1.

Exemple

1 radian est la mesure de l'angle correspondant à l'arc $\widehat{IA}$.
Le périmètre d'un cercle de rayon $r = 1$ m est $P = 2\pi r = 2\pi \approx 6{,}28$ m. Un cercle correspond à un angle de 2π rad $\approx 6{,}28$ rad.

La mesure d'un angle en degré et sa mesure en radian sont **proportionnelles**.
On utilise la relation 180° = π rad pour convertir des unités d'angle.

Exemple

Conversion de 50° en radians et de $\frac{\pi}{5}$ radian en degré :

Mesure en degré	180	50	y
Mesure en radian	π	x	$\frac{\pi}{5}$

$x = \frac{\pi \times 50}{180} = \frac{5\pi}{18}$, donc $50° = \frac{5\pi}{18}$ rad.

$y = \frac{180 \times \frac{\pi}{5}}{\pi} = \frac{180}{5} = 36$, donc $\frac{\pi}{5}$ rad $= 36°$.

2 Cosinus et sinus d'un nombre réel

Le point *M* étant l'image du nombre réel x sur le cercle trigonométrique, le cosinus de x, noté **cos x**, est son abscisse et le sinus de x, noté **sin x**, est son ordonnée.

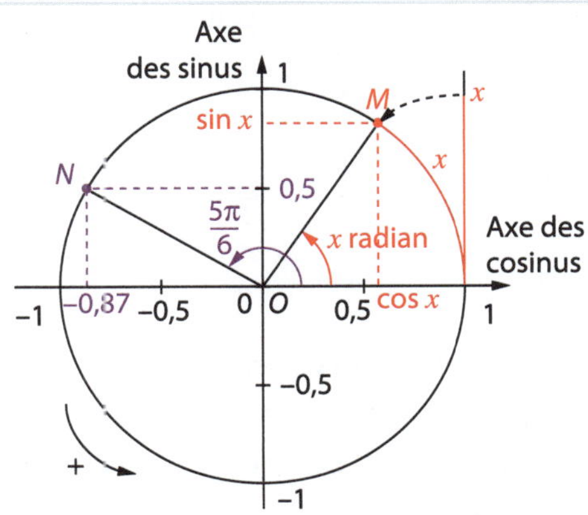

Exemple

Détermination graphique de cos $\frac{5\pi}{6}$ et de sin $\frac{5\pi}{6}$:

Le point *N* correspond à un angle de $\frac{5\pi}{6}$ rad (soit 150°) sur le cercle.

Par lecture graphique, on déduit que $\cos\frac{5\pi}{6} \approx -0{,}87$ et $\sin\frac{5\pi}{6} = 0{,}5$.

En mode « radian » sur la calculatrice, on retrouve ces résultats avec plus de précision.

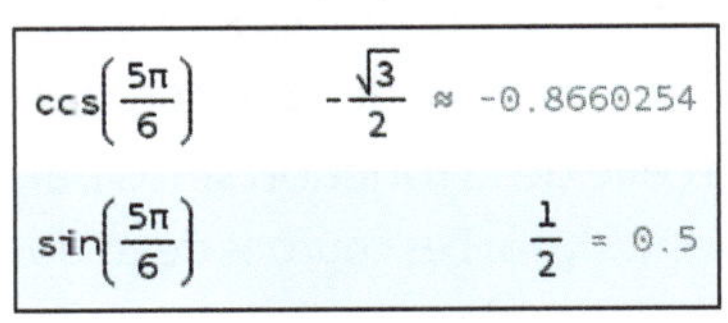

Cosinus et sinus d'un nombre réel *(suite)*

Pour tout nombre réel x, on a : $-1 \leqslant \cos x \leqslant 1$; $-1 \leqslant \sin x \leqslant 1$; $\cos^2 x + \sin^2 x = 1$.

Exemple

On cherche $\cos x$ sachant que $\sin x = 0{,}6$.
$\cos^2 x = 1 - \sin^2 x = 1 - 0{,}6^2 = 1 - 0{,}36 = 0{,}64$, donc $\cos x = 0{,}8$ ou $\cos x = -0{,}8$.

- Angles remarquables :

x	0	30° $\left(\frac{\pi}{6}\text{ rad}\right)$	45° $\left(\frac{\pi}{4}\text{ rad}\right)$	60° $\left(\frac{\pi}{3}\text{ rad}\right)$	90° $\left(\frac{\pi}{2}\text{ rad}\right)$
$\sin x$	0	$\frac{1}{2}$	$\frac{\sqrt{2}}{2}$	$\frac{\sqrt{3}}{2}$	1
$\cos x$	1	$\frac{\sqrt{3}}{2}$	$\frac{\sqrt{2}}{2}$	$\frac{1}{2}$	0

- Angles associés : soit x la mesure en radian d'un angle repéré sur le cercle trigonométrique.

$\cos\left(\frac{\pi}{2}+x\right) = -\sin x$
$\sin\left(\frac{\pi}{2}+x\right) = \cos x$

$\cos\left(\frac{\pi}{2}-x\right) = \sin x$
$\sin\left(\frac{\pi}{2}-x\right) = \cos x$

$\cos(\pi - x) = -\cos x$
$\sin(\pi - x) = \sin x$

$\cos(\pi + x) = -\cos x$
$\sin(\pi + x) = -\sin x$

$\cos(-x) = \cos x$
$\sin(-x) = -\sin x$

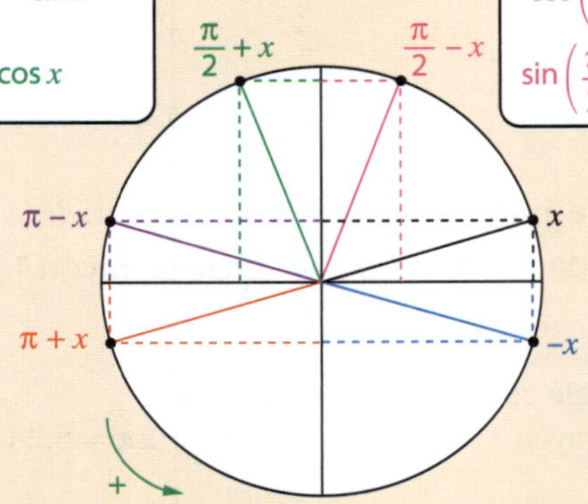

! Remarques : x et $\left(\frac{\pi}{2} - x\right)$ sont des angles **complémentaires**, leur somme vaut $\frac{\pi}{2}$ rad.
x et $(\pi - x)$ sont des angles **supplémentaires** : leur somme vaut π rad.

Exemples : $\sin \frac{2\pi}{3} = \sin\left(-\frac{\pi}{3}\right) = \sin \frac{\pi}{3} = \frac{\sqrt{3}}{2}$; $\cos\left(-\frac{\pi}{3}\right) = \cos \frac{\pi}{3} = \frac{1}{2}$.

3 Fonctions sinus et cosinus

- La **fonction sinus,** notée sin, est la fonction qui, à tout réel x, associe le sinus de x.
C'est une fonction **périodique** de période 2π. Cela signifie que pour tout x, on a $\sin x = \sin(x + 2\pi)$.

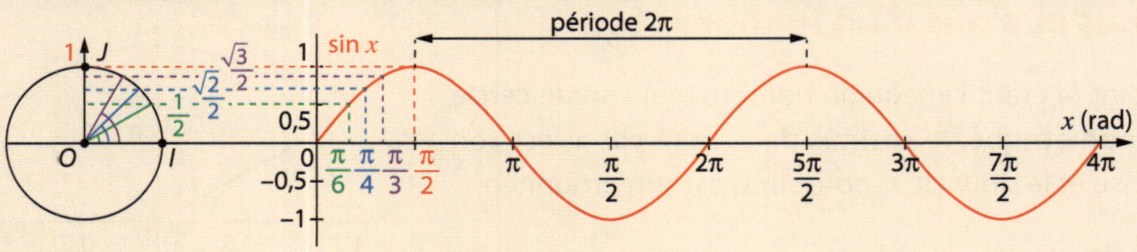

- La **fonction cosinus,** notée cos, est la fonction qui, à tout nombre réel x, associe le cosinus de x.
Elle est aussi **périodique** de période 2π.
- Étant donné que $\cos x = \sin\left(x + \frac{\pi}{2}\right)$, la courbe représentative de la fonction cosinus se déduit de celle de la fonction sinus par une **translation.**

! Remarque : Les courbes de ces fonctions sont appelées sinusoïdes.

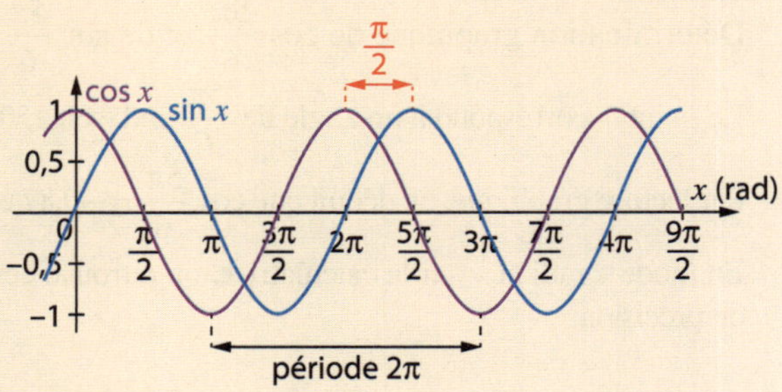

Exercices

Testez-vous !

QCM interactif

Cochez la bonne réponse parmi les trois proposées.

1. Le cercle trigonométrique est :

☐ un cercle de rayon 1 orienté dans le sens des aiguilles d'une montre.
☐ un cercle quelconque.
☐ un cercle de rayon 1 orienté dans le sens inverse des aiguilles d'une montre.

2. La valeur, en radian, d'un angle mesurant 60° est :

☐ $\frac{\neq}{3}$ rad ☐ $\frac{\neq}{2}$ rad ☐ $\frac{\neq}{6}$ rad

3. Pour $\alpha = \frac{\neq}{6}$ rad, $\sin \alpha$ vaut :

☐ $\frac{\sqrt{2}}{2}$ ☐ $\frac{1}{2}$ ☐ $\frac{\sqrt{3}}{2}$

4. Le sinus du nombre x correspond à :

☐ l'abscisse de son point image sur le cercle trigonométrique.
☐ l'ordonnée de son point image sur le cercle trigonométrique.
☐ $\cos x$.

5. Si $\cos \alpha$ vaut $\frac{1}{2}$, alors $\cos(-\alpha)$ vaut :

☐ $-\frac{1}{2}$ ☐ 0 ☐ $\frac{1}{2}$

6. $\cos\left(\frac{\neq}{2} - \frac{\neq}{6}\right)$ est égal à :

☐ $\cos \frac{\neq}{6}$ ☐ $\sin \frac{\neq}{2}$ ☐ $\sin \frac{\neq}{6}$

7. La courbe représentative de la fonction sinus est la courbe :

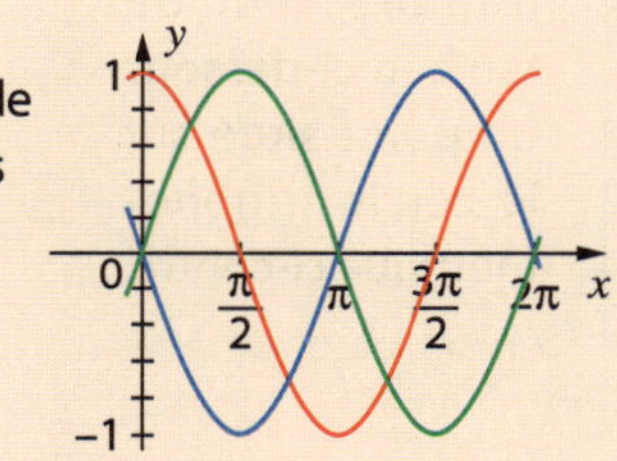

☐ rouge
☐ verte
☐ bleue

8. Sur le graphique de la question **7**, la courbe de la fonction cosinus est la courbe :

☐ rouge ☐ verte ☐ bleue

9. Les extremums des fonctions sinus et cosinus sont :

☐ 0 et π ☐ -1 et 1 ☐ 0 et 2π

Automatismes

Calcul mental

1 Calculez $\cos^2 x$ si :

a. $\sin^2 x = 0{,}8$ **b.** $\sin^2 x = 0{,}3$

2 Calculez en degré la mesure de l'angle $\widehat{IOM}$.

a. $\widehat{IOM} = \frac{\pi}{2}$ rad **b.** $\widehat{IOM} = \frac{\pi}{6}$ rad

3 À quel angle, en radian, correspond un tour et demi sur un cercle ?

À l'oral

4 **a.** Quand dit-on que deux angles sont complémentaires ?
b. Quand dit-on que deux angles sont supplémentaires ?

5 **a.** Que signifie « la fonction sinus est périodique de période 2π » ?
b. Comment passe-t-on de la courbe de la fonction sinus à celle de la fonction cosinus ?

6 **Exercice corrigé**

Pour les points A et B repérés sur le cercle trigonométrique, complétez le tableau ci-dessous.

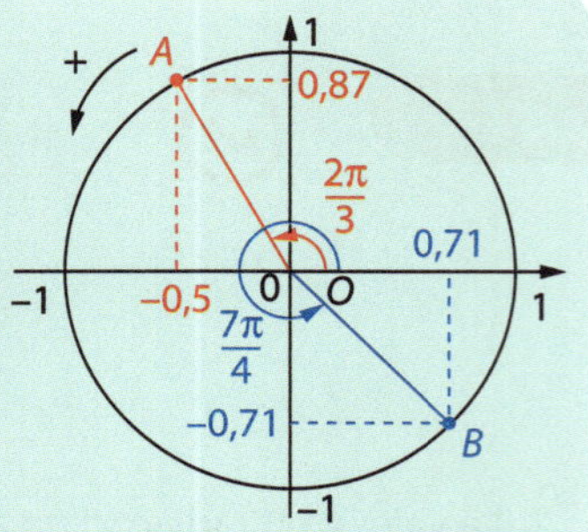

Corrigé

Points	Angle (en rad)	Angle (en °)	Valeur du cosinus	Valeur du sinus
A	$\frac{2\pi}{3}$	120	−0,5	0,87
B	$\frac{7\pi}{4}$	315	0,71	−0,71

10 Sans utiliser de rapporteur, donnez la valeur en radian, et en degré, des angles colorés ci-après.

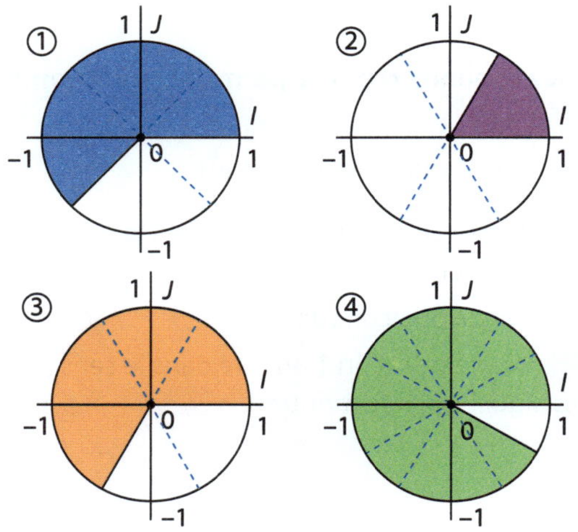

① : ....

③ : ....

② : ....

④ : ....

Cercle trigonométrique

7 Associez à chaque nombre réel du tableau ci-dessous un point situé sur le cercle trigonométrique ci-contre.

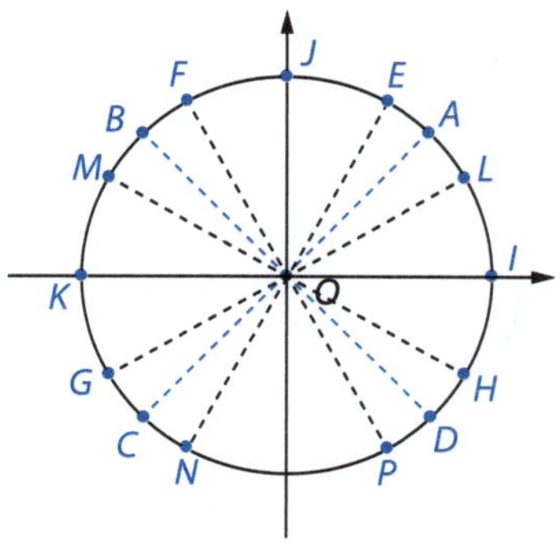

Nombre réel	$\frac{\pi}{3}$	$-\frac{5\pi}{4}$	$\frac{7\pi}{6}$	2π	$-\frac{7\pi}{4}$	$-\frac{\pi}{6}$
Point	.....	.....	.....	.....	.....	.....

8 Le pentagone régulier $IABCD$ est inscrit dans un cercle trigonométrique.

• Donnez, pour chaque sommet, le nombre réel de l'intervalle [0 ; 2π] dont il est l'image.

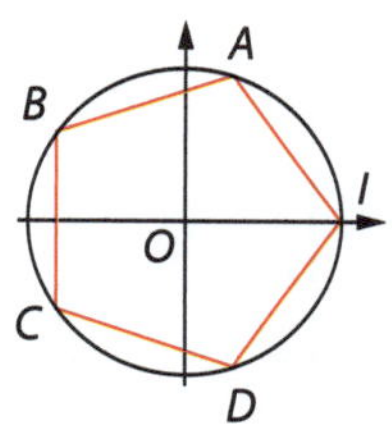

Point	I	A	B	C	D
Nombre réel	.....	.....	.....	.....	.....

9 Complétez le tableau suivant.

Angle (°)	15	...	72	...	135	180
Angle (rad)	.....	$\frac{5\pi}{12}$	.....	$\frac{3\pi}{5}$	.....	π

Cosinus et sinus d'un nombre réel

11 Déterminez, à l'aide du cercle trigonométrique ci-dessous, les valeurs suivantes à 0,1 près.

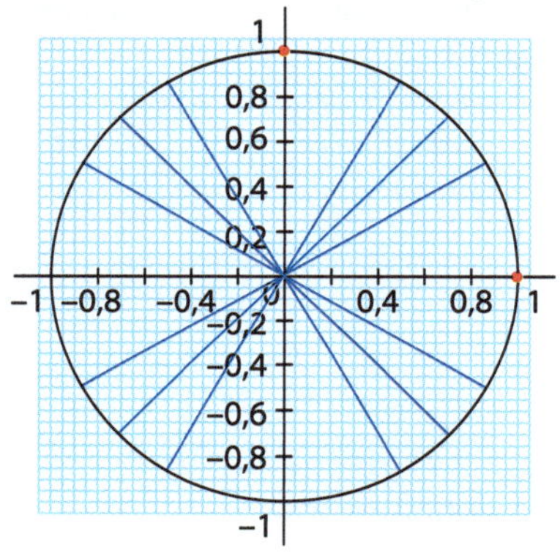

• $\cos\left(\frac{2\pi}{3}\right) =$ ....

• $\cos\left(-\frac{5\pi}{6}\right) =$ ....

• $\sin\left(-\frac{3\pi}{4}\right) =$ ....

• $\sin\left(\frac{\pi}{3}\right) =$ ....

12 Using the calculator, circle in red the numbers having the same cosine as $\frac{\pi}{4}$ and in blue those having the same sine as $\frac{\pi}{4}$.

$-\frac{\pi}{4}$ $\qquad \frac{5\pi}{4}$ $\qquad -\frac{7\pi}{4}$ $\qquad \frac{25\pi}{4}$

13 Calculez $\sin x$ sachant que $\cos^2 x = \frac{3}{4}$.

....

....

....

....

14 **Démarche mathématique**

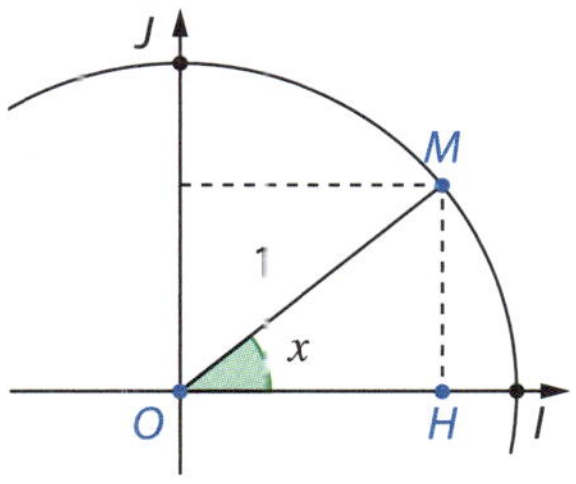

a. En utilisant les relations trigonométriques dans le triangle OHM, rectangle en H, montrez que l'abscisse du point M est $\cos x$ et que son ordonnée est $\sin x$.

....

....

....

b. En déduire que $(\cos x)^2 + (\sin x)^2 = 1$.

....

....

....

Pour bien démarrer ▶ $\sin x = \dfrac{\text{côté opposé}}{\text{hypoténuse}}$ et $\cos x = \dfrac{\text{côté adjacent}}{\text{hypoténuse}}$

15 **a.** Sur le cercle trigonométrique ci-dessous, placez les points images des nombres réels suivants.

- $-x$
- $\pi - x$
- $\pi + x$
- $\dfrac{\pi}{2} + x$
- $\dfrac{\pi}{2} - x$

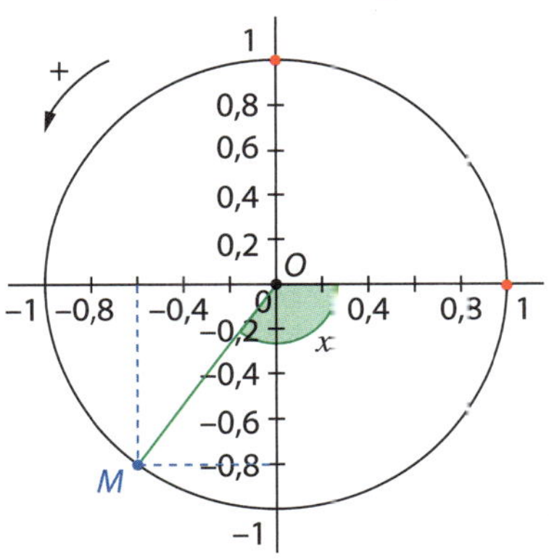

b. Complétez les égalités suivantes à l'aide de la question précédente.

- $\cos(-x) =$ ....
- $\sin\left(\dfrac{\pi}{2} - x\right) =$ ....
- $\sin(\pi + x) =$ ....
- $\cos\left(\dfrac{\pi}{2} - x\right) =$ ....
- $\cos(\pi - x) =$ ....
- $\sin(\pi - x) =$ ....

16 En utilisant les valeurs du sinus et du cosinus d'angles remarquables, calculez les expressions suivantes.

a. $\cos\dfrac{\pi}{4} + \sin\dfrac{\pi}{4} =$ ....

b. $\cos\dfrac{4\pi}{3} - \sin\dfrac{\pi}{3} =$ ....

Fonctions sinus et cosinus

17 À l'aide d'un logiciel de géométrie, on a obtenu les deux courbes suivantes.

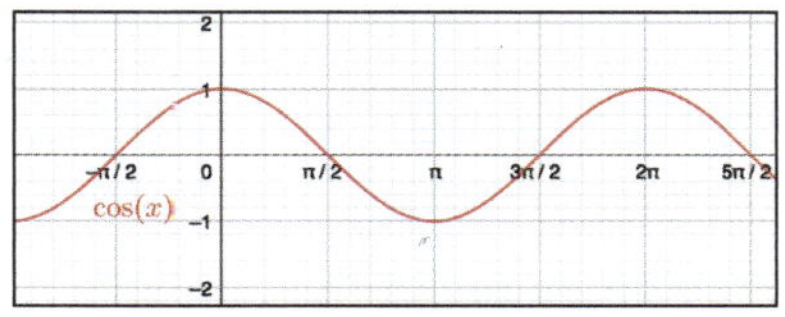

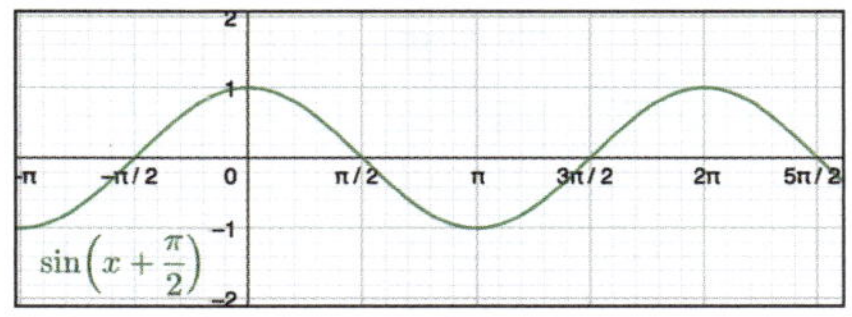

a. Déduisez de ces courbes la relation entre $\sin\left(x + \dfrac{\pi}{2}\right)$ et $\cos x$, en justifiant.

....

....

....

b. Déduisez-en une méthode pour passer de la courbe de la fonction sinus à celle de la fonction cosinus.

....

....

....

18 **En physique-chimie**

L'oscillogramme de la tension électrique u aux bornes d'un résistor dans un circuit, obtenu avec un oscilloscope, est donné ci-contre.

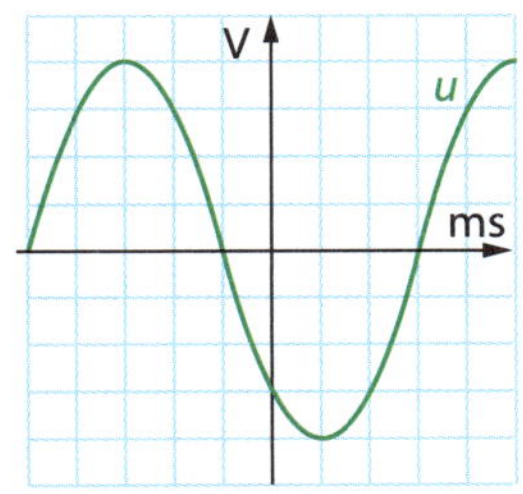

Réglage de l'oscilloscope :
- sensibilité verticale : 2 V/division,
- balayage horizontale : 5 ms/division.

a. Pourquoi peut-on dire que u est une tension alternative, périodique et sinusoïdale ?

....

....

b. Déterminer graphiquement la période T (en s) et la valeur maximale u_{max} (en V).

....

....

19 Dressez le tableau de variation de la fonction sinus sur $[0\,;2\pi]$.

x	
$\sin x$	

Problèmes

Problème corrigé

1 Que produit un groupe électrogène ?

CO-INTERVENTION

▶ **Problématique professionnelle**

L'alternateur d'un groupe électrogène produit une tension électrique efficace de 24 V. Cette production peut être modélisée par la rotation d'un aimant générant aux bornes d'une bobine une tension variant en fonction de l'angle formé par la position de son pôle nord sur le cercle trigonométrique. La courbe représentant la tension $u = 34\sin x$ (en V) produite en fonction de l'angle x est donnée ci-dessous.

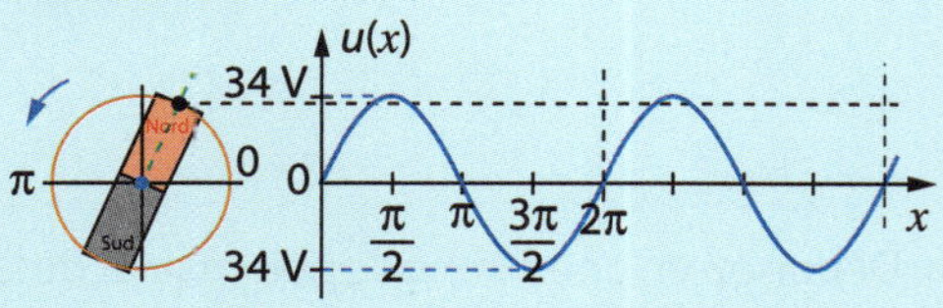

1. S'approprier. Quelle est la nature de cette courbe ?

▶ **En maths**

2. Analyser. Raisonner.

a. Quelle est, sur $[0 ; 2\pi]$, la valeur de l'angle qui correspond à u_{max} ?

b. Quelle est, sur $[0 ; 2\pi]$, la valeur de l'angle qui correspond à u_{min} ?

3. Réaliser. Quelle est la valeur de la période de u ?

4. Valider. Montrez que la tension u est la même pour les angles $\frac{\pi}{2}$ et $\frac{5\pi}{2}$.

▶ **En enseignement professionnel**

5. Communiquer. Répondez à la question du titre en utilisant les termes « période » et « tension maximale ».

Corrigé

1. Il s'agit d'une sinusoïde.

2. a. C'est l'angle de valeur $\frac{\pi}{2}$ rad.

b. C'est l'angle de valeur $\frac{3\pi}{2}$ rad.

3. La période vaut 2π rad.

4. Comme la période est égale à 2π :

$34\sin\left(\frac{\pi}{2}\right) = 34\sin\left(\frac{\pi}{2}+2\pi\right)$. Or $\frac{\pi}{2} + 2\pi = \frac{5\pi}{2}$.

Donc $34\sin\left(\frac{\pi}{2}\right) = 34\sin\left(\frac{5\pi}{2}\right)$.

5. Le groupe électrogène produit une tension alternative sinusoïdale de période 2π et de tension maximale 34 V.

2 Quelle différence entre l'acheminement électrique en France et aux États-Unis ?

▶ **Problématique professionnelle** CO-INTERVENTION

Le courant acheminé dans nos lieux de vie arrive sous la forme d'une tension alternative en fonction du temps, représentée ci-dessous en bleu pour la France et en violet pour les États-Unis.

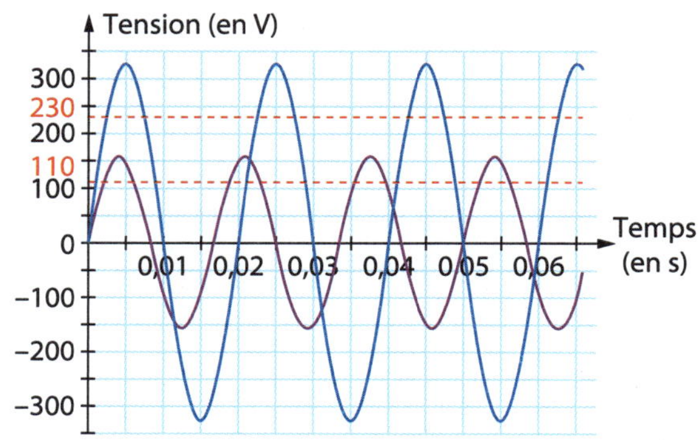

Pour bien démarrer ▶ $U_{eff} = \frac{U_{max}}{\sqrt{2}}$ et $f = \frac{1}{T}$.

1. S'approprier. À quoi correspondent les valeurs 230 V et 110 V repérées sur le graphique ?

....

....

....

▶ **En maths**

2. Analyser. Raisonner. Quelle courbe correspond à la tension qui a la plus grande fréquence ?

....

....

....

3. Réaliser.

a. Pour chacune des deux courbes, mesurez la période T de la tension, en seconde.

....

....

....

b. Déduisez-en les fréquences respectives des deux tensions.

c. Donnez les valeurs des tensions maximales U_{max1} (pour la France) et U_{max2} (pour les États-Unis), en V.

► **En enseignement professionnel**

4. Valider. À partir des réponses aux questions précédentes, donnez les expressions des tensions alternatives de ces deux réseaux en fonction du temps *t*.

Pour bien démarrer ► $U = U_{max} \times \sin(2\pi f t)$, avec *f* la fréquence en Hz.

5. Communiquer. Après une recherche, rédigez quelques lignes sur les raisons pour lesquelles les fréquences de 50 Hz ou de 60 Hz ont été choisies.

3 Quelle est la distance entre les deux vantaux au moment de l'arrêt ? CO-INTERVENTION

► **Problématique professionnelle**

Un portail, dont les battants sont longs de 1 m, se retrouve bloqué au bout de 4,5 s après avoir entamé son ouverture.

La vitesse linéaire d'ouverture, constante, est de 0,30 m/s.

1. S'approprier. Lorsque les vantaux s'ouvrent, quelle figure géométrique « tracent » leurs extrémités ?

► **En maths**

2. Analyser. Raisonner. Sachant que la vitesse linéaire v et la vitesse de rotation ω sont liées par la relation $v = R \times \omega$ avec v en m/s, ω en rad/s et R, le rayon, en m, proposez une méthode pour déterminer la position des vantaux au bout de 4,5 s.

3. Réaliser.

a. Calculez la vitesse de rotation ω en rad/s.

b. Déduisez-en la valeur, en radian, de l'angle α d'ouverture du vantail au moment du blocage.

c. Calculez $\cos \alpha$ et donnez le résultat à 0,01 près.

4. Valider.

a. Montrez à l'aide du schéma suivant que la distance d entre les extrémités des deux vantaux est :

$$d = 2 \times (1 - \cos \alpha).$$

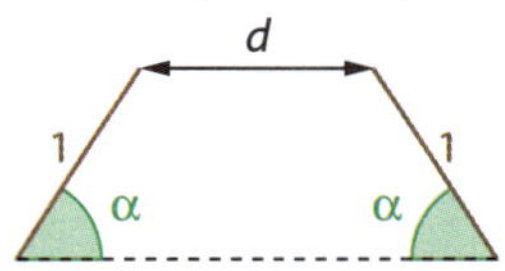

b. Donnez la valeur, arrondie à 0,01 m, de la distance d.

► **En enseignement professionnel**

5. Communiquer. Un véhicule de largeur 1,65 m peut-il passer malgré les vantaux bloqués ? Justifiez.

Démarche scientifique

4 Quelle est la fonction représentée par le signal ?

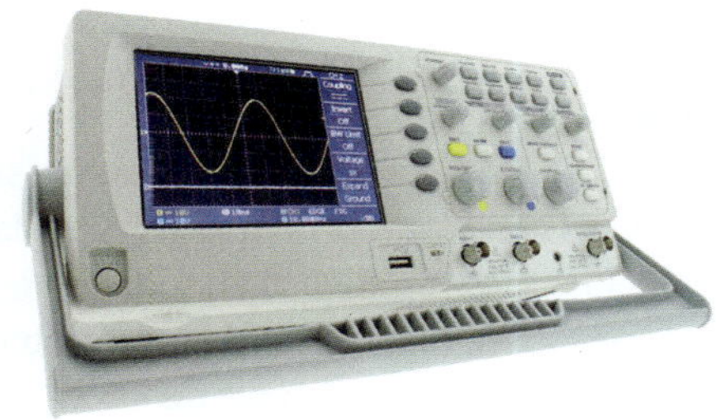

L'oscillogramme ci-dessous, réalisé au cours d'un TP de sciences physiques, représente la tension aux bornes d'un dipôle en fonction du temps t.

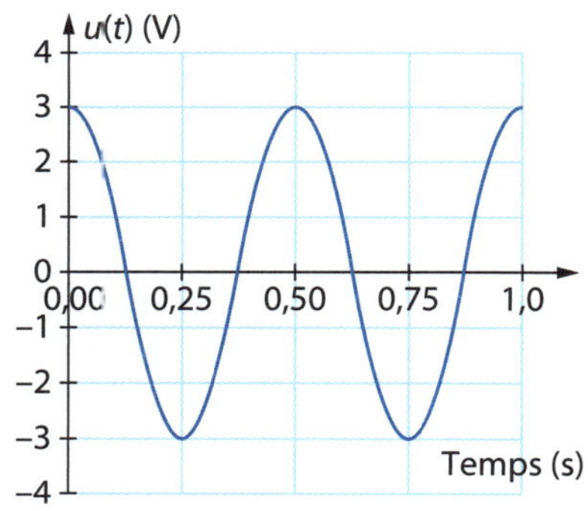

1. Parmi les trois fonctions suivantes, cochez celle qui correspond à la fonction représentée.

☐ $u_1(t) = 2\cos(4\pi \times t)$

☐ $u_2(t) = 3\cos(2\pi \times t)$

☐ $u_3(t) = 3\cos(4\pi \times t)$

2. Expliquez pourquoi les deux autres fonctions ne conviennent pas.

5 Quel tempo donne le métronome ?

Le métronome sert à donner le tempo afin de jouer en rythme un morceau de musique.

Un tempo de 120 pulsations par minute (2 pulsations par seconde) correspond à une période $T = 1$ s.

L'enregistrement dans le temps du mouvement de la tige du balancier est donné ci-dessous.

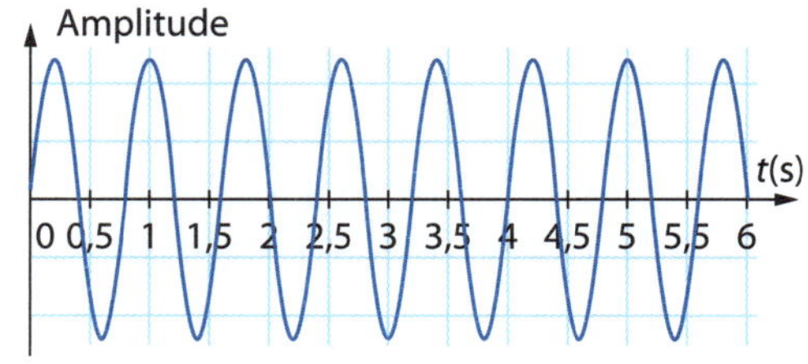

- À l'aide des indications regroupées dans le tableau suivant, déterminez le nom du tempo correspondant à l'enregistrement proposé.

Nom du tempo	Largo/ Larghetto	Moderato
Indication	large	modérément
Pulsations par minute	40 – 60	108 – 120
Nom du tempo	Largo/ Larghetto	Moderato
Indication	rapide	très rapide
Pulsations par minute	120 – 168	168 – 200

Nom : ....

Prénom : ....

Quelle note pour quel diapason ?

30 min

Un diapason émet un son « pur » qui sert de référence pour accorder des instruments, des voix, etc.
Dans une école de musique, une technicienne a réalisé, à l'aide d'un microphone, l'acquisition des sons émis par trois diapasons utilisés pour accorder les instruments. Les signaux obtenus sont donnés ci-contre.

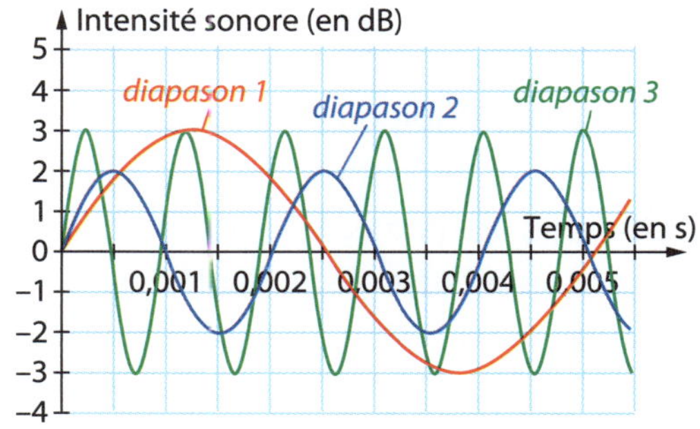

1. S'approprier. Ces trois fonctions sont-elles périodiques ? Justifiez votre réponse.

....

2. Analyser. Raisonner. Proposez une méthode qui permette d'associer chacune des fonctions suivantes à une des trois courbes représentées.

- $f_1(x) = 3\sin\left(\frac{2\pi}{0{,}00202}x\right)$
- $f_2(x) = 3\sin\left(\frac{2\pi}{0{,}00096}x\right)$
- $f_3(x) = 3\sin\left(\frac{2\pi}{0{,}0051}x\right)$

....

....

3. Réaliser.

a. Déterminez graphiquement les périodes T_1, T_2 et T_3 (en s) des trois diapasons 1, 2 et 3.

....

b. Déduisez-en les fréquences f_1, f_2 et f_3 (en Hz) des diapasons 1, 2 et 3. On rappelle que $f = \frac{1}{T}$.

....

....

4. Valider.

a. À l'aide du tableau de fréquences des notes, déterminez la note émise par chaque diapason.

....

....

b. Avec la calculatrice, en utilisant la même fenêtre d'affichage que celle du graphique, représentez les 3 courbes et indiquez quelle courbe correspond à quelle note.

....

Note \ Octave	2	3	4	5
do	131	262	523	1047
ré	147	294	587	1175
mi	165	330	659	1319
fa	175	349	699	1397
sol	196	392	784	1568
la	220	440	880	1760
si	247	494	988	1976

5. Communiquer. Rédigez un texte à l'attention de la technicienne expliquant les caractéristiques des trois diapasons, en utilisant les mots « période » et « fréquence ».

....

....

....

Question	Capacités	Connaissances
1. 2. 3. 4. 5.	Exploiter la représentation graphique de la fonction sinus.	Courbe représentative de la fonction sinus. Périodicité de la fonction sinus.

Activité de co-intervention

Comment régler une scie sauteuse ?

▶ **Problématique professionnelle**

Une scie sauteuse est dotée, sur la poignée, d'une molette pour régler la fréquence de rotation du vilebrequin assurant le déplacement de la lame de scie (**doc. 1** et **doc. 2**).

Pour découper une pièce en plexiglas, il ne faut pas dépasser une vitesse de coupe de 1,5 m/s.

On donne la représentation graphique (**doc. 3**), obtenue expérimentalement, qui modélise la position d'un point d'une lame en fonction du temps, pour une position de molette inconnue.

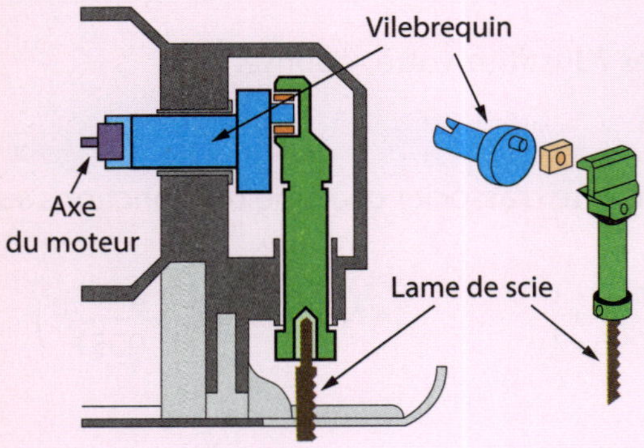

Document 1

Position de la molette	Fréquence de rotation (tours/min)
1	500
2	1 000
3	1 400
4	2 000
5	2 500
6	3 100

Document 2

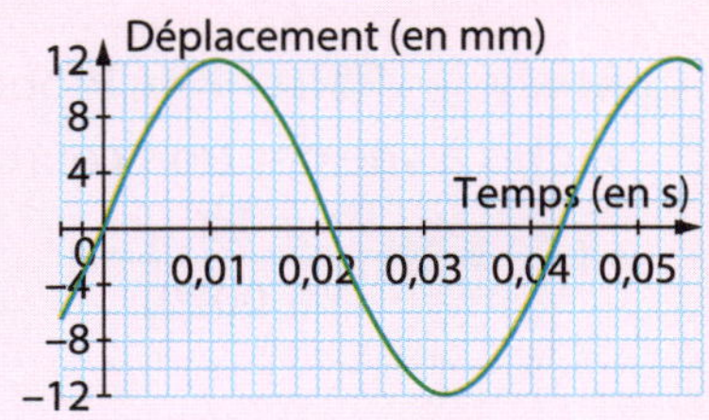

Document 3

▶ **En enseignement professionnel**

1. **S'approprier.** Expliquez le fonctionnement du système mécanique liant le moteur et la lame de scie (**doc. 1**).

....

....

▶ **En mathématiques**

2. **Analyser. Raisonner.** Proposez une méthode permettant de déterminer la position de la molette (**doc. 2**) correspondant à la courbe donnée (**doc. 3**).

....

....

3. **Réaliser.**

a. Déterminez graphiquement la période *T* (en s) de la fonction représentée (**doc. 3**) et déduisez-en sa fréquence *f* (en Hz).

....

....

▶ **En enseignement professionnel**

b. Calculez la vitesse de rotation du vilebrequin (en tr/min) et la vitesse de coupe de la scie (en m/s).

....

4. **Valider.** La position de molette choisie est-elle adaptée pour la coupe du plexiglas ?

....

5. **Communiquer.** Indiquez les positions de molette pour lesquelles une plaque de plexiglas n'est pas endommagée.

....

Entraînement au CCF

Nom : ....

Prénom : ....

Sujet 1 Statistiques-Probabilités

45 min

....../ 10 points

Exercice 1 Lien entre surface et épaisseur du hublot

....../ 5 points

Six valeurs de l'épaisseur réglementaire des panneaux vitrés des hublots de bateau en polymétacrylate de méthyle (PMMA) sont données dans le tableau suivant.

Aire de la surface vitrée (en m^2) : x_i	0,100	0,180	0,350	0,455	0,525	0,600
Epaisseur (en mm) : y_i	4,9	6,2	8,5	10,2	10,8	12,0

1. S'approprier ...... / 1 point — Compétences 1 2 3 4

Comment varie l'épaisseur des panneaux vitrés quand leur surface augmente ?

....

....

2. Analyser. Raisonner ...... / 1 point — Compétences 1 2 3 4

Proposez une méthode pour estimer l'épaisseur d'un panneau vitré si son aire est différente des valeurs données dans le tableau.

....

....

....

3. Réaliser ...... / 2 points — Compétences 1 2 3 4

a. À l'aide d'un tableur-grapheur, ou de la calculatrice graphique, réalisez l'ajustement affine de y en x. Notez l'équation réduite de la droite obtenue et la valeur du coefficient de détermination R^2.

....

Appelez le professeur et présentez-lui vos résultats.

b. Estimez par extrapolation, à 10^{-1} près et en m^2, la surface d'un panneau vitré pour une épaisseur égale à 13,4 mm.

....

....

....

4. Valider ...... / 1 point — Compétences 1 2 3 4

La réglementation indique qu'un panneau vitré de 0,390 m^2 doit avoir une épaisseur au moins égale à 9 mm. L'ajustement affine trouvé permet-il de retrouver cette valeur ?

....

....

....

Exercice 2 Défauts dans les panneaux de PMMA

.... / 5 points

Lors d'un contrôle effectué sur un lot de plaques de polymétacrylate de méthyle (PMMA), deux types de défaut ont été constatés. Le tableau croisé des fréquences (en %) obtenues est le suivant.

	Défaut de rayures A	Pas de défaut de rayures $\overline{A}$	Total
Défaut d'épaisseur B	2	3	5
Pas de défaut d'épaisseur $\overline{B}$	8	87	95
Total	10	90	100

1. Réaliser

...... / 3 points — Compétences 1 2 3 4

Déduisez des fréquences la probabilité de prélever au hasard dans le lot un panneau :

a. ayant un défaut de rayure **et** un défaut d'épaisseur ;

....

b. ayant un défaut de rayure **ou** un défaut d'épaisseur ;

....

c. sans aucun défaut.

....

2. Communiquer

...... / 2 points — Compétences 1 2 3 4

À l'aide des résultats obtenus à la question précédente, indiquez le risque de prélever au hasard dans le lot un panneau ayant au moins un défaut, puis la chance d'en prélever un sans aucun défaut.

....

....

....

Question	Capacités	Connaissances
Exercice 1 **1. 2. 3.**	Réaliser un ajustement affine, à l'aide des outils numériques. Déterminer l'équation réduite d'une droite d'ajustement à l'aide d'outils numériques. Interpoler ou extrapoler des valeurs inconnues.	Ajustement affine par la méthode des moindres carrés.
Exercice 1 **3. a. 4.**	Déterminer le coefficient de détermination d'une série statistique à deux variables quantitatives à l'aide d'outils numériques. Évaluer la pertinence d'un ajustement affine.	Coefficient de détermination R^2.
Exercice 2 **1. 2.**	Calculer la probabilité de la réunion, de l'intersection de deux événements. Utiliser la relation entre la probabilité de $A \cup B$ et de $A \cap B$.	Probabilité de la réunion, de l'intersection de deux événements. $P(A \cup B) = P(A) + P(B) - P(A \cap B)$

1 2 3 4 **Évaluation par compétences**

1 : non maîtrisée ; **2 :** insuffisamment maîtrisée ; **3 :** maîtrisée ; **4 :** bien maîtrisée.

Entraînement au CCF

Nom : ....

Prénom : ....

45 min

Sujet 2 Algèbre-Analyse

....../ 10 points

Exercice 1 Pratique du sport et ozone

.... / 6 points

La concentration de l'ozone dans l'air d'une grande ville peut être modélisée par la fonction f définie sur [7 ; 21] par $f(x) = -0{,}6x^2 + 18{,}3x - 60$, où x représente l'heure et $f(x)$ la concentration en ozone (en microgramme par mètre cube : $\mu g/m^3$).

Le seuil de protection imposé par l'Union européenne est de 65 $\mu g/m^3$. Au-dessus de ce seuil, la pratique du sport en extérieur doit être limitée.

1. S'approprier ....../ 1 point — Compétences 1 2 3 4

Calculez $f(12)$. Pourquoi la pratique du sport à 12 h n'est-elle pas conseillée ?

....

....

2. Analyser. Raisonner ....../ 1 point — Compétences 1 2 3 4

Proposez une méthode permettant de déterminer à quelle(s) heure(s) la pratique du sport n'est pas conseillée.

....

....

....

3. Réaliser ....../ 2 points — Compétences 1 2 3 4

À l'aide de la calculatrice, recherchez l'extremum de la fonction f, puis résolvez graphiquement l'équation $f(x) \geqslant 65$.

....

Appelez le professeur et présentez-lui vos résultats obtenus avec la calculatrice.

4. Valider ....../ 1 point — Compétences 1 2 3 4

La recommandation donnée lors d'une campagne de prévention est la suivante :
« *Il est recommandé de faire du sport le matin avant 10 h ou en fin de soirée après 20 h 30, afin d'éviter la pollution durant les heures de pointe du trafic automobile.* » Validez-vous ce conseil ? Justifiez votre réponse.

....

....

....

5. Communiquer ....../ 1 point — Compétences 1 2 3 4

À l'aide des résultats obtenus aux questions précédentes, décrivez les variations de la concentration de l'ozone dans l'air de la ville entre 7 h et 21 h.

....

....

Exercice 2 Évolution de la pollution à l'ozone

.... / 4 points

Dans les grandes villes, la concentration d'ozone dans l'air est contrôlée en continu par des stations automatisées.

L'Agence européenne pour l'environnement a comptabilisé, sur les quatre dernières années, la proportion de stations dont les relevés ne respectaient pas le seuil réglementaire d'ozone pour la protection de la santé. Les résultats qu'elle a obtenus sont donnés dans le tableau ci-dessous.

Rang de l'année n	1	2	3	4
Pourcentage de stations ne respectant pas le seuil réglementaire d'ozone	11 %	16 %	21 %	26 %

Pour prévoir l'évolution de la pollution à l'ozone, il est possible de modéliser le pourcentage de stations ne respectant pas le seuil réglementaire en fonction du rang n de l'année par une suite numérique (u_n).

1. Réaliser

...... / 2 points — Compétences 1 2 3 4

Déterminez l'expression de (u_n) en fonction de n.

....

....

....

2. Valider

...... / 2 points — Compétences 1 2 3 4

Vérifiez que plus de la moitié des stations dépasseront le seuil réglementaire au bout de 9 ans si cette tendance se poursuit.

....

....

....

Question	Capacités	Connaissances
Exercice 1 1.	Déterminer l'image ou des antécédents éventuels d'un nombre par une fonction définie sur un ensemble donné.	Fonction. Image.
Exercice 1 2. 3. 4. 5.	Résoudre graphiquement des inéquations de la forme $f(x) \geqslant g(x)$, où f et g sont des fonctions.	Résolution graphique d'inéquations de la forme $f(x) \geqslant g(x)$ où f et g sont des fonctions.
Exercice 2 1. 2.	Reconnaître les premiers termes d'une suite arithmétique. Calculer un terme de rang donné d'une suite arithmétique	Suites arithmétiques : – définition par la relation $u_{n+1} = u_n + r$ et la donnée du premier terme ; – expression du terme de rang n en fonction du premier terme et de la raison.

1 2 3 4 Évaluation par compétences

1 : non maîtrisée ; **2 :** insuffisamment maîtrisée ; **3 :** maîtrisée ; **4 :** bien maîtrisée.

Nom : ....

Prénom : ....

Sujet 3 Géométrie dans l'espace

45 min

....../ 10 points

Exercice Caractéristiques d'un profilé

....../ 10 points

L'entreprise de plasturgie dans laquelle vous travaillez fabrique des profilés en styrène pour la construction de modèles réduits et de maquettes. Ces profilés sont schématisés ci-dessous. La partie hachurée représente la matière ; *e* désigne l'épaisseur du profilé, variable suivant les demandes des clients. Les cotes sont données en cm.

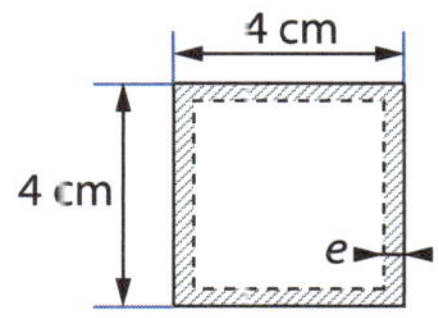

Vue de face

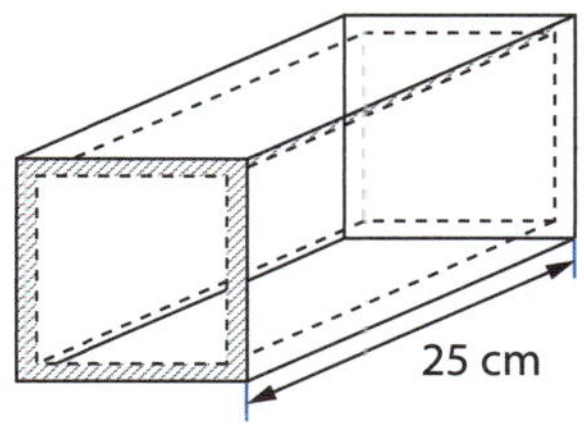

Vue en perspective

Une architecte vous contacte pour faire fabriquer des profilés les plus épais possible, mais dont la masse ne doit pas dépasser 160 g, ce qui correspond à un volume de styrène de 175 cm^3. Votre objectif est de déterminer l'épaisseur correspondant à cette contrainte et de réaliser une représentation en 3D du profilé pour votre cliente.

1. S'approprier

....../ 1 point

Compétences 1 2 3 4

À partir des schémas ci-dessus, décrivez précisément le profilé.

....

....

....

2. Analyser. Raisonner

....../ 1 point

Compétences 1 2 3 4

a. Proposez une méthode permettant de construire le solide en utilisant un logiciel de géométrie 3D.

....

....

....

....

b. Comment déterminer le volume de styrène connaissant l'épaisseur du profilé ?

....

....

....

3. Réaliser

....../ 4 points

Compétences 1 2 3 4

a. Ouvrez le fichier fourni et extrudez le solide sur une hauteur de 25 cm.

b. Faites afficher le volume du profilé pour le réglage initial ($e = 0{,}2$ cm) et notez le résultat obtenu.

....

Fichier à télécharger
Géométrie
hachette-clic.fr/21mab010

c. En faisant varier le curseur, déterminez la valeur de *e* qui permet d'atteindre le volume de 175 cm^3.

....

Appelez le professeur et présentez-lui vos résultats.

d. Montrez que, pour une épaisseur *e*, le volume de styrène peut s'écrire $V(e) = -100e^2 + 400e$.

....

....

....

4. Valider

Compétences
......./ 2 points 1 2 3 4

Résoudre $V(e) = 175$ revient à résoudre l'équation $-100e^2 + 400e - 175 = 0$.

a. Vérifiez que la valeur $e = 0{,}5$ est solution de cette équation.

....

....

b. Ce résultat est-il cohérent avec celui obtenu à la question 3. c ?

....

5. Communiquer

Compétences
......./ 2 points 1 2 3 4

Décrivez le profilé que vous allez proposer à l'architecte.

....

....

....

....

Question	Capacités	Connaissances
1. 2. 3. a	Représenter un solide usuel à l'aide d'un logiciel de géométrie dynamique ou d'un logiciel métier.	Solides usuels : le cube, le pavé droit, la pyramide, le cylindre droit, le cône, la boule.
3. a et b. 4.	Exploiter une représentation d'un solide usuel ou d'un solide constitué d'un assemblage de solides usuels.	
1. 2.	Tester si un nombre réel est racine d'un polynôme de degré 2.	Racine réelle d'un polynôme de degré 2.

1 2 3 4 Évaluation par compétences

1 : non maîtrisée ; **2 :** insuffisamment maîtrisée ; **3 :** maîtrisée ; **4 :** bien maîtrisée.

Nom : ....

Prénom : ....

45 min

Sujet 4 Vecteurs-Trigonométrie

.... / 10 points

Exercice 1 Sauteur « en l'air » et en équilibre

.... / 8 points

À l'occasion d'une action dans un match de rugby, un « sauteur » se positionne pour capturer le ballon. Durant cette phase il est maintenu « en l'air » en équilibre sous l'action de trois forces : son poids $\vec{P}$, les actions $\vec{F_1}$ et $\vec{F_2}$ de deux coéquipiers.

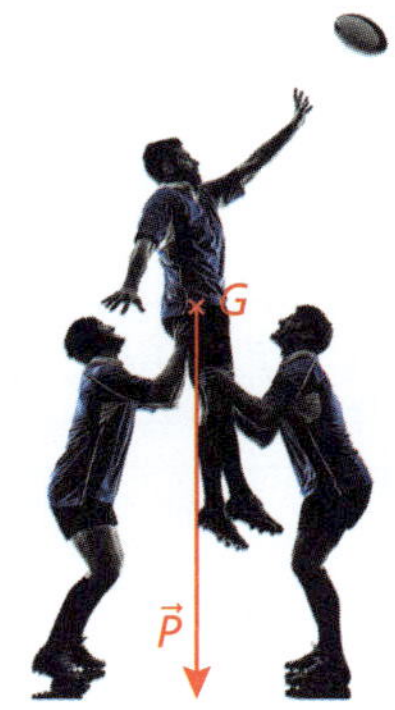

1. S'approprier

.... / 1 point — Compétences 1 2 3 4

Quelle est la direction et quel est le sens du vecteur $\vec{P}$?

....

....

2. Analyser. Raisonner

.... / 1 point — Compétences 1 2 3 4

En mécanique, on considère qu'un solide est en équilibre si la somme vectorielle des forces qui s'exercent sur ce solide est nulle. Cochez, parmi les deux relations mathématiques suivantes, celle qui traduit cette relation d'équilibre. Justifiez votre choix.

❑ $\vec{P}+\vec{F_1}+\vec{F_2}=\vec{0}$ ❑ $\|\vec{P}\|+\|\vec{F_1}\|+\|\vec{F_2}\|=0.$

....

....

3. Réaliser

.... / 3 points — Compétences 1 2 3 4

Dans le plan muni d'un repère $(O\,;\vec{i},\vec{j})$, on donne les coordonnées des vecteurs représentant les trois forces : $\vec{P}\begin{pmatrix}0\\-1\,080\end{pmatrix}$, $\vec{F_1}\begin{pmatrix}-200\\600\end{pmatrix}$, $\vec{F_2}\begin{pmatrix}X_1\\Y_1\end{pmatrix}$.

a. Calculez les coordonnées X_2 et Y_2 du vecteur $\vec{u}$ défini par : $\vec{u}=\vec{P}+\vec{F_1}$.

....

b. La condition d'équilibre du sauteur peut également être traduite par : $\vec{F_2}=-\vec{u}$.
Déduisez-en les coordonnées de $\vec{F_2}$.

....

....

c. Calculez les normes $\|\vec{P}\|$, $\|\vec{F_1}\|$ et $\|\vec{F_2}\|$, correspondant aux valeurs en newton de ces trois forces.

....

....

4. Valider

.... / 2 points — Compétences 1 2 3 4

a. À l'aide d'un logiciel de géométrie 2D, représentez les vecteurs $\vec{P}$, $\vec{F_1}$ et $\vec{F_2}$. Affichez le vecteur somme $\vec{P}+\vec{F_1}+\vec{F_2}$. Ce vecteur somme vérifie-t-il une situation d'équilibre ? Justifiez votre réponse.

....

Appelez le professeur et présentez-lui vos résultats.

b. Faites un clic-droit sur chaque vecteur dans la fenêtre **Algèbre**, puis sélectionnez **Coordonnées polaires** pour afficher sa norme et son angle (en °) par rapport à l'horizontale.

5. Communiquer

...... / 1 point — Compétences 1 2 3 4

Complétez le tableau suivant.

Force	Direction	Sens	Valeur (en N)
$\vec{P}$	....	....	1 080
$\vec{F_1}$	....	....	....
$\vec{F_2}$	....	....	....

Exercice 2 Presse inclinée

...... / 2 points

Le « tempo » est le temps mis pour réaliser 10 poussées avec les jambes sur une presse inclinée. Le tableau ci-dessous indique l'objectif de développement musculaire recherché selon la durée du « tempo ».

Objectif	Force	Prise de masse	Endurance
Durée du « tempo »	Inférieure à 20 s	Comprise entre 20 et 59 s	Supérieure à 60 s

Le travail effectué par un « pousseur » est modélisé par une fonction sinusoïdale dont la représentation graphique est donnée ci-contre. Une période T correspond au temps qu'il met pour réaliser une poussée.

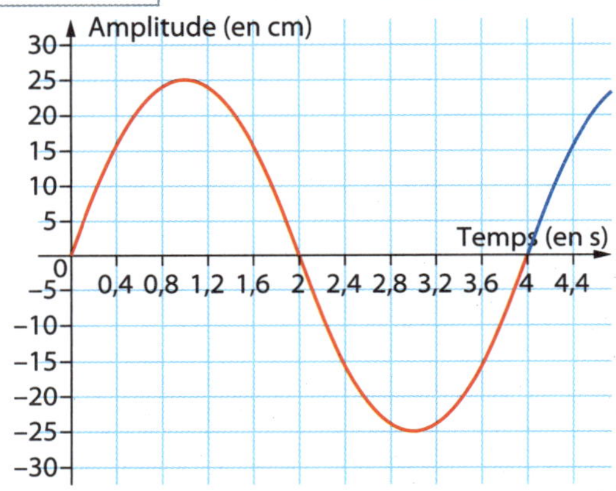

1. Réaliser

...... / 1 point — Compétences 1 2 3 4

Déterminez graphiquement le temps mis par ce pousseur pour réaliser 10 poussées.

....

....

2. Communiquer

...... / 1 point — Compétences 1 2 3 4

Déduisez-en l'objectif de développement musculaire qu'il s'est donné.

....

Question	Capacités	Connaissances
Exercice 1 1. 2. 3.b. et c. 4. b. 5.	Représenter, dans le plan rapporté à un repère orthogonal, un vecteur dont les coordonnées sont données.	Coordonnées d'un vecteur dans le plan rapporté à un repère orthogonal.
Exercice 1 3. a. 4. a.	Construire le vecteur obtenu comme somme de deux vecteurs.	Somme de deux vecteurs.
Exercice 2 1. 2.	Exploiter la représentation graphique de la fonction sinus.	Périodicité de la fonction sinus.

1 2 3 4 Évaluation par compétences

1 : non maîtrisée ; **2 :** insuffisamment maîtrisée ; **3 :** maîtrisée ; **4 :** bien maîtrisée.

Consolidation des automatismes

1 Calcul de la probabilité d'un événement dans le cas d'une situation aléatoire simple

a. Une urne contient 7 boules blanches, 3 boules noires et 10 boules rouges. On tire au hasard une boule dans l'urne.
Cochez la bonne réponse.

- La probabilité que cette boule soit blanche est égale à :

☐ 0,15 ☐ 0,35 ☐ 0,5

- La probabilité que cette boule soit noire est égale à :

☐ 0,15 ☐ 0,35 ☐ 0,5

- La probabilité que cette boule soit rouge est égale à :

☐ 0,15 ☐ 0,35 ☐ 0,5

b. Une urne contient 5 boules bleues, 9 boules jaunes et 6 boules vertes. On tire au hasard une boule dans l'urne.

- Calculez la probabilité p_1 que cette boule soit verte.

- Calculez la probabilité p_2 que cette boule ne soit ni bleue ni verte.

c. On lance un dé non truqué à 8 faces numérotées de 1 à 8.

- Calculez la probabilité p_1 d'obtenir le chiffre 4.

- Calculez la probabilité p_2 d'obtenir un chiffre impair.

- Calculez la probabilité p_3 d'obtenir un chiffre plus grand que 5.

2 Dénombrements à l'aide de tableaux à double entrée ou d'arbres donnés

a. Un stylo comporte 4 couleurs : rouge (R), vert (V), noir (N) et bleu (B). Tom sélectionne au hasard deux fois de suite une couleur. On veut calculer la probabilité de l'événement *E* : « Tom a sélectionné une seule fois la couleur noire ».

Le tableau ci-dessous donne toutes les issues possibles.

1re couleur sélectionnée \ 2e couleur sélectionnée	R	V	N	B
R	(R ; R)	(R ; V)	(R ; N)	(R ; B)
V	(V ; R)	(V ; V)	(V ; N)	(V ; B)
N	(N ; R)	(N ; V)	(N ; N)	(N ; B)
B	(B ; R)	(B ; V)	(B ; N)	(B ; B)

- À l'aide du tableau, déterminez :

– le nombre d'issues que comporte l'univers.

– le nombre d'issues réalisant l'événement *E*.

- Déduisez-en la probabilité de l'événement *E*.

b. On lance un dé à 4 faces non truqué, puis on lance une pièce de monnaie équilibrée. On veut calculer la probabilité de l'événement *E* : « Obtenir un nombre pair et Face ».

L'arbre ci-dessous donne toutes les issues possibles.

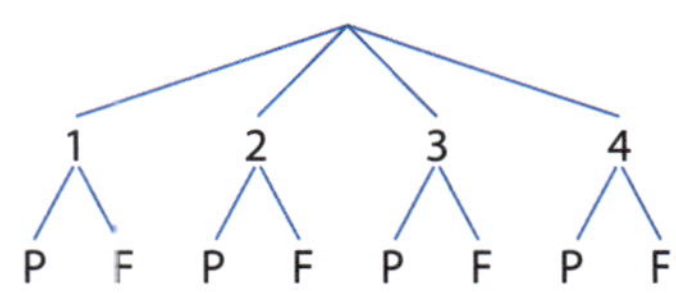

- À l'aide de l'arbre, déterminez :

– le nombre d'issues que comporte l'univers.

– le nombre d'issues réalisant l'événement *E*.

- Déduisez-en la probabilité de l'événement *E*.

3 Lecture d'une représentation graphique

a. On donne ci-dessous la répartition des effectifs des 500 adhérents d'un club selon le sport pratiqué.

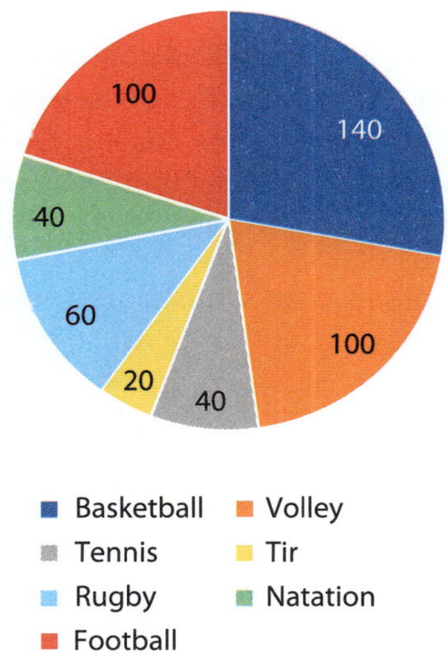

Calculez le nombre d'adhérents qui pratiquent un sport collectif (basketball, foot, rugby et volley).

....

....

....

b. Le diagramme en bâtons ci-dessous indique le nombre d'accidents de voiture sur une route entre 2017 et 2020.

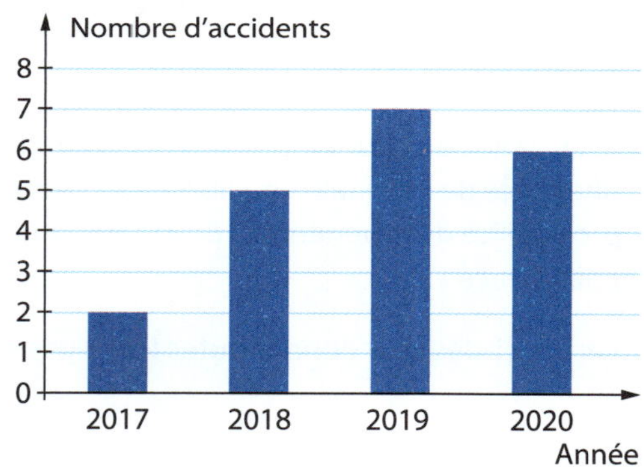

• Calculez le nombre d'accidents sur cette route entre 2017 et 2020.

....

....

....

• Indiquez si les affirmations suivantes sont vraies ou fausses en cochant la case correspondante.

« Le maximum d'accidents a été enregistré en 2020. »

☐ Vrai ☐ Faux

« Plus de 25 % des accidents entre 2017 et 2020 ont eu lieu en 2019. »

☐ Vrai ☐ Faux

c. Les tailles des élèves de Terminale professionnelle d'un lycée sont représentées par l'histogramme ci-dessous.

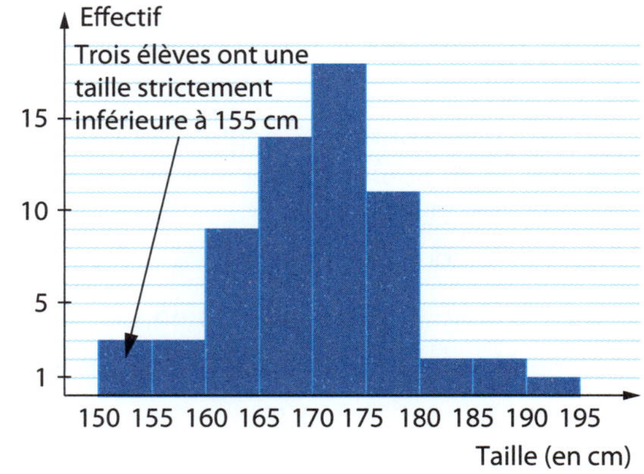

• Calculez le nombre total d'élèves en Terminale professionnelle dans le lycée.

....

....

....

....

• Le nombre d'élèves qui mesurent moins de 165 cm est égal à :

☐ 9 ☐ 15 ☐ 48

• Le nombre d'élèves qui mesurent au moins 170 cm est égal à :

☐ 14 ☐ 29 ☐ 34

d. Les résultats d'un test noté sur 10 points sont résumés sous la forme du diagramme en boîte ci-dessous.

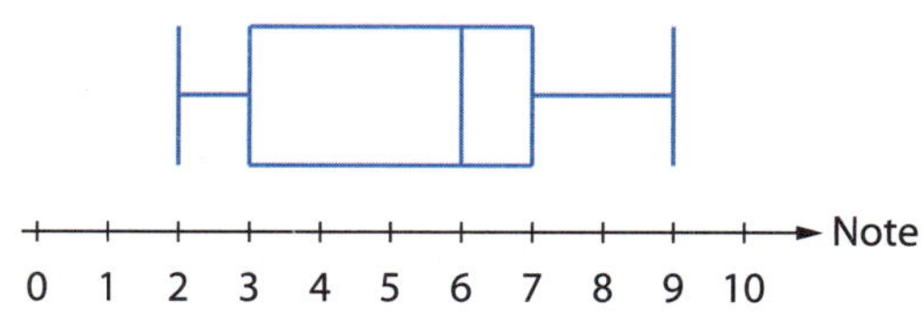

• Calculez l'étendue de cette série statistique.

....

....

....

....

• 50 % des notes obtenues sont inférieures ou égales à :

☐ 3 ☐ 6 ☐ 7

• Un quart des notes obtenues sont supérieures ou égales à :

☐ 3 ☐ 6 ☐ 7

4 Association d'un graphique avec des données et réciproquement

a. Une enseigne spécialisée dans le matériel informatique réalise une étude sur le prix de vente d'un modèle de disque dur dans ses magasins. L'histogramme ci-dessous résume les différents prix relevés.

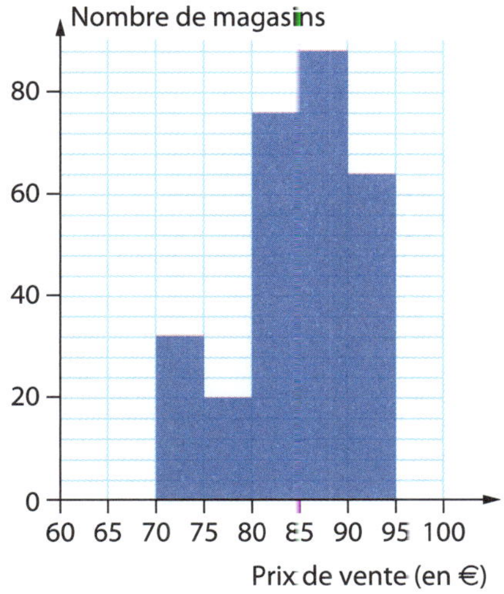

Parmi les tableaux ci-dessous, cochez celui qui correspond à cet histogramme.

☐

Prix de vente (en €)	Nombre de magasins
[70 ; 75[	23
[75 ; 80[	20
[80 ; 85[	64
[85 ; 90[	82
[90 ; 95[	61

☐

Prix de vente (en €)	Nombre de magasins
[70 ; 75[	26
[75 ; 80[	20
[80 ; 85[	68
[85 ; 90[	84
[90 ; 95[	62

☐

Prix de vente (en €)	Nombre de magasins
[70 ; 75[	32
[75 ; 80[	20
[80 ; 85[	76
[85 ; 90[	88
[90 ; 95[	64

b. Une série statistique est résumée à l'aide du diagramme en boîte ci-dessous.

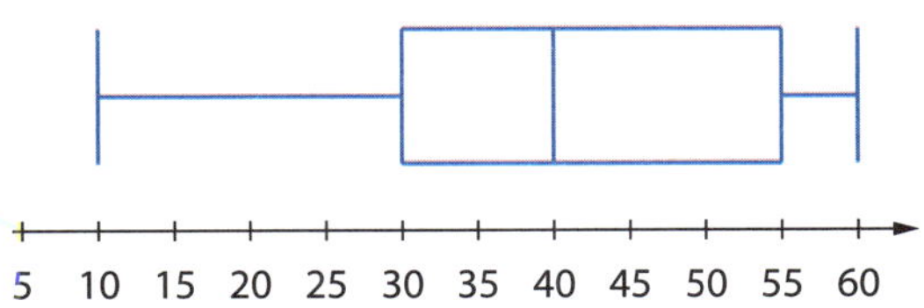

Parmi les tableaux ci-dessous, cochez celui qui correspond à ce diagramme en boîte.

☐

Écart interquartile	25
Étendue	50
Médiane	30

☐

Écart interquartile	25
Étendue	50
Médiane	40

☐

Écart interquartile	50
Étendue	25
Médiane	40

c. Le tableau ci-dessous regroupe les résultats obtenus suite aux essais d'affaissement réalisés sur 60 poutres en béton soumises à la même charge.

Affaissement (en mm)	Nombre de poutres
[0 ; 4[	6
[4 ; 8[	12
[8 ; 12[	24
[12 ; 16[	15
[16 ; 20[	3

Parmi les diagrammes circulaires ci-dessous, cochez celui qui représente cette série statistique.

☐

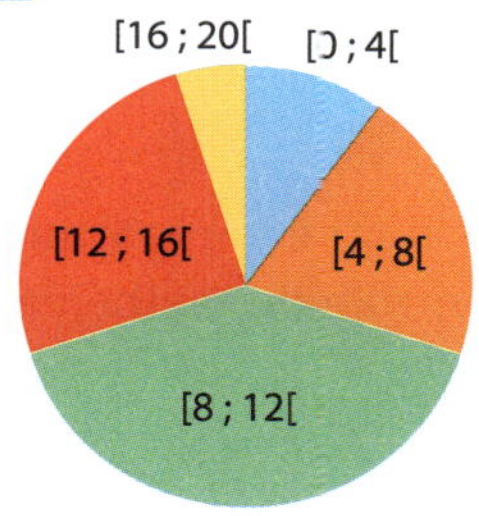

☐

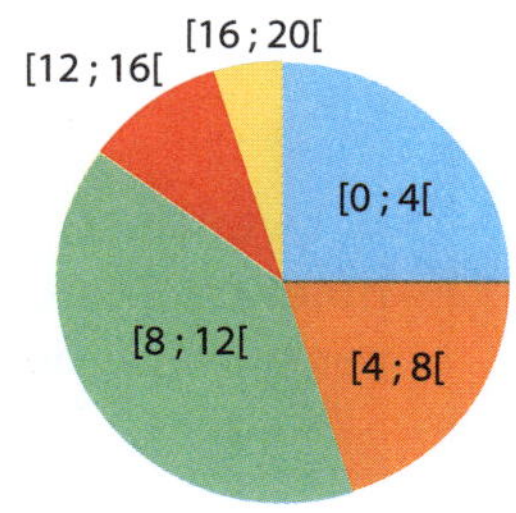

☐

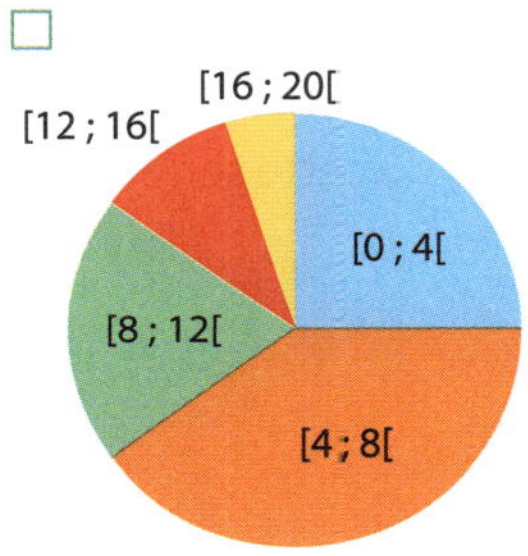

☐

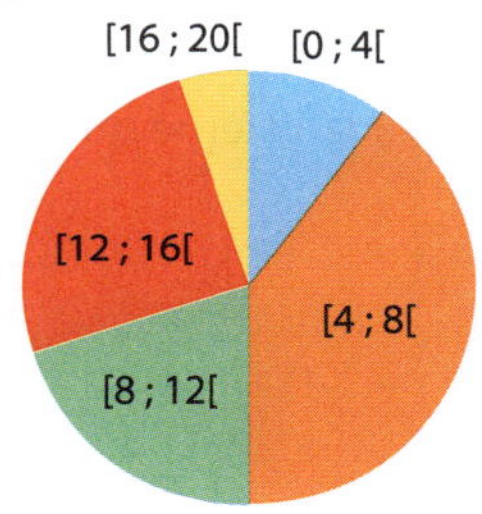

d. Le tableau ci-dessous regroupe les notes, sur 10 points, obtenues par une classe de 28 élèves à une évaluation.

Note	Effectif
3	1
4	4
5	6
6	4
7	8
8	5

Parmi les diagrammes en bâtons ci-dessous, cochez celui qui représente cette série statistique.

☐

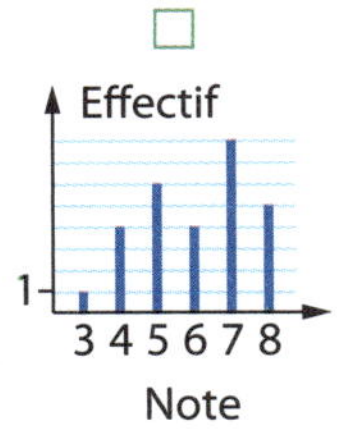

☐

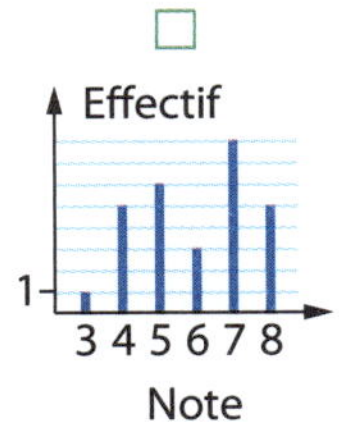

☐

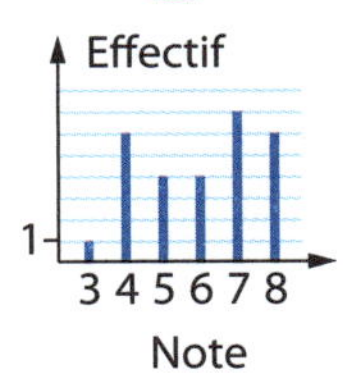

5 Calcul d'indicateurs de position ou de dispersion à l'aide d'outils numériques

a. On a relevé le prix (en €) du litre de gazole dans 16 stations-service d'un département.

1,354 €	1,348 €	1,336 €	1,358 €
1,325 €	1,339 €	1,354 €	1,344 €
1,326 €	1,356 €	1,340 €	1,329 €
1,345 €	1,343 €	1,347 €	1,352 €

Déterminez la moyenne $\overline{x}$ et l'écart-type σ (arrondis à 0,01 près) de cette série statistique.

...

...

...

b. Le tableau ci-dessous donne la répartition des notes obtenues à un contrôle de mathématiques par les élèves de deux classes de 1re professionnelle.

Note	4	5	7	8	10	13	14	17	19
Effectif	2	5	6	8	17	10	7	4	1

Déterminez la médiane *Me*, puis les premier et troisième quartiles Q_1 et Q_3 de cette série statistique.

...

...

...

...

c. On a interrogé 1 000 étudiants sur la durée moyenne hebdomadaire (en heures/semaine) pendant laquelle ils regardent la télévision.

Durée (en h/sem.)	[0 ;16[	[16 ; 20[	[20 ; 24[	[24 ; 28[
Effectif	160	240	470	130

- Déterminez la moyenne $\overline{x}$ et et l'écart-type σ (arrondis à 0,1 près) de cette série statistique.

...

...

...

...

- Déterminez la médiane *Me*, puis les premier et troisième quartiles Q_1 et Q_3 de cette série statistique.

...

...

...

...

6 Résolution d'équations du type $ax + b = c$

Résolvez dans ℝ les équations suivantes.

a. $3x + 18 = 0 \Leftrightarrow$ ...

...

$7x + 63 = 0 \Leftrightarrow$ ...

...

$5x + 15 = 0 \Leftrightarrow$ ...

...

b. $2x - 9 = 0 \Leftrightarrow$ ...

...

$-4x + 12 = 0 \Leftrightarrow$ ...

...

$-5x - 20 = 0 \Leftrightarrow$ ...

...

c. $5x + 3 = 13 \Leftrightarrow$ ...

...

$9x + 11 = -16 \Leftrightarrow$ ...

...

$3x - 5 = 37 \Leftrightarrow$ ...

...

$-8x + 5 = -27 \Leftrightarrow$ ...

...

$-2x + 7 = -29 \Leftrightarrow$ ...

...

$6x - 34 = -4 \Leftrightarrow$ ...

...

$-4x + 29 = 5 \Leftrightarrow$ ...

...

d. $8x + 9 = 5x \Leftrightarrow$ ...

...

$7x - 12 = x \Leftrightarrow$ ...

...

$-3x + 20 = -7x \Leftrightarrow$ ...

...

$-5x + 21 = -2x \Leftrightarrow$ ...

...

7 Résolution d'inéquations du type $ax + b < c$

Résolvez dans $\mathbb{R}$ les inéquations suivantes.

a. $3x + 15 < 0 \Leftrightarrow$

$4x + 9 < 25 \Leftrightarrow$

$4x - 52 < 0 \Leftrightarrow$

$2x - 11 < 3 \Leftrightarrow$

$7x - 23 < -2 \Leftrightarrow$

b. $-7x + 91 < 0 \Leftrightarrow$

$-9x - 63 < 0 \Leftrightarrow$

$-x + 34 < 9 \Leftrightarrow$

$-5x - 28 < 37 \Leftrightarrow$

$-4x + 13 < -51 \Leftrightarrow$

c. $3x + 35 < 29 \Leftrightarrow$

$-8x + 11 < -21 \Leftrightarrow$

$6x + 4 < -14 \Leftrightarrow$

$-2x - 23 < -13 \Leftrightarrow$

$7x + 16 < 15x - 40 \Leftrightarrow$

$-6x - 81 < 15 \Leftrightarrow$

$-3x + 7 < 43 \Leftrightarrow$

8 Reconnaissance d'une situation de proportionnalité et détermination de la fonction linéaire qui la modélise

a. On donne les tableaux de valeurs ci-dessous.

①

4	9	17
16	36	58

②

12	26	50
60	130	250

Quel est le tableau qui correspond à une situation de proportionnalité ? Justifiez.

b. On donne les tableaux de proportionnalité ci-dessous.

①

x	25	90
y	40	144

②

x	36	180
y	9	45

Associez chaque situation de proportionnalité à l'expression de la fonction linéaire qui la modélise.

① ☐ $f(x) = 0{,}625x$ ☐ $f(x) = 1{,}6x$

② ☐ $f(x) = 0{,}25x$ ☐ $f(x) = 4x$

c. On donne les représentations graphiques suivantes.

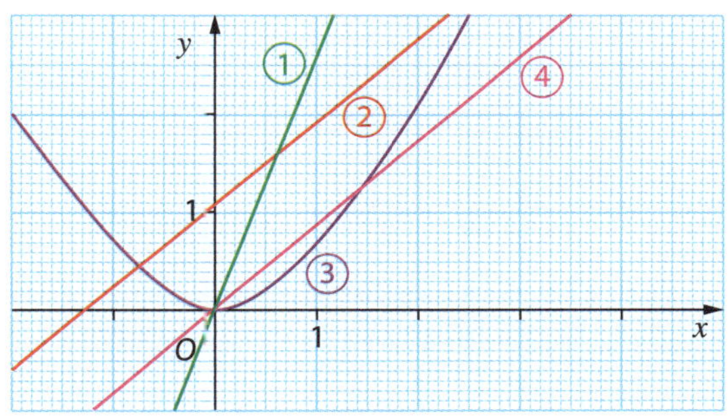

• Parmi ces représentations graphiques, indiquez celles qui correspondent à des situations de proportionnalité. Justifiez.

• Pour chaque représentation graphique correspondant à une situation de proportionnalité, déterminez l'expression de la fonction linéaire qui la modélise.

9 Reconnaissance de l'allure d'une représentation graphique à partir d'un tableau de variations donné

a. On donne ci-dessous le tableau de variations de la fonction *f* définie sur [–4 ; 3].

x	–4		3
Variations de *f*	5	↗	15

Parmi les représentations graphiques ci-dessous, identifiez celle qui correspond à la fonction *f*.

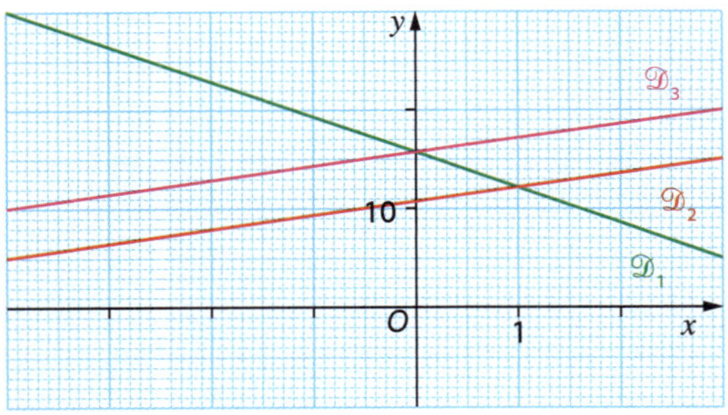

....

b. On donne ci-dessous le tableau de variations de la fonction *g* définie sur [–40 ; 30].

x	–40		30
Variations de *g*	30	↘	5

Parmi les représentations graphiques ci-dessous, identifiez celle qui correspond à la fonction *g*.

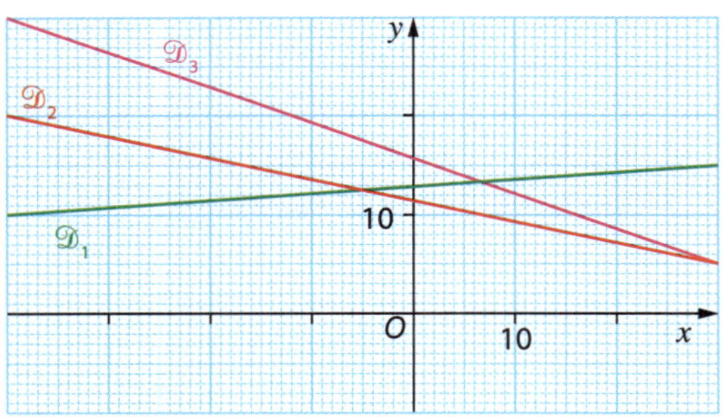

....

c. On donne ci-dessous le tableau de variations de la fonction *f* définie sur [–4 ; 3].

x	–4		0		3
Variations de *f*	20	↘	4	↗	13

Parmi les représentations graphiques ci-dessous, identifiez celle qui correspond à la fonction *f*.

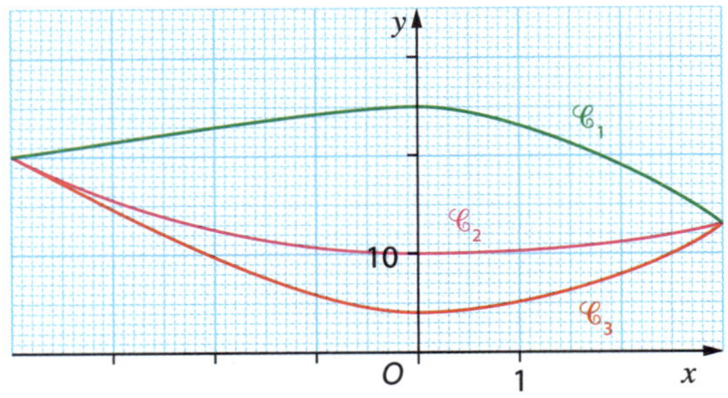

....

d. On donne ci-dessous le tableau de variations de la fonction *g* définie sur [–40 ; 30].

x	–40		–15		5		30
Variations de *g*	18	↘	7	↗	25	↘	5

Parmi les représentations graphiques ci-dessous, identifiez celle qui correspond à la fonction *g*.

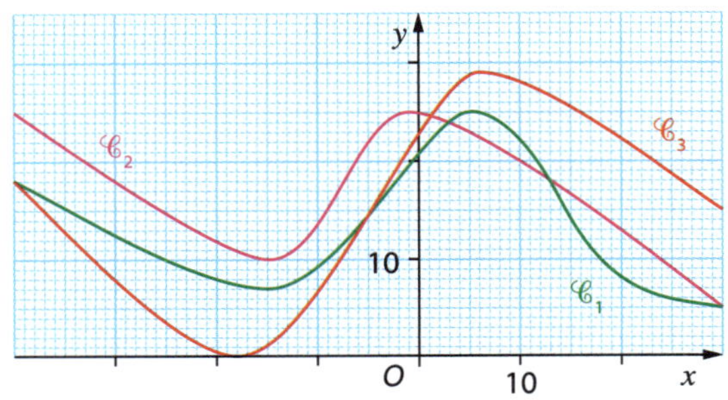

....

e. On donne ci-dessous le tableau de variations de la fonction *h* définie sur [–20 ; 15].

x	–20		–10		0		15
Variations de *h*	–0,5	↗	0,8	↘	–1,5	↗	0

Parmi les représentations graphiques ci-dessous, identifiez celle qui correspond à la fonction *h*.

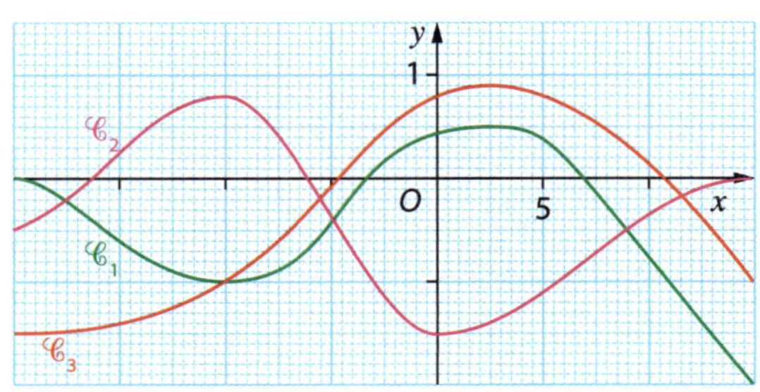

....

10 Établissement du tableau de variations d'une fonction à partir de sa courbe représentative

a. On donne ci-dessous la représentation graphique de la fonction f définie sur $[-4 ; 3]$.

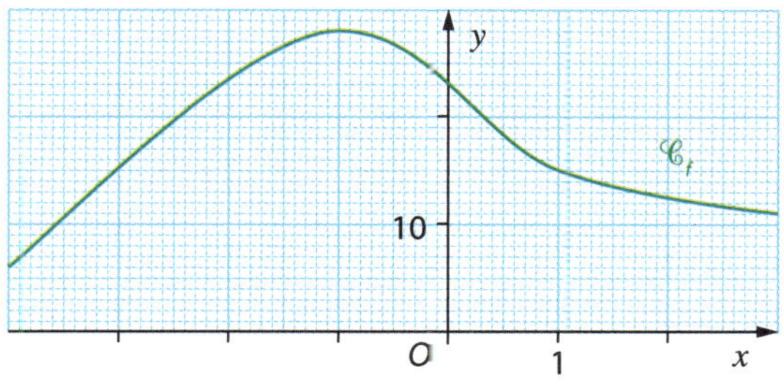

Complétez le tableau de variations de la fonction f ci-dessous.

x	....
Variations de f	

b. On donne ci-dessous la représentation graphique de la fonction g définie sur $[-40 ; 30]$.

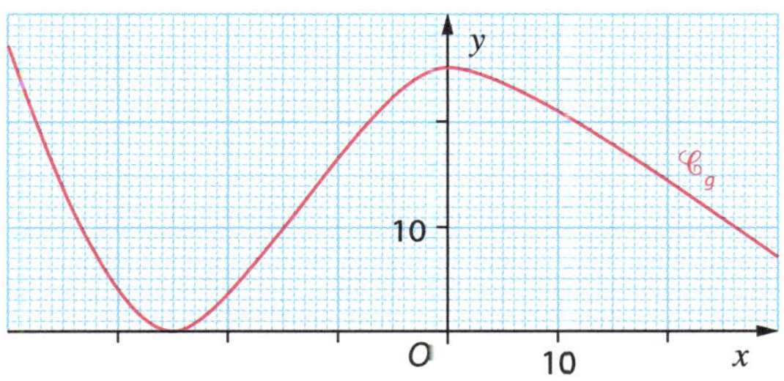

Complétez le tableau de variations de la fonction g ci-dessous.

x	....
Variations de g	

c. On donne ci-dessous la représentation graphique de la fonction h définie sur $[-20 ; 15]$.

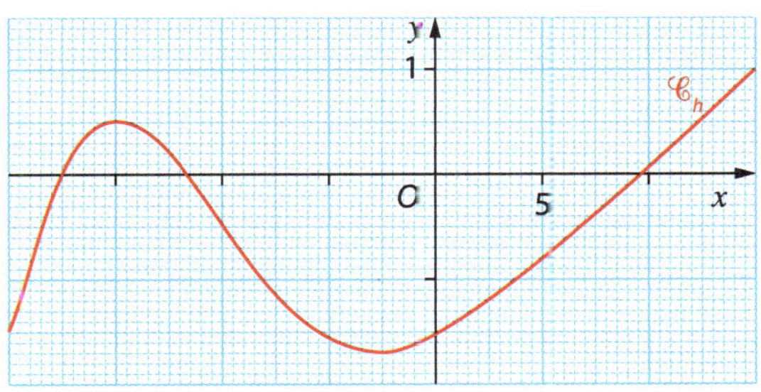

Complétez le tableau de variations de la fonction h ci-dessous.

x	....
Variations de h	

11 Détermination graphique des extremums globaux d'une fonction sur un intervalle

a. On donne la représentation graphique de la fonction f définie sur $[-3 ; 4]$.

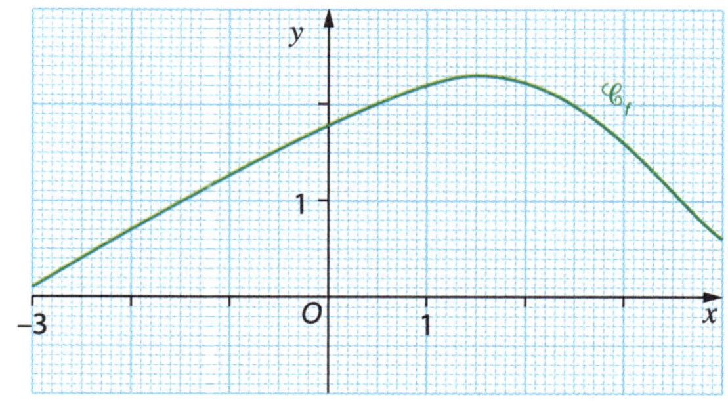

Déterminez graphiquement, sur l'axe des ordonnées (Oy), la valeur de l'extremum de la fonction f sur $[-3 ; 4]$. Indiquez s'il s'agit d'un maximum ou d'un minimum.

....

....

b. On donne la représentation graphique de la fonction g définie sur $[-6 ; 8]$.

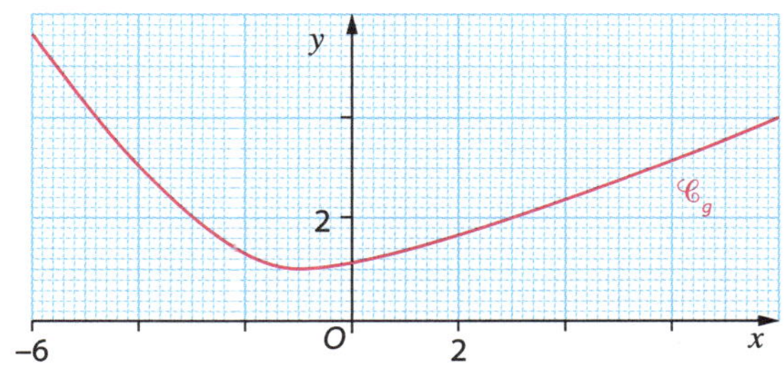

Déterminez graphiquement la valeur de l'extremum de la fonction g sur $[-6 ; 8]$. Indiquez s'il s'agit d'un maximum ou d'un minimum.

....

....

c. On donne la représentation graphique de la fonction h définie sur $[-10 ; 25]$.

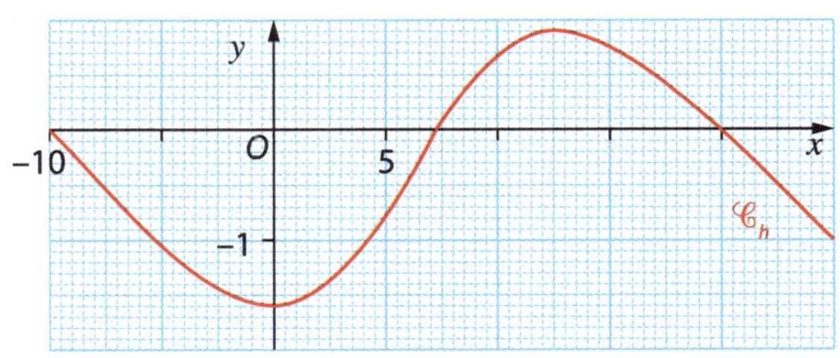

Déterminez graphiquement le maximum et le minimum de la fonction h sur $[-10 ; 25]$.

....

....

12 Calcul de l'ordonnée d'un point de la courbe représentative d'une fonction connaissant son abscisse et l'expression de la fonction

a. On considère la fonction f définie par $f(x) = 2x + 1$.

Le point A de coordonnées $(x_A\ ;\ y_A)$ appartient à la droite $\mathscr{D}$ représentative de la fonction f. Calculez l'ordonnée y_A de A sachant que son abscisse est $x_A = 3$.

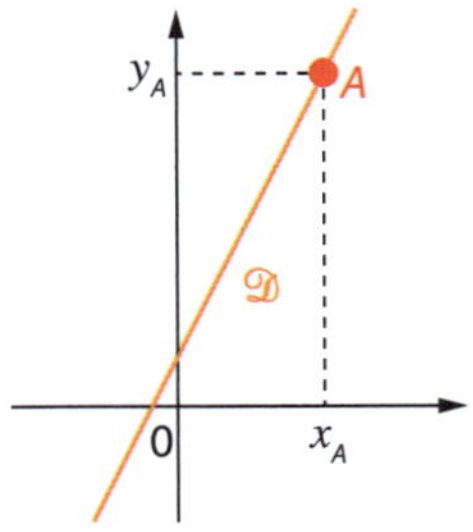

....

....

b. On considère la fonction g définie par $g(x) = -3x + 9$.
Les points $M(x_M\ ;\ y_M)$ et $N(x_N\ ;\ y_N)$ appartiennent à la droite $\mathscr{D}$ représentative de la fonction g.

- Calculez y_M sachant que $x_M = 3$.

....

....

- Calculez y_N sachant que $x_N = -1$.

....

....

c. On considère la fonction h définie par :
$$h(x) = 2x^2 + 0{,}5.$$
Les points A et B appartiennent à la courbe $\mathscr{C}_h$ représentative de la fonction h.

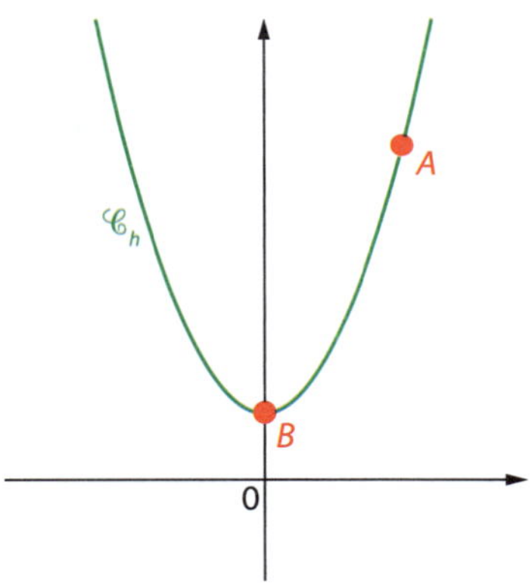

- Calculez l'ordonnée de A sachant que son abscisse est égale à 1.

....

....

- Calculez l'ordonnée de B sachant que son abscisse est égale à 0.

....

....

13 Détermination graphique du coefficient directeur d'une droite non verticale

a. Les droites ci-dessous représentent les fonctions f, g, h et k définies sur $[-2\ ;\ 5]$.

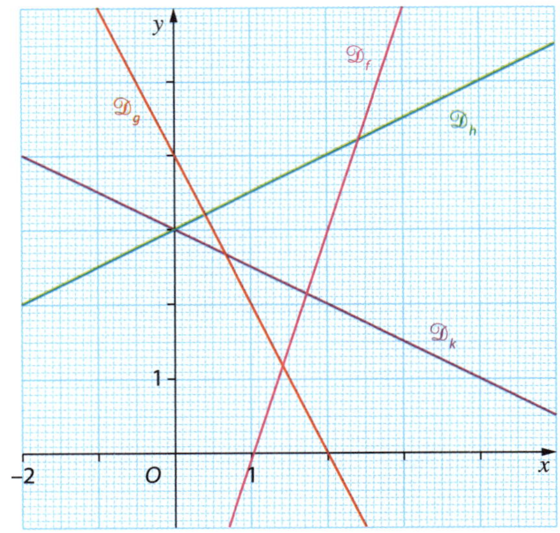

Reliez chaque droite à son coefficient directeur a.

$\mathscr{D}_f$	$\mathscr{D}_g$	$\mathscr{D}_h$	$\mathscr{D}_k$
•	•	•	•
•	•	•	•
$a = -2$	$a = -0{,}5$	$a = 0{,}5$	$a = 3$

b. Les droites ci-dessous représentent les fonctions affines f, g, h et k sur $[-1\ ;\ 6]$.

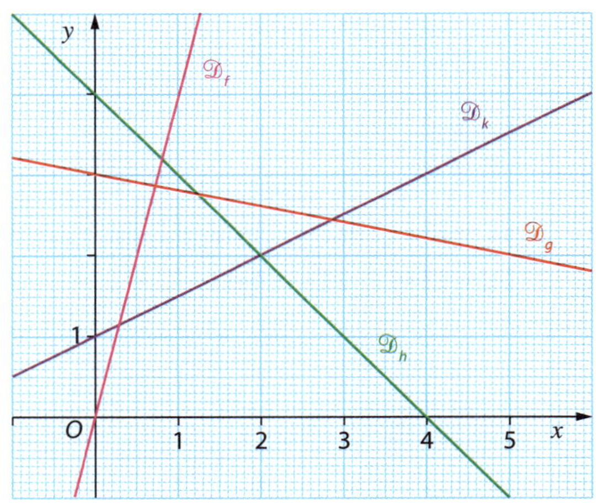

Déterminez graphiquement le coefficient directeur (noté a) de chaque droite.

$\mathscr{D}_f$: ....

$\mathscr{D}_g$: ....

$\mathscr{D}_h$: ....

$\mathscr{D}_k$: ....

14 Reconnaissance du parallélisme de deux droites d'équations réduites données

a. On considère quatre droites $\mathcal{D}_1$, $\mathcal{D}_2$, $\mathcal{D}_3$ et $\mathcal{D}_4$ d'équations réduites :

- $\mathcal{D}_1 : y = 3x + 2$;
- $\mathcal{D}_2 : y = -5x + 2$;
- $\mathcal{D}_3 : y = -5x - 7$;
- $\mathcal{D}_4 : y = -3x$.

Indiquez si chacune des affirmations est vraie ou fausse en cochant la case correspondante.

- Affirmation n° 1 : « $\mathcal{D}_1 // \mathcal{D}_2$ ».

  ☐ Vrai ☐ Faux

- Affirmation n° 2 : « $\mathcal{D}_2 // \mathcal{D}_3$ ».

  ☐ Vrai ☐ Faux

- Affirmation n° 3 : « $\mathcal{D}_1 // \mathcal{D}_4$ ».

  ☐ Vrai ☐ Faux

- Affirmation n° 4 : « $\mathcal{D}_3 // \mathcal{D}_4$ ».

  ☐ Vrai ☐ Faux

b. On considère quatre droites $\mathcal{D}_1$, $\mathcal{D}_2$, $\mathcal{D}_3$ et $\mathcal{D}_4$ d'équations réduites :

- $\mathcal{D}_1 : y = -0{,}5x + 3$;
- $\mathcal{D}_2 : y = -\dfrac{1}{2}x - 3$;
- $\mathcal{D}_3 : y = 3{,}25x - 3$;
- $\mathcal{D}_4 : y = \dfrac{13}{4}x + 3$.

Indiquez si chacune des affirmations est vraie ou fausse en cochant la case correspondante.

- Affirmation n° 1 : « $\mathcal{D}_1 // \mathcal{D}_2$ ».

  ☐ Vrai ☐ Faux

- Affirmation n° 2 : « $\mathcal{D}_2 // \mathcal{D}_3$ ».

  ☐ Vrai ☐ Faux

- Affirmation n° 3 : « $\mathcal{D}_1 // \mathcal{D}_3$ ».

  ☐ Vrai ☐ Faux

- Affirmation n° 4 : « $\mathcal{D}_3 // \mathcal{D}_4$ ».

  ☐ Vrai ☐ Faux

c. On considère quatre droites $\mathcal{D}_1$, $\mathcal{D}_2$, $\mathcal{D}_3$ et $\mathcal{D}_4$ d'équations réduites :

- $\mathcal{D}_1 : y = 2x + 5$;
- $\mathcal{D}_2 : y = 5x$;
- $\mathcal{D}_3 : y = -5x$;
- $\mathcal{D}_4 : y = 2x - 5$.

Quelles sont les droites parallèles entre elles ? Justifiez.

....

....

....

15 Résolution graphique d'une équation du type $f(x) = c$ ou d'une inéquation du type $f(x) < c$

Les courbes ci-dessous représentent les fonctions f et g définies sur $[-4 ; 3]$.

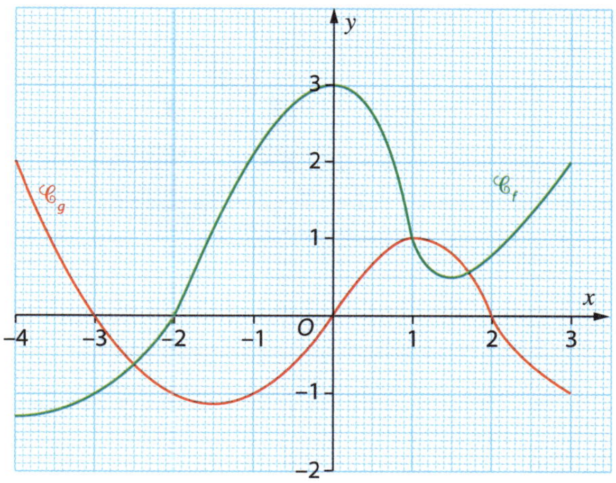

a. Résolvez graphiquement sur $[-4 ; 3]$ les équations suivantes.

- $f(x) = 0$: ....
- $f(x) = 3$: ....
- $f(x) = -1$: ....

b. Résolvez graphiquement, sur $[-4 ; 3]$, les équations suivantes.

- $g(x) = 0$: ....
- $g(x) = -3$: ....
- $g(x) = 2$: ....

c. Résolvez graphiquement, sur $[-4 ; 3]$, les inéquations suivantes.

- $f(x) < 0$: ....
- $f(x) < -1$: ....
- $f(x) < 3$: ....

d. Résolvez graphiquement, sur $[-4 ; 3]$, les inéquations suivantes.

- $g(x) < 0$: ....
- $g(x) < 1$: ....
- $g(x) < 2$: ....
- $f(x) > 2{,}5$: ....
- $g(x) > 1{,}2$: ....

16 Distinction entre cercle, disque, sphère et boule

a. On donne la photographie d'un cycliste pendant une épreuve contre-la-montre :

Indiquez si chacune des affirmations est vraie ou fausse en cochant la case correspondante.

- « La roue avant du vélo peut être représentée par un disque. »

  ☐ Vrai ☐ Faux

- « La roue arrière du vélo peut être représentée par un cercle. »

  ☐ Vrai ☐ Faux

b. On étudie un aquarium rond en verre rempli partiellement d'eau.

Complétez les phrases suivantes en cochant la bonne réponse.

- « Le bord supérieur de l'aquarium correspond à… » :

  ☐ un cercle ☐ un disque

- « La surface de l'eau au contact de l'air correspond à… » :

  ☐ un cercle ☐ un disque

b. On étudie un ballon de basketball.
Complétez les phrases suivantes en cochant la bonne réponse.

- « L'enveloppe en matière plastique du ballon peut être modélisée par… » :

  ☐ une boule ☐ une sphère

- « L'air qui remplit le ballon peut être modélisé par… » :

  ☐ une boule ☐ une sphère

17 Reconnaissance du cube, du pavé droit, de la pyramide, du cylindre droit, du cône et de la boule

a. On considère les solides ci-dessous.

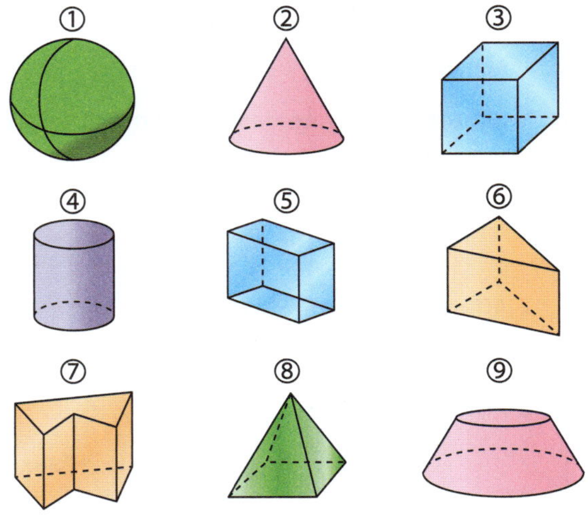

- Indiquez le numéro du solide correspondant :

– à un cube : ……………………

– à une pyramide : ……………………

– à un cylindre droit : ……………………

- Nommez :

– le solide ① : ……………………

– le solide ② : ……………………

– le solide ⑤ : ……………………

b. Pour chaque emballage de boisson ci-dessous, indiquez le (ou les) nom(s) du (ou des) solide(s) qui le compose(nt).

① : ……………………

……………………

② : ……………………

……………………

③ : ……………………

……………………

18 Calcul de l'aire d'un triangle, d'un carré, d'un rectangle, d'un disque

a. Cochez la bonne réponse.

- L'aire d'un triangle de base $b = 6{,}5$ mm et de hauteur $h = 4$ mm est égale à :

☐ $6{,}5\ \text{mm}^2$ ☐ $13\ \text{mm}^2$ ☐ $26\ \text{mm}^2$

- L'aire d'un carré de côté $c = 35$ cm est égale à :

☐ $70\ \text{cm}^2$ ☐ $140\ \text{cm}^2$ ☐ $1\ 225\ \text{cm}^2$

- L'aire d'un rectangle de longueur $L = 8$ dm et de largeur $\ell = 1{,}4$ dm est égale à :

☐ $9{,}4\ \text{dm}^2$ ☐ $11{,}2\ \text{dm}^2$ ☐ $18{,}8\ \text{dm}^2$

- L'aire d'un disque de rayon $r = 7{,}5$ m (arrondie à l'unité) est égale à :

☐ $24\ \text{m}^2$ ☐ $47\ \text{m}^2$ ☐ $177\ \text{m}^2$

b. Cochez la bonne réponse.

- L'aire d'un triangle de base $b = 2{,}9$ m et de hauteur $h = 1{,}7$ m est égale à :

☐ $2{,}465\ \text{m}^2$ ☐ $3{,}75\ \text{m}^2$ ☐ $4{,}93\ \text{m}^2$

- L'aire d'un carré de côté $c = 0{,}8$ dm est égale à :

☐ $0{,}64\ \text{dm}^2$ ☐ $1{,}6\ \text{dm}^2$ ☐ $3{,}2\ \text{dm}^2$

- L'aire d'un rectangle de longueur $L = 2{,}4$ dm et de largeur $\ell = 0{,}65$ dm est égale à :

☐ $1{,}56\ \text{dm}^2$ ☐ $3{,}05\ \text{dm}^2$ ☐ $6{,}1\ \text{dm}^2$

- L'aire d'un disque de rayon $r = 0{,}46$ m (arrondie à 10^{-2} près) est égale à :

☐ $0{,}66\ \text{m}^2$ ☐ $1{,}45\ \text{m}^2$ ☐ $2{,}89\ \text{m}^2$

c. Calculez l'aire :

- d'un triangle de base $b = 13$ mm et de hauteur $h = 8$ mm.

- d'un carré de côté $c = 73$ m.

- d'un rectangle de longueur $L = 7$ cm et de largeur $\ell = 3{,}45$ cm.

- d'un disque de rayon $r = 2{,}3$ km (à 0,01 près).

19 Calcul du volume d'un cube, d'un pavé droit et d'un cylindre

a. Cochez la bonne réponse.

- Le volume d'un cube d'arête $a = 2{,}8$ mm est égal à :

☐ $7{,}84\ \text{mm}^3$ ☐ $8{,}4\ \text{mm}^3$ ☐ $21{,}952\ \text{mm}^3$

- Le volume d'un pavé droit de longueur $L = 30$ cm, de largeur $\ell = 7$ cm et de hauteur $h = 5$ cm est égal à :

☐ $42\ \text{cm}^3$ ☐ $1\ 050\ \text{cm}^3$

- Le volume d'un cylindre de rayon $r = 4$ dm et de hauteur $h = 6$ dm (arrondi à l'unité) est égal à :

☐ $75\ \text{dm}^3$ ☐ $151\ \text{dm}^3$ ☐ $302\ \text{dm}^3$

b. Cochez la bonne réponse.

- Le volume d'un cube d'arête $a = 0{,}6$ m est égal à :

☐ $0{,}216\ \text{m}^3$ ☐ $0{,}36\ \text{m}^3$ ☐ $1{,}8\ \text{m}^3$

- Le volume d'un pavé droit de longueur $L = 0{,}8$ cm, de largeur $\ell = 0{,}3$ cm et de hauteur $h = 0{,}2$ cm est égal à :

☐ $0{,}048\ \text{cm}^3$ ☐ $1{,}3\ \text{cm}^3$

- Le volume d'un cylindre de rayon $r = 0{,}9$ dm et de hauteur $h = 4{,}3$ dm (arrondi à l'unité) est égal à :

☐ $11\ \text{dm}^3$ ☐ $12\ \text{dm}^3$ ☐ $24\ \text{dm}^3$

c. Calculez le volume :

- d'un cube d'arête $a = 37$ mm.

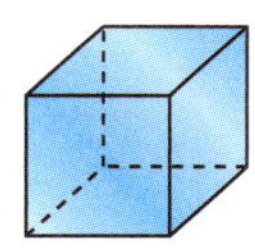

- d'un pavé droit de longueur $L = 4$ m, de largeur $\ell = 1{,}2$ m et de hauteur $h = 2$ m.

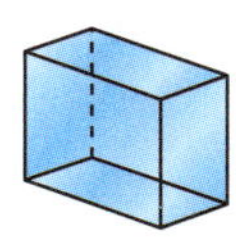

- d'un cylindre de rayon $r = 9{,}5$ mm et de hauteur $h = 4$ mm (arrondi à l'unité).

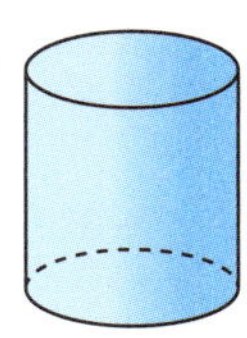

20 Développement de $a(x + b)$

a. Développez les expressions suivantes.

$2(x + 6) =$ ....

$9(x - 2) =$ ....

$-7(x + 5) =$ ....

$-3(x - 4) =$ ....

$8(x + 3) =$ ....

$5(x - 8) =$ ....

$-6(x + 7) =$ ....

$-4(x - 9) =$ ....

b. Développez et réduisez les expressions suivantes.

$4(x + 2) + 3 =$ ....

$2(x - 5) + 12 =$ ....

$8(x + 2) + 12x =$ ....

$4(x - 5) + 5x =$ ....

c. Développez et réduisez les expressions suivantes.

$3(x + 8) + 2(x + 6) =$ ....

$2(x + 4) + 9(x - 2) =$ ....

$5(x - 3) - 3(x - 4) =$ ....

$-3(x - 7) + 2(x + 9) =$ ....

$-4(x + 2) - 5(x - 1) =$ ....

$-6(x - 5) - 4(x + 3) =$ ....

21 Développement de $(x + a)(x + b)$

a. Développez et réduisez les expressions suivantes.

$(x + 6)(x + 5) =$ ....

$(x + 2)(x + 7) =$ ....

$(x + 4)(x - 6) =$ ....

b. Développez et réduisez les expressions suivantes.

$(x - 3)(x + 3) =$ ....

$(x + 11)(x - 11) =$ ....

$(x - 7)(x - 1) =$ ....

22 Factorisation de $x^2 - a^2$

Factorisez les expressions suivantes.

$x^2 - 1 =$ ....

$x^2 - 16 =$ ....

$x^2 - 25 =$ ....

$x^2 - 100 =$ ....

$x^2 - 400 =$ ....

$x^2 - 900 =$ ....

$x^2 - 1\ 600 =$ ....

Vocabulaire ensembliste et logique

1 Vocabulaire ensembliste

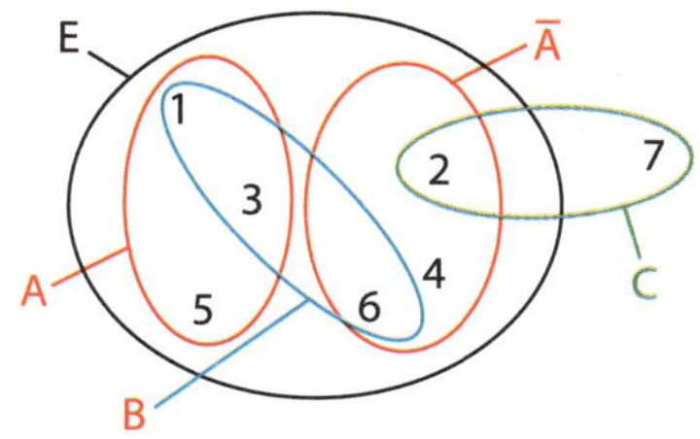

Exemples

- **L'ensemble** E, dont les **éléments** sont 1, 2, 3, 4, 5 et 6, est noté E = {1 ; 2 ; 3 ; 4 ; 5 ; 6}.
- Les ensembles A = {1 ; 3 ; 5} et B = {1 ; 3 ; 6} sont des **sous-ensembles** de E.
- L'ensemble C = {2 ; 7} n'est pas un sous-ensemble de E.
- **L'ensemble vide**, noté ∅, ne contient aucun élément.

Situation	Notation
Le nombre 3 **appartient** à E	$3 \in E$
Le nombre 7 **n'appartient pas** à E	$7 \notin E$
A est **inclus** dans E.	$A \subset E$
C n'est **pas inclus** dans E.	$C \not\subset E$
L'intersection de A et B est I = {1 ; 3}.	$I = A \cap B$
La **réunion** de A et B est R = {1 ; 3 ; 5 ; 6}.	$R = A \cup B$
$\overline{A}$ = {2 ; 4 ; 6} est le **complémentaire** de A dans E	$A \cup \overline{A} = E$ et $A \cap \overline{A} = \varnothing$

- L'ensemble des **nombres réels** (avec ou sans virgule, positifs ou négatifs) se note ℝ.
- L'ensemble des **nombres entiers relatifs** (sans virgule, positifs ou négatifs) se note ℤ.
- L'ensemble des **nombres entiers naturels** (sans virgule, positifs) se note ℕ.

Exemples

$x \in [5 ; 10]$ signifie que x peut prendre aussi les valeurs 5 et 10.
$x \in]5 ; 10[$ signifie que x ne peut pas prendre les valeurs 5 et 10.

2 Raisonnement logique

Une **assertion** est une proposition considérée comme vraie.

Exemples

P est l'assertion « $1 < x \leqslant 5$ » et Q l'assertion « $3 \leqslant x \leqslant 6$ ».

- Quel que soit $x \in [3 ; 5]$, la proposition « $1 < x \leqslant 5$ **et** $3 \leqslant x \leqslant 6$ » est vraie.
- Quel que soit $x \in]1 ; 6]$, la proposition « $1 < x \leqslant 5$ **ou** $3 \leqslant x \leqslant 6$ » est vraie.

Si « Quand P est vraie, alors Q est vraie », on dit que « P **implique** Q ». On note « P ⇒ Q ».

Exemples

- P est l'assertion « $x < 2$ » et Q l'assertion « $x < 5$ ». On peut dire que « $x < 2 \Rightarrow x < 5$ » (P ⇒ Q).
- Le nombre 3 est un contre-exemple de « $x < 5 \Rightarrow x < 2$ » : la **réciproque** Q ⇒ P est fausse.

Si « P implique Q » et « Q implique P », on dit que « P **est équivalente à** Q ». On note « P ⇔ Q ».

Exemple

P est l'assertion « $x = 1 + 3$ » et Q l'assertion « $x = 2 + 2$ ». On note « $x = 1 + 3 \Leftrightarrow x = 2 + 2$ ».

Le **raisonnement par l'absurde** permet de démonter qu'une proposition P est vraie en montrant que sa proposition contraire non P est fausse.

Exemple

Deux nombres a et b sont inverses si $a \times b = 1$. Soit P la proposition « 0 n'a pas d'inverse ».
Raisonnement par l'absurde : si la proposition « 0 a un inverse », contraire de P, est vraie, il existe alors un nombre réel b tel que : $0 \times b = 1$. Or $0 \times b = 1 \Leftrightarrow 0 = 1$, ce qui est impossible. La proposition contraire de P est donc fausse : on en déduit que P est vraie.

1 Complétez avec $\in$ ou $\notin$.

- 5 .... [7 ; 11]
- −7 ....]−12 ; −1[
- −4,5 .... [−3,2 ; 9[

2 Donnez l'intervalle auquel appartient x.

$14 \leqslant x \leqslant 21 \Leftrightarrow x \in$ ....

$-7 < x \leqslant -4 \Leftrightarrow x \in$ ....

$0 \leqslant x < 2{,}2 \Leftrightarrow x \in$ ....

$-14{,}5 < x < -9 \Leftrightarrow x \in$ ....

3 Donnez l'intervalle auquel appartient x.

$x \geqslant 5 \Leftrightarrow x \in$ ....

$x < -7 \Leftrightarrow x \in$ ....

$x > 19 \Leftrightarrow x \in$ ....

$x \leqslant 45 \Leftrightarrow x \in$ ....

4 Traduisez l'intervalle auquel appartient x avec les symboles $<$, $>$, $\leqslant$ et $\geqslant$.

$x \in [7 ; 22] \Leftrightarrow$ .... x ....

$x \in [-9 ; 16[\Leftrightarrow$ .... x ....

$x \in]2{,}5 ; 8] \Leftrightarrow$ .... x ....

$x \in]-5 ; -1[\Leftrightarrow$ .... x ....

$x \in]-\infty ; -5] \Leftrightarrow$ .... x ....

$x \in]8 ; +\infty[\Leftrightarrow$ .... x ....

5 On considère les trois ensembles suivants :
A = {a ; b ; c} ; B = {d ; e ; f} ; C = {a ; c}.

a. Cochez les propositions vraies.

- ☐ $a \in$ C
- ☐ $d \notin$ C
- ☐ $b \in$ B
- ☐ A ⊂ C
- ☐ B ⊄ C
- ☐ C ⊂ A

b. Donnez la liste des lettres constituant les ensembles suivants.

A ∪ B = ...

A ∪ C = ...

B ∪ C = ...

A ∩ B = ...

A ∩ C = ...

B ∩ C = ...

6 Le diagramme ci-contre donne la distribution de nombres dans les ensembles E, M et N.

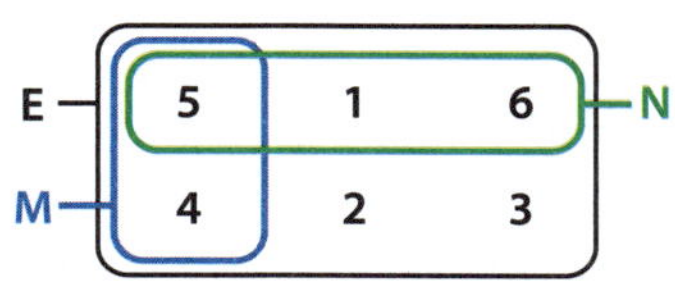

a. Cochez les propositions vraies.

- ☐ 6 ∈ M
- ☐ 3 ∉ N
- ☐ 5 ∈ N
- ☐ M ⊂ N
- ☐ M ⊄ N
- ☐ N ⊂ E

b. Donnez la liste des nombres appartenant aux ensembles suivants.

M ∩ N = ...

M ∪ N = ...

M ∩ $\overline{\text{M}}$ = ...

$\overline{\text{M}}$ ∩ $\overline{\text{N}}$ = ...

M ∪ $\overline{\text{M}}$ = ...

$\overline{\text{M}}$ ∪ $\overline{\text{N}}$ = ...

7 On note A l'ensemble des lycéens ayant choisi l'athlétisme et B l'ensemble des lycéens ayant choisi le basket-ball.

a. L'ensemble des lycéens n'ayant pas choisi l'athlétisme se note :

- ☐ $\overline{\text{A}}$
- ☐ $\overline{\text{B}}$

b. L'ensemble noté $\overline{\text{A}}$ ∩ $\overline{\text{B}}$ est :

☐ l'ensemble des lycéens ayant choisi l'athlétisme et ayant choisi le basket-ball.

☐ l'ensemble des lycéens n'ayant pas choisi l'athlétisme et n'ayant pas choisi le basket-ball.

c. L'ensemble noté $\overline{\text{A}}$ ∪ $\overline{\text{B}}$ est :

☐ l'ensemble des lycéens ayant choisi l'athlétisme ou ayant choisi le basket-ball.

☐ l'ensemble des lycéens n'ayant pas choisi l'athlétisme ou n'ayant pas choisi le basket-ball.

8 On note F l'ensemble des élèves d'une classe qui sont des filles et B l'ensemble des élèves de cette classe qui sont venus au lycée en bus.

a. Donnez la notation des ensembles suivants en fonction de F et de B.

- ensemble des élèves de la classe qui sont des garçons : ....
- ensemble des élèves de la classe qui ne prennent pas le bus : ....
- ensemble des élèves de la classe qui sont des filles et ne prennent pas le bus : ....
- ensemble des élèves de la classe qui sont des garçons ou prennent le bus : ....

b. Traduisez par une phrase les ensembles suivants.

- $\overline{\text{F}}$ ∩ $\overline{\text{B}}$: ....

....

- F ∪ B : ....

....

Algorithmique et programmation

1 Définir un algorithme

En informatique, un algorithme est une suite ordonnée d'instructions. Leur exécution dans l'ordre permet d'obtenir un résultat.

- Un algorithme est construit sous la forme suivante :

  ① **déclaration des variables** : on nomme les variables que l'on va utiliser.

  ② **entrée des données** : on donne une valeur à chaque variable.

  ③ **traitement des données** : on effectue les opérations nécessaires pour répondre au problème posé.

  ④ **sortie** : on affiche le résultat.

- Un algorithme peut se présenter de trois façons différentes :
  - **en langage naturel** : les instructions sont écrites en français.
  - **en algorigramme** : les instructions sont données avec un schéma.

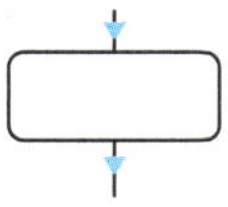

Début, ou **fin**, de l'algorithme

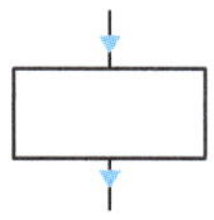

Opération sur les données, ou **instruction**

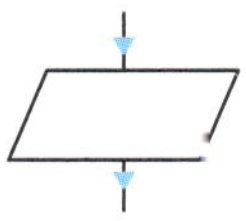

Entrée d'une donnée au clavier, ou **sortie** d'un résultat à l'écran

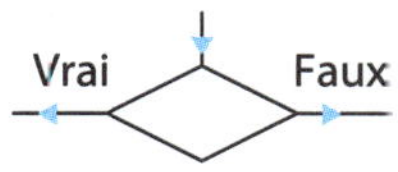

Test conditionnel

  - **en langage de programmation** : les instructions sont écrites avec des instructions Python.

Exemples

Calculer le prix à payer pour 10 % de remise si le montant de l'achat est supérieur à 50 €.

Langage naturel

① Montant des achats : a
Prix à payer : b
② Entrer un nombre a
③ • **Si** a est supérieur à 50, **alors** calculer : $b = a - a \times 0{,}10$
• **Sinon** $b = a$
④ Afficher b

Algorigramme

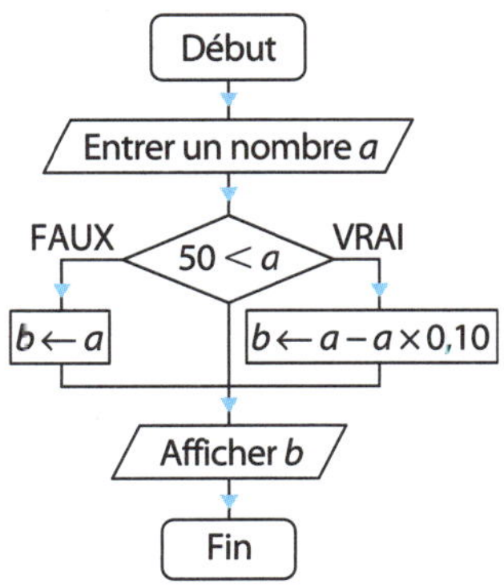

Langage de programmation Python

```
a=float(input("a?"))
if 50<a:
    b=a-a*0.1
else:
    b=a
print("b=",b)
```

- Une instruction conditionnelle effectue différents calculs ou actions, en fonction d'une condition vraie ou fausse. Elle est de la forme :
  « **Si** *Condition* **Alors** *Instructions 1* **Sinon** *Instructions 2* ».

- Une boucle permet de répéter les mêmes instructions plusieurs fois. Elle peut être de deux formes :

→ « **Tant que** *Condition* est vraie, **Alors** *Instructions 1* **Sinon** *Instructions 2* »
Quand la condition n'est plus vraie (qu'elle est fausse), la boucle s'arrête et le programme continue après la fin de la boucle.

→ « **Pour chaque élément d'une liste** on applique une *instruction* »
La liste est un compteur qui permet d'exécuter l'instruction le nombre de fois donné.

2 Écrire le script d'un algorithme avec Python

Exemples

Résoudre une équation de la forme $ax = b$.

Trois situations sont possibles :

si $a = 0$ et $b = 0$, alors tout nombre réel est solution ;

si $a = 0$ et $b \neq 0$, alors il n'y a pas de solution ;

si $a \neq 0$, alors la solution est égale à $\dfrac{b}{a}$.

- **Avec le logiciel EduPython**

Possibilité de traiter deux programmes en ouvrant un nouveau Fichier

Bouton d'exécution du programme

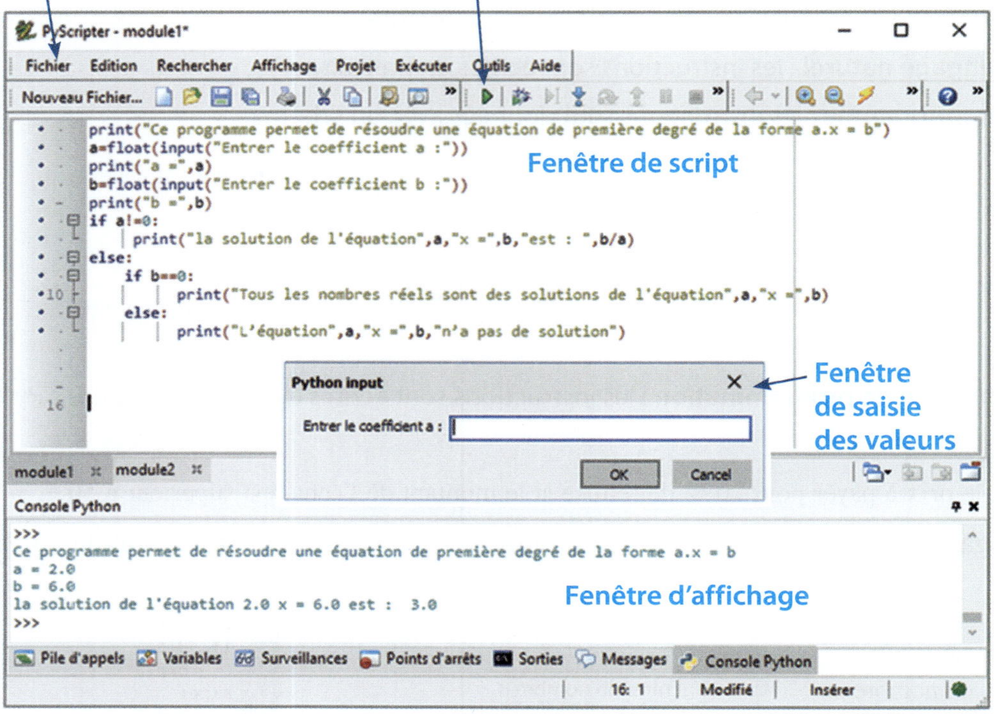

Remarque : le logiciel EduPython est un logiciel gratuit téléchargeable sur internet.

- **Avec la calculatrice**

▶ **Calculatrice** p. 172 et 176

3 Opérateurs en langage Python

=	Affectation d'un nombre ou d'une chaîne de caractères (ex. : a = 5 ; b = "texte")	**	Puissance (ex. : 12**2 donne 144)
==	Est égal	/	Division (ex. : 6/4 donne 1.5)
+	Addition (ex. : 6+4 donne 10 ; "a"+"b" donne "ab")	//	Résultat entier d'une division (ex. : 6//4 donne 1)
-	Soustraction (ex. : 6-4 donne 2)	< et <=	Inférieur et inférieur ou égal
*	Multiplication (ex. : 6*4 donne 24 ; 3*"s" donne "sss")	> et >=	Supérieur et supérieur ou égal
		!=	Est différent

4 Instructions en langage Python

	Instruction		Exemple	À l'écran
Afficher à l'écran	① print(nombre, lettre ou "texte")	**Affiche** à l'écran.	`print(5)`	5
			`a=4` `print(a)`	4
			`print("Mon texte")`	Mon texte
Saisir à l'écran	② Texte = input()	Les **caractères saisis** au clavier sont affectés à *Texte*.	`couleur=input("Couleur ?")` `print(couleur)`	Couleur ? rouge rouge
	③ Variable=float(input())	Le **nombre réel saisi** au clavier est affecté à la variable.	`n=float(input("Valeur ? "))` `print(n)`	Valeur ? –8,7 –8,7
	④ Variable=int(input())	Le **nombre saisi** au clavier doit être un **nombre entier**.	`m=int(input("Valeur ? "))` `print(m)`	Valeur ? 9,24 ValueError

Générer une liste de nombres	⑤ Texte=[liste de nombres]	Définit une **liste de nombres**, séparés par des virgules.
		L[k] est le (k + 1)^{e} terme de la liste.
			`L=[4,5,8,9,12]`
			`print(L)`
			`print(L[0],"et",L[3])`
			`print(L[0:3])`
				[4, 5, 8, 9, 12]
				4 et 9
				[4, 5, 8]

	⑥ Texte.append(*nombre ajouté en fin de liste*)
	Texte.insert(*rang, nombre ajouté dans la liste*)
		Ajoute un nombre dans une liste de nombres.	`L=[5,6,7]`
			`L.append(11)`
			`L.insert(2,22)`
			`print(L)`
				[5, 6, 22, 7, 11]

	⑦ range(min,max)	Définit un **intervalle de valeurs** entières.	`range(1,3)` — Liste : 1 et 2 (pas 3) `range(3)` — Liste : 0, 1 et 2 `range(6,9)` — Liste : 6, 7 et 8	*Voir exemple dans* Boucle bornée

	⑧ random et randint	Génère un **nombre entier aléatoire** dans un intervalle.	`from random import randint`
			`n=randint(1,6)`
			`print(n)`
				1, 2, 3, 4, 5 ou 6 *avec la même probabilité*

Instructions conditionnelles	⑨ if *condition 1* :
	Instruction 1
	elif *condition 2* :
	Instruction 2
	else :
	Instruction 3
		Si la condition 1 est vérifiée, **alors** l'instruction 1 est exécutée, **sinon, si** la condition 2 est vérifiée, **alors** l'instruction 2 est exécutée, **sinon** l'instruction 3 est exécutée.	`x=float(input("x ?"))`
			`if x<5:`
			`    print("x < 5")`
			`elif x==5:`
			`    print("x = 5")`
			`else:`
			`    print("x > 5")`
				x ? 6
				x > 5

	⑩ *Instruction 1* and *Instruction 2*	L'instruction 1 **et** l'instruction 2 sont vraies.	`n=float(input("Valeur ?"))`
			`if 1<n and n<5:`
			`    print("1<",n,"<5")`
				Valeur ? 4
				1<4,0<5

	⑪ *Instruction 1* or *Instruction 2*	L'instruction 1 **ou** l'instruction 2 est vraie.	`n=float(input("Valeur ?"))`
			`if n<0 or n==0:`
			`    print(n,"<= 0")`
				Valeur ? –4
				–4.0<=0

Boucles	⑫ for *variable* in *liste*
	Instruction
		Boucle bornée : répète l'instruction pour chaque élément de la liste.	`n=int(input("n ?"))`
			`for i in range (1,n+1):`
			`    print(i,"test")`
				Valeur ? 2
				1 test
				2 test

	⑬ while *condition*
	Instructions
		Boucle non bornée : exécute des instructions **tant que** la condition est vraie.	`i=float(input("i ?"))`
			`while i<4:`
			`    print(i)`
			`    i=i+1`
			`print("Fin")`
				i ? 2
				2.0
				3.0
				Fin

Fonctions	⑭ def *nom*(*argument*):
	Instruction
	return *résultat*
		Définit une **fonction** : opérations sur une ou plusieurs variables.	`def double(x):`
			`    d=x*2`
			`    return d`
			`x=float(input("x ?"))`
			`print (double(x))`
				x ? 3
				6.0

	⑮ from **math** import *fonction*	Permet d'utiliser les **fonctions** du module **math** de la bibliothèque Python : **sqrt(x)** pour racine carrée ; **sin(x)** pour sinus (en rad) ; **cos(x)** pour cosinus (en rad) ; **tan(x)** pour tangente (en rad) ; **radians(x)** pour convertir des degrés en radians, **pi** pour π.	`from math import sqrt`
			`x=float(input("x ?"))`
			`r=sqrt(x)`
			`print (r)`
				Racine carrée
				x ? 16
				4.0

1 Rédigez en langage naturel l'algorithme qui demande de saisir deux nombres a et b et qui affiche leur somme $a + b$.

2 Rédigez en langage naturel l'algorithme qui demande de saisir le rayon r d'un cercle, puis qui affiche son périmètre P et la surface S du disque de rayon r.

Pour bien démarrer ▶ $P = 2 \times \pi \times r$

3 Construisez l'algorigramme d'un algorithme qui, à partir de la saisie d'un rayon r et d'une hauteur h, calcule le volume d'un cylindre droit.

Pour bien démarrer ▶ $\mathcal{V} = \pi \times r^2 \times h$

4 Construisez l'algorigramme d'un algorithme qui prend en entrée un nombre x et qui renvoie « Impossible » si x est nul, le résultat de $\frac{1}{x}$ sinon.

5 Qu'affichent les programmes suivants ?

a.

```
L=[7,9,11,13]
L.append(15)
print(L)
print(L[0],"et",L[3])
print(L[0:3])
```

b.

```
x=float(input("x?"))
if x < 0 :
    print(-1*x)
else :
    print(x)
```

6 Qu'affichent les programmes suivants ?

a.

```
def volume(x):
    v=x**3
    return v
x=float(input("h (en m) ?"))
print (volume(x),"m3")
```

b.

```
from random import randint
for i in range(1,11):
  x=randint(1,2)
  print("n°",i)
  print(x)
```

c.

```
k=0
while k<6 :
    k=k+2
    print(k)
```

7 Le programme ci-dessous permet de saisir une liste de *n* notes entre 0 et 20, puis de calculer la somme de ces notes.

```
1 n=int(input("Nombre de notes ?"))
2 L = []
3 s=0
4 for i in range (1,n+1):
5     print (i)
6     x=float(input('note ?"))
7     L.append(x)
8     s=s+x
```

Programme à télécharger
python
hachette-clic.fr/21mab011

a. Que vous faut-il ajouter après la ligne 8 pour que le programme calcule la moyenne *m* de ces notes ?

b. Testez votre programme avec un logiciel ou avec la calculatrice.

8 Le programme ci-dessous permet d'afficher le minimum et le maximum d'une liste de *n* nombres.

```
n=int(input("Effectif de nombres ?"))
print (n,"nombres dans la liste")
a=0
b=0
for i in range (1,n-1) :
    print (i)
    x=float(input("nombre ?"))
    print (x)
    if x<a :
        a=x
    elif b<x :
        b=x
print ("minimum =",a)
print ("maximum =",b)
```

Programme à télécharger
python
hachette-clic.fr/21mab011

a. Que vous faut-il modifier pour qu'il calcule et affiche la somme *s* de cette liste ?

b. Testez votre programme avec un logiciel ou avec la calculatrice.

9 **a.** Rédigez le programme en langage Python d'un algorithme qui prend en entrée une température *t* et qui renvoie l'état de l'eau (solide, liquide ou gaz) à cette température.
On convient que si la température est strictement négative, alors l'eau est à l'état solide ; si elle est entre 0 °C et 100 °C (compris), l'eau est à l'état liquide et si elle est supérieure à 100 °C, l'eau est à l'état de gaz.

b. Testez votre programme avec un logiciel ou avec la calculatrice.

10 **a.** À l'aide de la fonction « sin(x) » (pour sinus) du module « math », rédigez le programme en langage Python d'un algorithme qui calcule la longueur *BC* d'un triangle rectangle en *C*, connaissant l'angle $\hat{A}$ en degré et la longueur de l'hypoténuse *AB*.

Pour bien démarrer ▶ $\sin \hat{A} = \frac{BC}{AB}$

b. Testez votre programme avec un logiciel ou avec la calculatrice.

11 **a.** À l'aide de la fonction « sqrt » du module « math », rédigez le programme en langage Python d'un algorithme qui calcule la longueur *AB* de l'hypoténuse d'un triangle rectangle en *C*, connaissant les longueurs *AC* et *BC* des deux autres côtés.

Pour bien démarrer ▶ $AB^2 = AC^2 + BC^2$

b. Testez votre programme avec un logiciel ou avec la calculatrice.

12 **a.** À l'aide de la fonction « randint » du module « random », rédigez un programme en langage Python permettant d'afficher :

- la simulation de n lancers d'une pièce de monnaie ;
- la somme de 1 simulant le nombre de *Pile* apparus.

b. Testez votre programme avec un logiciel ou avec la calculatrice.

13 **a.** Construisez l'algorigramme du programme ci-dessous, qui permet de calculer les n termes d'une suite arithmétique de raison r et de premier terme u_1.

Programme à télécharger
Python
hachette-clic.fr/21mab011

```
def suite_arith(n,r,u1):
    for i in range(n):
        t=u1+i*r
        suite.append(t)
    return suite
suite=[]
n=int(input("Nombre de termes :"))
u1=float(input("Valeur du 1er terme :"))
r=float(input("Raison :"))
print(suite_arith(n,r,u1))
```

b. Testez ce programme avec un logiciel ou avec la calculatrice.

14 **a.** Construisez l'algorigramme du programme ci-dessous, qui permet d'afficher l'expression $ax^2 + bx + c$ dont le coefficient a et la (ou les) racine(s) sont saisis.

Programme à télécharger
Python
hachette-clic.fr/21mab011

```
a=float(input("Valeur de a (pas zéro):"))
n=int(input("Nombre de racines (1 ou 2):"))
if n==1:
    x0=float(input("Racine :"))
    b=-1*a*(2*x0)
    c=a*(x0*x0)
    print("(",a,")x²+(",b,")x+(",c,")")
else:
    x1=float(input("1re racine:"))
    x2=float(input("2e racine:"))
    b=-1*a*(x1+x2)
    c=a*(x1*x2)
    print("(",a,")x²+(",b,")x+(",c,")")
```

b. Testez ce programme avec un logiciel ou avec la calculatrice.

15 Rédigez le script d'un programme en langage Python permettant de calculer les coordonnées de la somme de deux vecteurs, connaissant leurs coordonnées, puis la norme de ce vecteur somme.

Calculs numériques

1 Déterminer rapidement un ordre de grandeur

On peut déterminer rapidement un ordre de grandeur d'un nombre en l'encadrant entre deux nombres consécutifs de la forme : … 0,001 ; 0,01 ; 0,1 ; 0 ; 1 ; 10 ; 100 ; 1 000…

Exemples :

$100 < 324 < 1\,000$ $\quad 0 < 0{,}75 < 1$ $\quad 0{,}01 < 0{,}08 < 0{,}10$

2 Convertir une mesure de temps exprimée dans le système décimal en une mesure exprimée dans le système sexagésimal, et réciproquement

- La minute : 1 min = 60 s.
- L'heure : 1 h = 60 min = 3 600 s.

Exemples :

5 h 24 min 18 s = 5 × 3 600 + 24 × 60 + 18 = 19 458 s.

24 min 18 s = 24 × 60 + 18 = 1 458 s.

$19\,458 \text{ s} = \dfrac{19\,458 \text{ s}}{60 \text{ s/min}} = 324{,}3 \text{ min}$ et $0{,}3 \text{ min} = 0{,}3 \text{ min} \times 60 \text{ s/min} = 18 \text{ s}$

$19\,458 \text{ s} = \dfrac{19\,458 \text{ s}}{3\,600 \text{ s/h}} = 5{,}405 \text{ h}$ et $0{,}405 \text{ h} = 0{,}405 \text{ h} \times 60 \text{ min/h} = 24{,}3 \text{ min}$

3 Ordonner une liste de nombres donnés en écriture décimale

- Pour ordonner des nombres dans l'ordre **croissant**, il faut les ranger du plus petit au plus grand. On peut utiliser le symbole $<$, qui signifie « plus petit que ».
- Pour ordonner des nombres dans l'ordre **décroissant**, il faut les ranger du plus grand au plus petit. On peut utiliser le symbole $>$, qui signifie « plus grand que ».

Exemples :

- Ordre croissant : $1{,}8 < 3 < 3{,}1 < 6{,}02 < 6{,}2$.
- Ordre décroissant : $6{,}2 > 6{,}02 > 3{,}51 > 3 > 1{,}8$.

4 Calculer le carré, le cube d'un nombre donné en écriture décimale

- Carré d'un nombre : $a^2 = a \times a$.
- Cube d'un nombre : $a^3 = a \times a \times a$.

Exemples : $5^2 = 5 \times 5 = 25$ $\quad 3^3 = 3 \times 3 \times 3 = 27$

Pour calculer le carré ou le cube d'un nombre, on peut utiliser les touches $\boxed{x^2}$ et $\boxed{x^3}$ de la calculatrice.

5 Utiliser la notation scientifique pour obtenir un ordre de grandeur

- Puissances de 10 : $10^n = 1\underbrace{0 \ldots 0}_{n \text{ zéros}}$ $\quad 10^{-n} = 0,\underbrace{0 \ldots 1}_{n \text{ chiffres après la virgule}}$

Exemples : $10^3 = 1\,000$ $\quad 10^{-6} = 0{,}000\,001$

- Écriture scientifique d'un nombre : tout nombre décimal peut s'exprimer sous la forme $a \times 10^n$, avec $1 \leqslant a < 10$.

Exemples :

$31\,000 = 3{,}1 \times 10^4$ $\quad 0{,}000\,53 = 5{,}3 \times 10^{-4}$

$29\,875 = 2{,}987\,5 \times 10^4 \Rightarrow$ Ordre de grandeur : $3 \times 10^4 = 30\,000$.

6 Déterminer la valeur arrondie à 10^{-n} d'un nombre donné en écriture décimale

Le chiffre qui doit être arrondi est inchangé s'il est suivi par 0, 1, 2, 3 ou 4, et augmenté de 1 s'il est suivi par 5, 6, 7, 8 ou 9.

Exemple : la valeur arrondie de 3,185 à l'unité près est 3, et au centième (à 0,01 ou 10^{-2}) près est 3,19.

7 Déterminer, en écriture décimale, la valeur exacte ou une valeur arrondie de la racine carrée d'un nombre positif

Si $\sqrt{b} = a$, alors $a^2 = b$.

Exemples : $\sqrt{16} = 4$ $\sqrt{81} = 9$ $\sqrt{50} \approx 7{,}07$ à 0,01 près.
Pour le calcul de la racine carrée, on peut utiliser la touche $\boxed{\sqrt{x}}$ de la calculatrice.

8 Déterminer, en écriture décimale, la valeur exacte ou une valeur arrondie du nombre $\frac{a}{b}$

a et *b* sont des nombres donnés en écriture décimale, *b* étant non nul.

- Pour simplifier une fraction, on divise le numérateur et le dénominateur par un même nombre.

Exemples :
$\frac{21}{12} = \frac{21:3}{12:3} = \frac{7}{4}$ $\frac{30}{45} = \frac{30:15}{45:15} = \frac{2}{3}$

- Pour calculer une fraction, on divise le numérateur par le dénominateur.

Exemples :
$\frac{2\,100}{300} = \frac{21}{3} = 7$ $\frac{0{,}21}{0{,}05} = \frac{21}{5} = 4{,}2$ $\frac{21}{9} \approx 2{,}333$ (à 10^{-3} près) $\frac{21}{1{,}3} = \frac{210}{13} \approx 16{,}15$ (à 10^{-2} près).

9 Calculer un produit de la forme $c \times \frac{a}{b}$

a, *b* et *c* sont des nombres donnés en écriture décimale, *b* étant non nul.

Pour multiplier une fraction, on applique : $c \times \frac{a}{b} = \frac{c \times a}{b}$.

Exemple :
$2 \times \frac{5}{7} = \frac{2 \times 5}{7} = \frac{10}{7}$

10 Utiliser l'égalité $\frac{ca}{cb} = \frac{a}{b}$

a, *b* et *c* sont des nombres donnés en écriture décimale, *b* et *c* étant non nuls.
Pour simplifier une fraction, on applique : $\frac{c \times a}{c \times b} = \frac{c}{c} \times \frac{a}{b} = 1 \times \frac{a}{b} = \frac{a}{b}$

Exemple :
$\frac{2 \times 5}{2 \times 7} = \frac{2}{2} \times \frac{5}{7} = 1 \times \frac{5}{7} = \frac{5}{7}$

11 Utiliser l'équivalence : $\frac{a}{c} = \frac{b}{d}$ équivaut à $ad = bc$

a, *b*, *c* et *d* sont des nombres donnés en écriture décimale, *c* et *d* étant non nuls.
$\frac{a}{c} = \frac{b}{d} \Leftrightarrow \frac{a}{c} \times \frac{d}{d} = \frac{b}{d} \times \frac{c}{c} \Leftrightarrow \frac{ad}{cd} = \frac{cb}{cd} \Leftrightarrow ad = bc$

Exemple :
$\frac{6}{2} = \frac{12}{4} \Leftrightarrow 6 \times 4 = 2 \times 12 \Leftrightarrow 24 = 24$

Tableur-grapheur : CALC

1 Calculer des indicateurs statistiques

Voici les formules à saisir, dans une cellule, pour calculer les indicateurs de la série de valeurs contenues dans un tableau de cellules (par exemple de A1 à B1000).

Indicateurs statistiques	Formule
Mode *Mo*	=MODE(A1:B1000)
Moyenne	=MOYENNE(A1:B1000)
Médiane *Me*	=MEDIANE(A1:B1000)
Valeur minimale x_{min}	=MIN(A1:B1000)
Valeur maximale x_{max}	=MAX(A1:B1000)
Étendue *e*	=MAX(A1:B1000)–MIN(A1:B1000)
Premier quart le Q_1	=QUARTILE(A1:B1000;1)
Troisième quartile Q_3	=QUARTILE(A1:B1000;3)
Écart-type σ de la série des cellules sélectionnées	=ECARTYPEP(A1:B1000)

2 Déterminer une équation de droite d'ajustement d'un nuage de points

- Saisissez dans la colonne A les valeurs x_i et dans la colonne B les valeurs y_i.
- Sélectionnez les cellules complétées et cliquez sur le bouton **Diagramme** dans la barre d'outils.
- Sélectionnez **XY (dispersion)**, puis l'option **Points seuls**.
- Cliquez sur **Terminer**.
- Cliquez plusieurs fois sur un point du graphique pour tous les sélectionner et, dans l'onglet **Insertion**, choisissez **Courbe de tendance**.
- Dans la fenêtre **Type de régression,** cochez **Linéaire** puis **Afficher l'équation** ainsi que **Afficher le coefficient de détermination** (R^2).
- Cliquez sur **OK**.

Exemple :

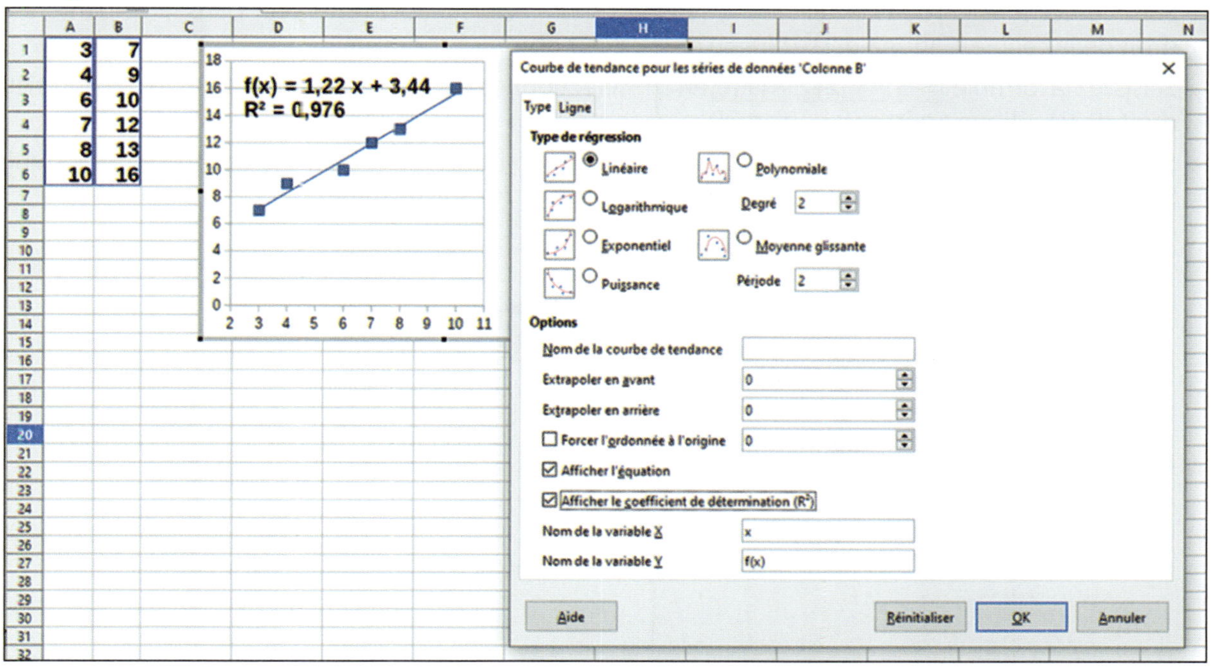

3 Générer et représenter graphiquement les premiers termes d'une suite numérique

Exemple :

On veut représenter les 10 premiers termes de la suite définie par son premier terme $u_1 = 4$ et la relation $u_{n+1} = u_n + 6$.

- Saisissez le nombre 1 dans la cellule A1, sélectionnez A1 puis placez le curseur dans le coin inférieur droit de la cellule. Cliquez-glissez jusqu'en A10.
- Saisissez le nombre 4, premier terme de la suite, dans la cellule B1.
- Saisissez la formule =B1+6 en B2. Sélectionnez B2, placez le curseur dans le coin inférieur droit de B2 : une croix noire apparaît. Cliquez-glissez jusqu'en B10.
- Sélectionnez les cellules de A1 à B10, puis cliquez sur le bouton **Diagramme** dans la barre d'outils. Sélectionnez **XY (dispersion)**. Cliquez sur **Terminer**.

	A	B
1	1	4
2	2	10
3	3	16
4	4	22
5	5	28
6	6	34
7	7	40
8	8	46
9	9	52
10	10	58

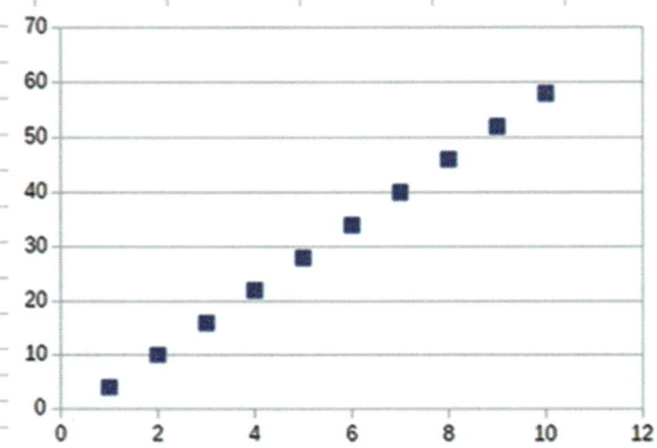

4 Obtenir un tableau de valeurs et une représentation graphique d'une fonction

Exemple :

Soit f la fonction définie sur l'intervalle $[-3 ; 5]$ par $f(x) = -5x^2 + 2x + 10$.

- Saisir le nombre -3 dans la cellule A1, sélectionnez A1 puis placez le curseur dans le coin inférieur droit de la cellule. Cliquez-glissez jusqu'en A9 pour obtenir le nombre 5.
- Saisissez la formule =–5*A1^2+2*A1+10 en B1. Sélectionnez B1, placez le curseur dans le coin inférieur droit de B1. Cliquez-glissez jusqu'en B9.
- Sélectionnez les cellules de A1 à B9, puis cliquer sur le bouton **Diagramme** dans la barre d'outils. Sélectionnez **XY (dispersion)**, puis **Points et ligne**. Cliquez sur **Terminer**.

	A	B
1	-3	-41
2	-2	-14
3	-1	3
4	0	10
5	1	7
6	2	-6
7	3	-29
8	4	-62
9	5	-105

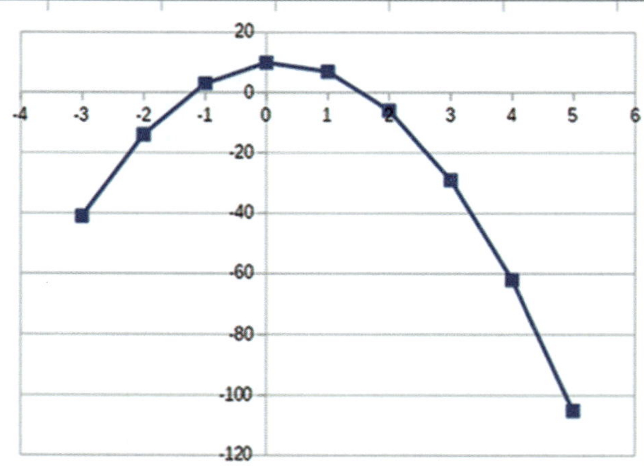

Logiciel de géométrie 2D/3D

1 Instructions pour la barre de saisie

Écrire une expression algébrique

- Virgule d'un nombre décimal (ex. : 2,5) : saisissez un point (ex. : [2.5]).
- Multiplication : [*] ou [<espace>].
- Division : [/].
- Puissance : [^].
- Racine carrée : [sqrt(...)].
- Sélectionner la lettre π : cliquez dans la ligne **Saisie**, puis sur l'icône α qui apparaît à droite.
- Ajouter ou supprimer des décimales : dans le menu **Options**, sélectionnez **Arrondi** pour choisir le nombre de décimales.

Placer un point

- $A(0,5 ; 10^2)$: [A=(0.5,10^2)]
- $B(4 ; f(x_A))$: [B=(4,f(x(A)))]
- $C_1(x_A ; y_B)$: [C_1=(x(A),y(B))]

Créer un curseur

- Curseur ***a*** sur $(x_{min} ; x_{max})$: sélectionnez **Curseur** dans la barre d'outils, puis cliquez dans le graphique pour positionner le curseur. Saisissez les bornes dans « min » et « max » de la fenêtre.

Représenter graphiquement une fonction *f*

- Représentation graphique de f : [f(x)=<Expression algébrique>].
- Représentation graphique de f sur un intervalle : [Fonction[<Fonction>,<x min>,<x max>]].

2 Obtenir une représentation graphique d'une fonction

Exemple :

Soit la fonction f définie sur l'intervalle $[-2 ; 3]$ par $f(x) = -0{,}5x^2$.

- Dans **Saisie**, tapez **Fonction** et sélectionnez la commande ci-contre.

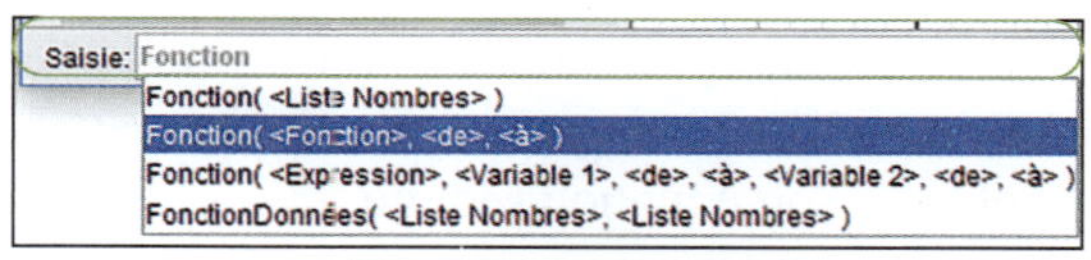

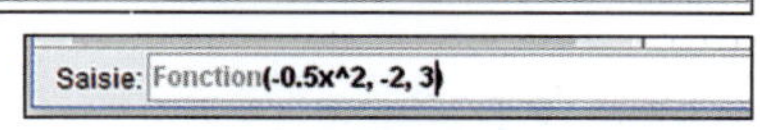

- Saisissez l'expression de la fonction et les bornes de l'intervalle d'étude, puis validez.
  Si le graphique n'est pas exploitable, faites un clic droit dans la fenêtre **Graphique** et sélectionnez **Recadrer**.

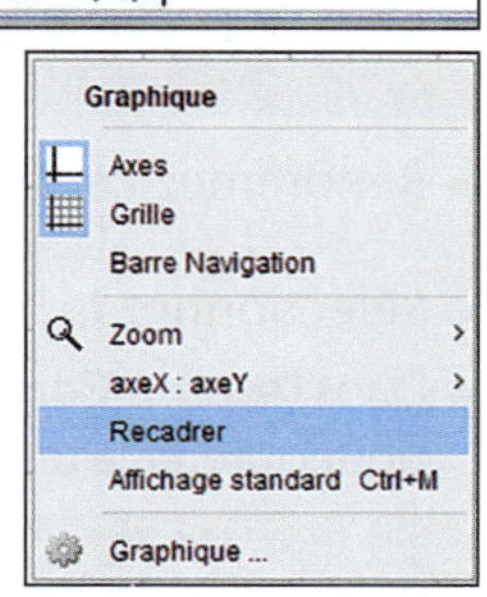

- Pour placer un point sur la courbe, sélectionnez [•A] et cliquez sur la courbe dans la fenêtre **Graphique**.
  Les coordonnées du point apparaissent dans la fenêtre **Algèbre**.

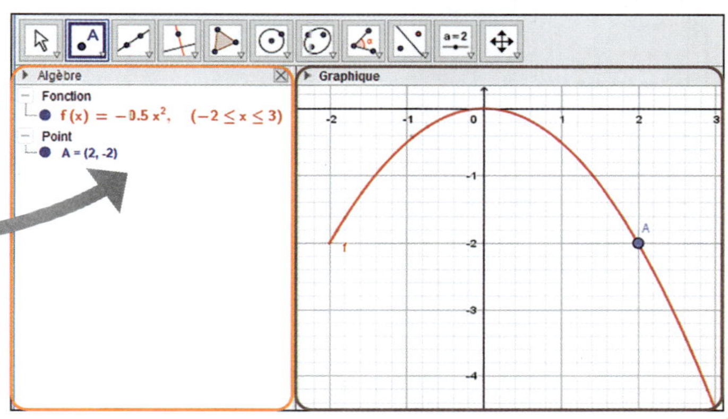

- Pour déplacer ce point, sélectionnez-le puis faites glisser ce point en restant appuyé sur le clic gauche.

3 Réaliser un ajustement affine

- Dans l'onglet **Affichage** de la barre d'outils, sélectionnez **Tableur**.
- Saisissez les valeurs des x_i dans la colonne **A** à partir de **A1**, puis les valeurs des y_i dans la colonne **B** à partir de **B1**.
- En **C1**, saisissez (A1,B1), puis tapez sur la touche **Entrer** du clavier. Sélectionnez la cellule **C1** et cliquez-glissez dans la colonne jusqu'à la ligne de la dernière valeur de la colonne **A**.
- Sélectionnez les cellules de la colonne **C**, faites un clic droit et cochez **Afficher l'objet** pour afficher les points dans la fenêtre **Graphique**.
- Sélectionnez **Droite d'ajustement** dans la barre d'outils, puis sélectionnez avec la souris les points dans la fenêtre **Graphique** en créant un rectangle : l'équation réduite de la droite s'affiche dans la fenêtre **Algèbre**.
- Dans la barre de saisie, saisissez R2[{liste des points},équation de la droite] pour afficher le coefficient de détermination R^2.

Exemple :

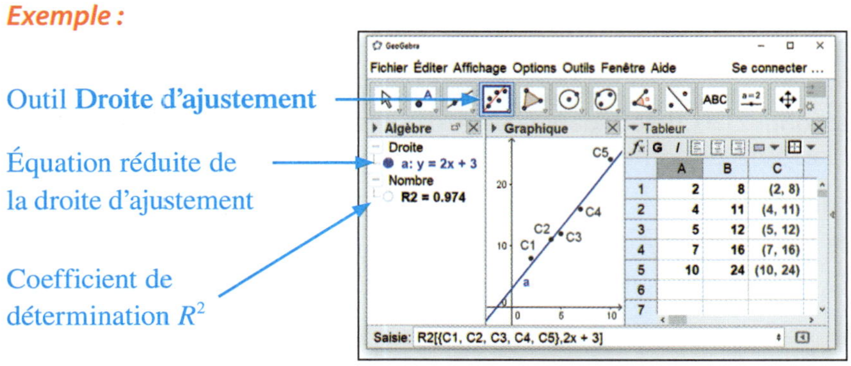

4 Obtenir la tangente d'une courbe en un point

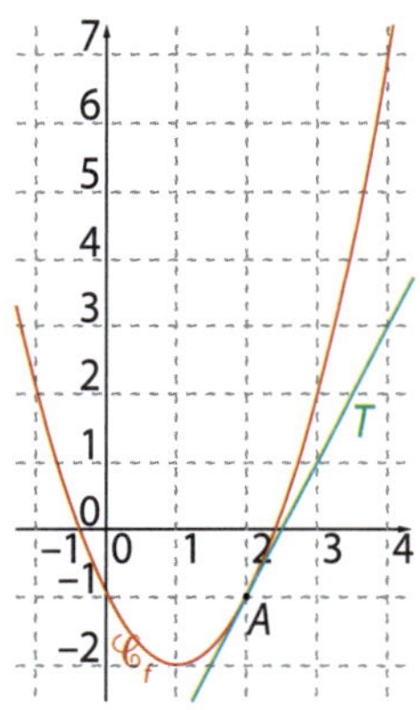

Exemple :
Soit la fonction f définie sur l'intervalle $[-1 ; 3]$ par : $f(x) = x^2 - 2x - 1$.
On veut tracer la tangente à la courbe représentative de f au point d'abscisse $x_0 = 2$ et obtenir son équation réduite.

- Dans l'espace Saisie, entrez l'équation de la courbe représentative de f :
$$y = x^2 - 2x - 1.$$
- Renommez cette courbe $\mathscr{C}_f$.
- Sélectionnez le bouton , puis cliquez sur la courbe pour y placer le point A d'abscisse 2.
- Dans l'espace Commande, sélectionnez Tangente, puis complétez dans l'espace de saisie Tangente[A, $\mathscr{C}_f$] pour obtenir la tangente à la courbe $\mathscr{C}_f$ au point A.

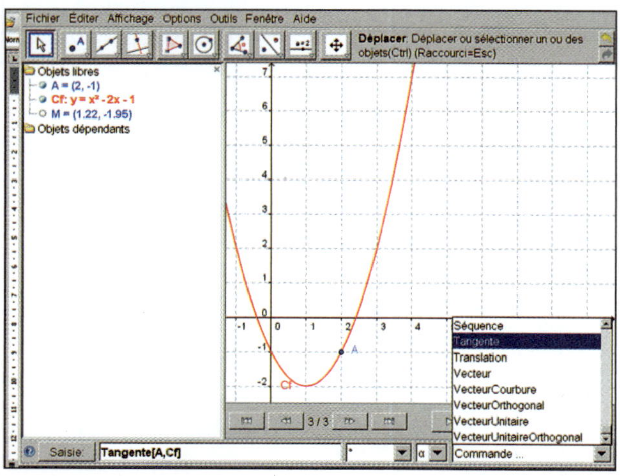

- Un clic droit sur cette tangente permet de la renommer et d'afficher son équation sous forme réduite dans le volet gauche. L'équation de la tangente à la courbe au point A obtenue ici est : $y = 2x - 5$.
- Le tracé de la tangente peut aussi être obtenu avec l'outil **Tangente** en cliquant sur le point et la courbe.

Logiciel de géométrie 2D/3D

5 Obtenir l'expression de la dérivée d'une fonction

Exemple :
Soit la fonction f définie par $f(x) = x^3 - 2x^2 + 0,5x + 1$.

- Dans l'espace **Saisie**, entrez l'expression de la fonction f : f(x) = x^3-2*x^2+0.5*x+1.

Avec les commandes de ligne Saisie

- Dans l'espace de saisie, saisissez Dérivée[f] pour obtenir l'expression de la dérivée de la fonction f.
- L'expression $f'(x) = 3x^2 - 4x + 0,5$ de la fonction dérivée est affichée dans le volet gauche et sa représentation graphique est tracée à l'écran.

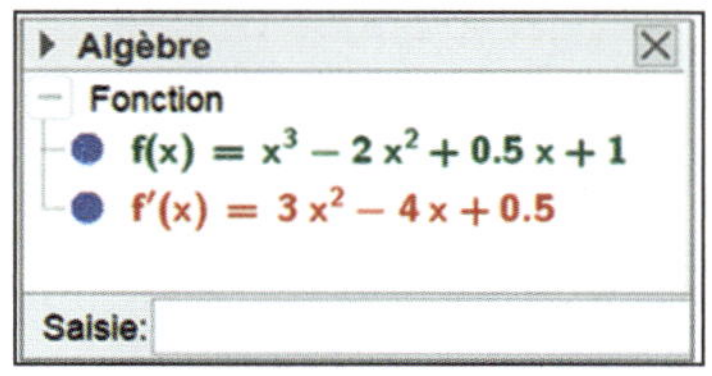

Avec l'outil Calcul formel

- Ouvrez la fenêtre **Calcul formel,** accessible depuis le menu **Affichage**.
- Saisissez f dans le cellule 1.
- Cliquez sur l'icone f' **Dérivée** pour afficher $f'(x) = 3x^2 - 4x + 0,5$, qui est l'expression de la dérivée de f.

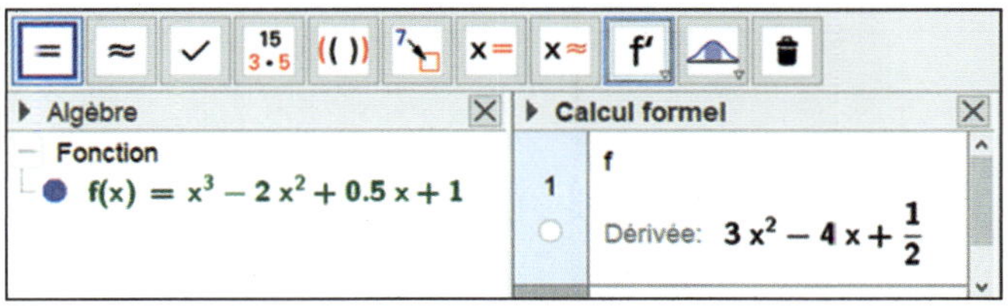

6 Construire un solide à partir de coordonnées

Exemple :
Les coordonnées de différents points d'une figure de l'espace sont données dans le tableau ci-dessous.

	A	B	C	D	E	F	G	H
x	0	0	5	5	0	0	5	5
y	0	–3	–3	0	0	–3	–3	0
z	0	0	0	0	4	4	4	4

- Sélectionnez **Affichage** puis **Graphique 3D**.
- Créez les 8 points en tapant dans la zone de saisie : A=(0,0,0) ; B=(0,–3,0) ; etc.
- Tracez la figure en utilisant l'icône

- Utilisez la fenêtre **Algèbre** et les fonctionnalités du logiciel pour déterminer les longueurs et les arrondis.
- Affichez le plan (EFG) en utilisant l'icône

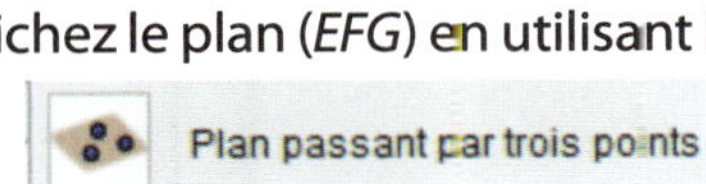

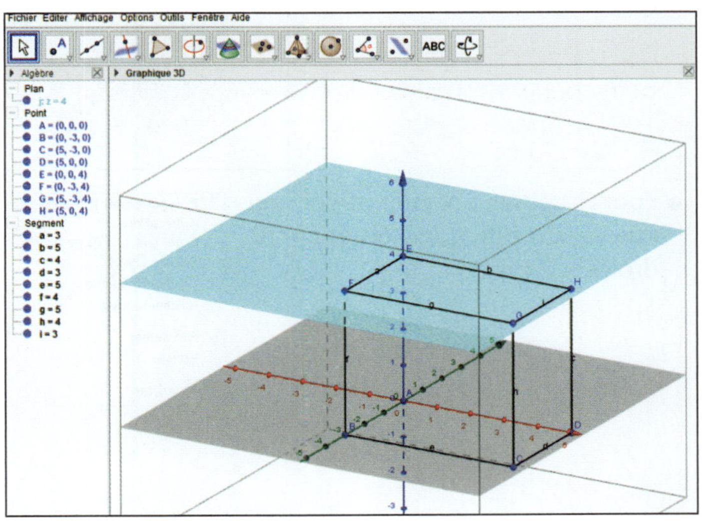

7 Construire un solide en 3D

Exemple :
Construire un cube en 3D.

- Directement dans la fenêtre **Graphique 3D**, construisez un cube de 5 cm d'arête avec l'outil **Cube**.

Exemple :
Construire une pyramide à base triangulaire de 5 unités de hauteur.

- Dans la fenêtre **Graphique 3D**, avec l'outil, créez un triangle *ABC* rectangle en *B*.
- Avec l'outil, extrudez ce triangle dans la fenêtre **Graphique 3D** en plaçant son sommet.

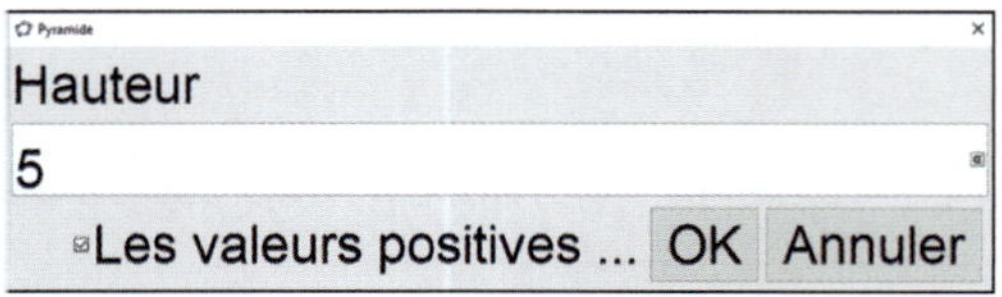

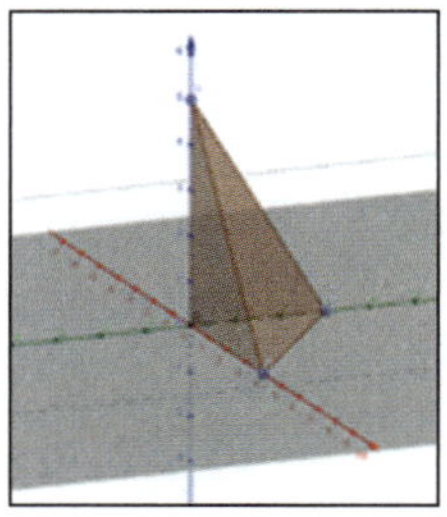

8 Visualiser la section d'un solide par un plan

Exemple :
Visualiser la section d'un cube par un plan.

- Créez un cube de 5 cm d'arête.
- Utilisez l'outil **Plan passant par 3 points** pour créer un plan passant par les points *I*, *J* et *K*.
- Utilisez l'outil **Intersection entre deux surfaces** pour créer la section du cube par le plan.

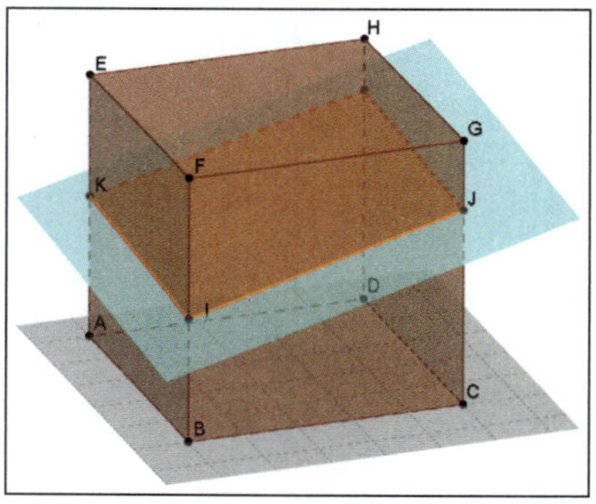

- Pour visualiser la section, créez une vue 2D du polygone obtenu (clic droit).

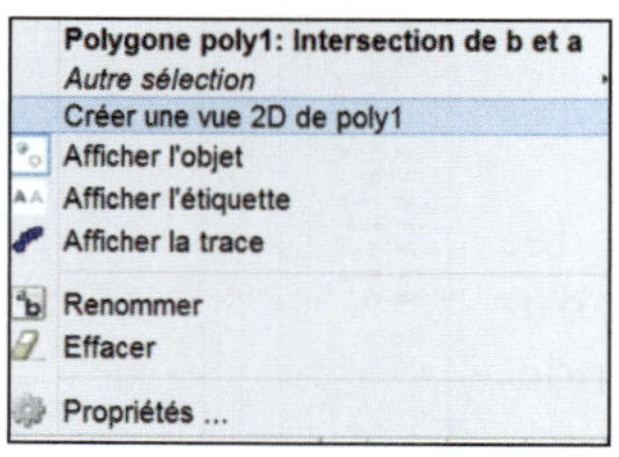

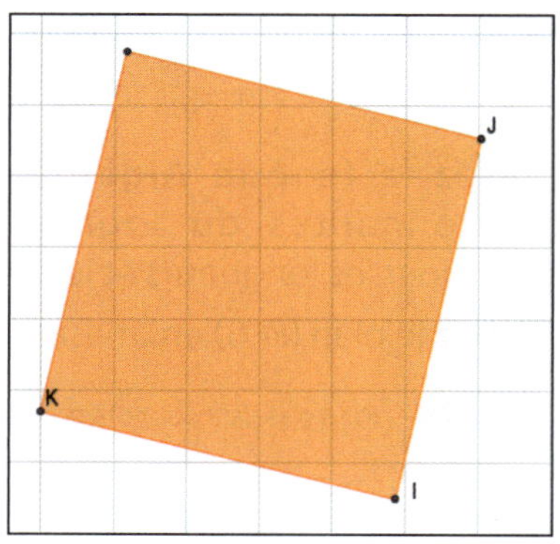

Calculatrice graphique NumWorks

Ajustement affine

- Saisie des coordonnées des points du nuage

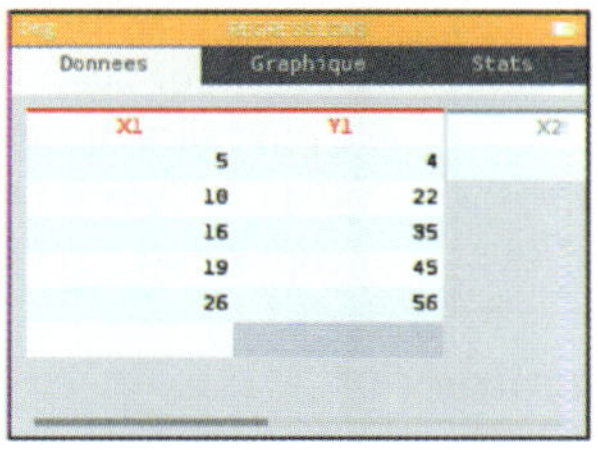

- Représentation graphique

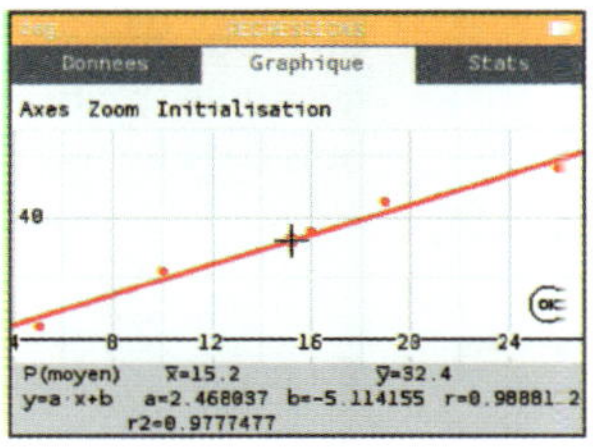

- Les coefficients a et b de l'équation $y = ax + b$ de la droite s'affichent :
  $a = 2{,}468037 \approx 2{,}5$
  et $b = -5{,}114155 \approx 5{,}1$.
- Le coefficient de détermination R^2 s'affiche :
  $R^2 = 0{,}9777477 \approx 0{,}978$.
- Pour interpoler ou extrapoler, déplacez avec le pavé directionnel le point sur la droite.

- Indicateurs statistiques des deux séries

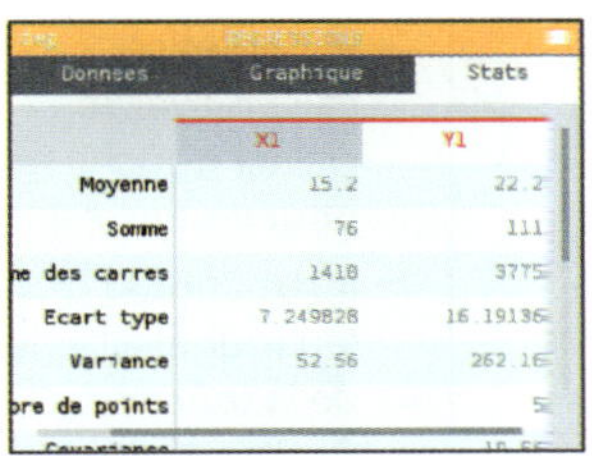

Réglages

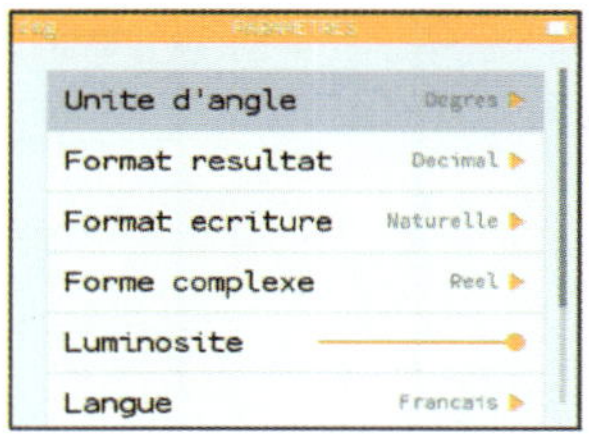

Suites numériques

- Saisie des données

Exemple :
$u_{n+1} = u_n + 3$ et $u_0 = 5$

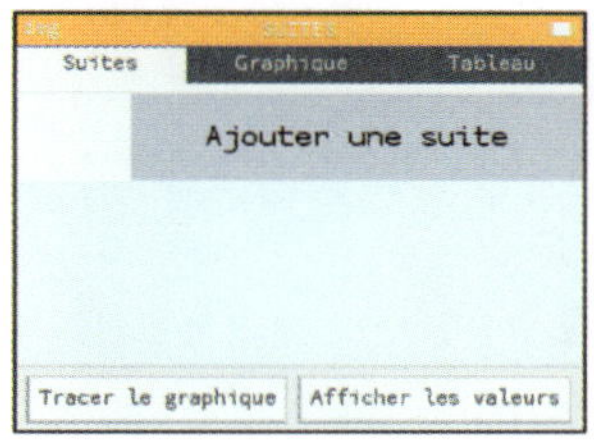

Appuyez sur la touche EXE.

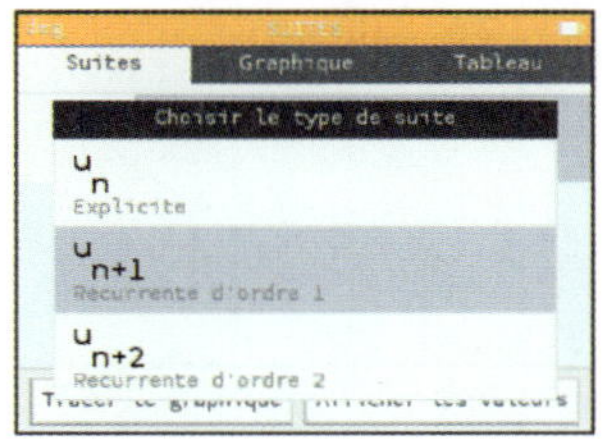

Appuyez sur la touche EXE.

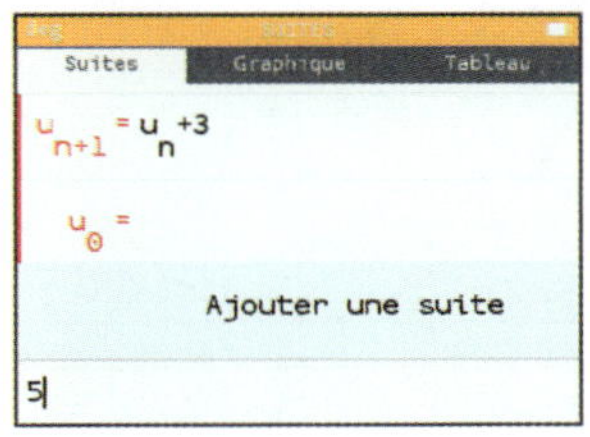

- Représentation graphique

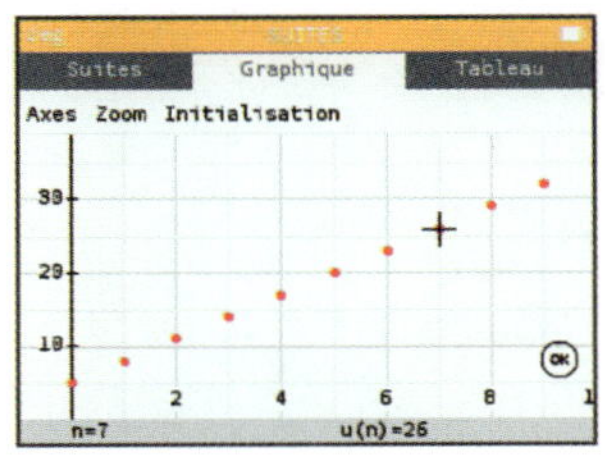

Déplacez le point sur la courbe avec le pavé directionnel pour afficher le rang et la valeur d'un terme.

- Tableau de valeurs

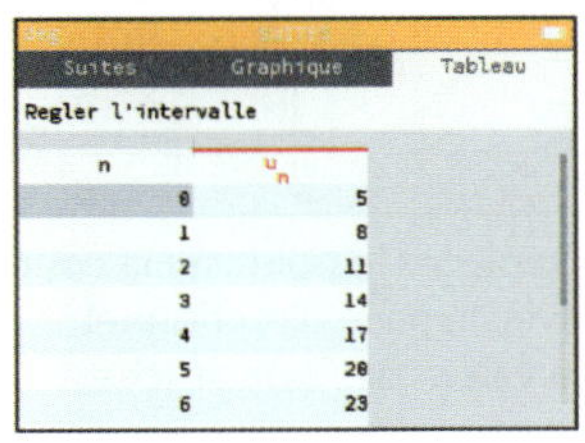

Vous pouvez télécharger gratuitement la calculatrice NumWorks sur un smartphone.

Télécharger la NumWorks
Site Web
hachette-clic.fr/21mab012

Calculatrice graphique NumWorks

Fonctions et nombre dérivé

- Saisie de la formule

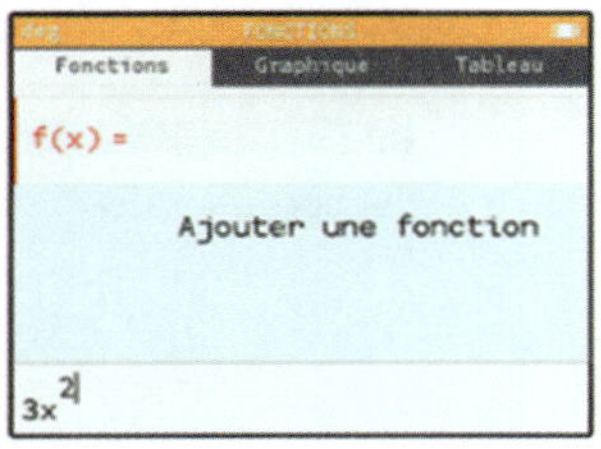

- Tableau de valeurs

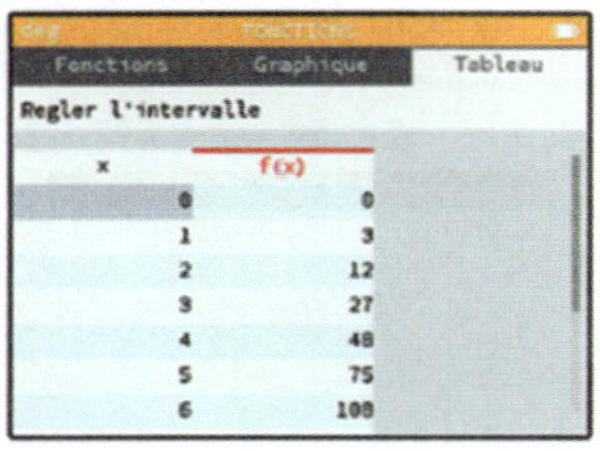

- Représentation graphique

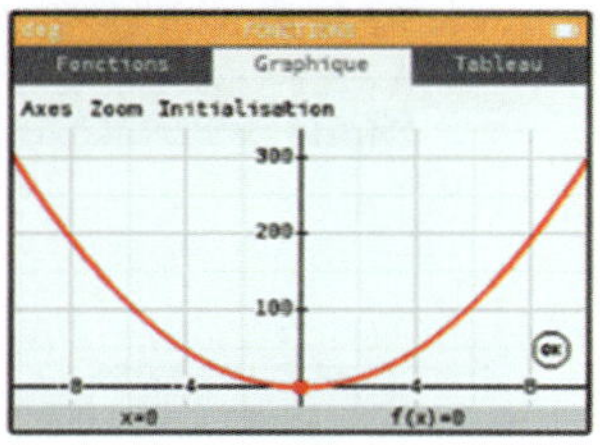

- Nombre dérivé

Appuyez sur la touche (OK).

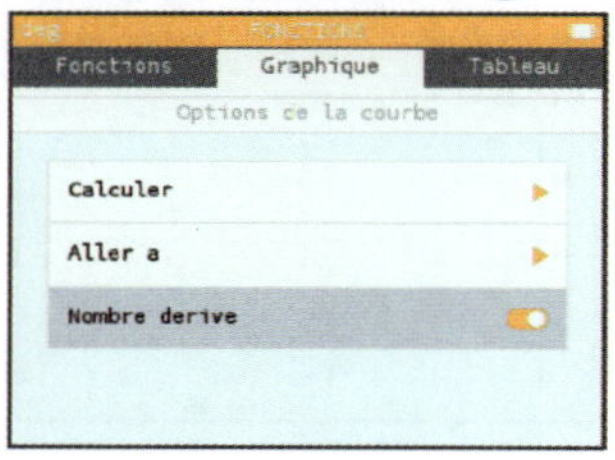

Appuyez sur (EXE) puis (↩).

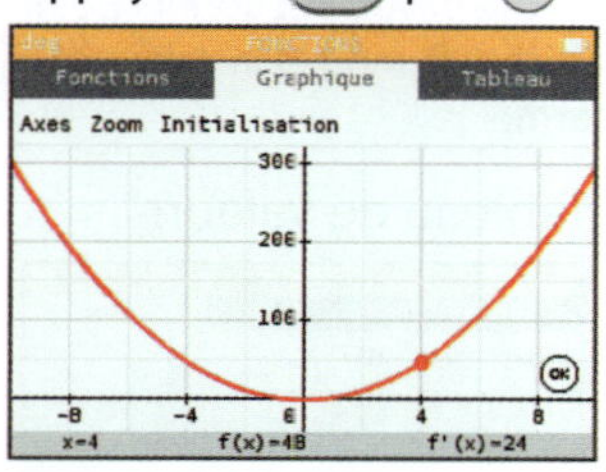

Déplacez le point sur la courbe avec le pavé directionnel : la valeur de $f'(x)$ s'affiche.

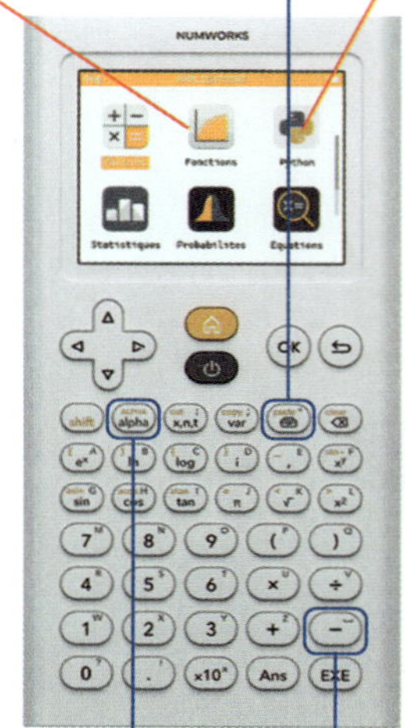

Pour afficher les outils de programmation

Pour saisir les lettres de l'alphabet (appuyez ensuite sur (shift) pour saisir les majuscules)

Pour l'espace

Python

- Créer un programme

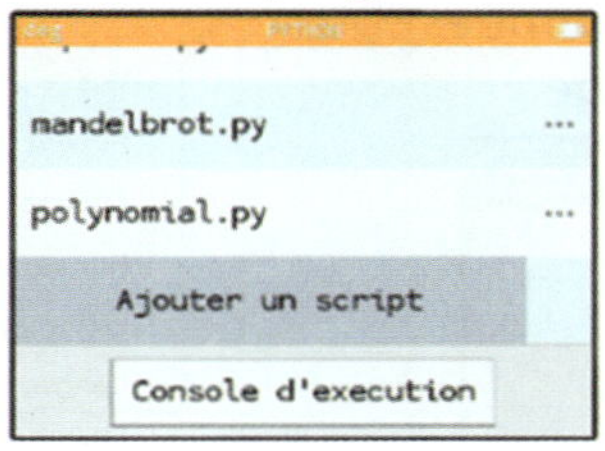

Descendez avec le pavé directionnel jusqu'à « Ajouter un script » puis (EXE).

- Nommer le programme

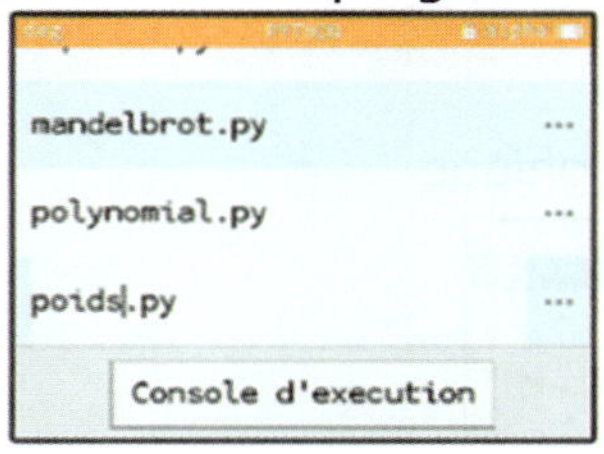

Appuyez deux fois sur la touche (alpha). Saisissez le nom du programme (exemple : poids) puis (EXE) ou (OK).

- Afficher l'éditeur

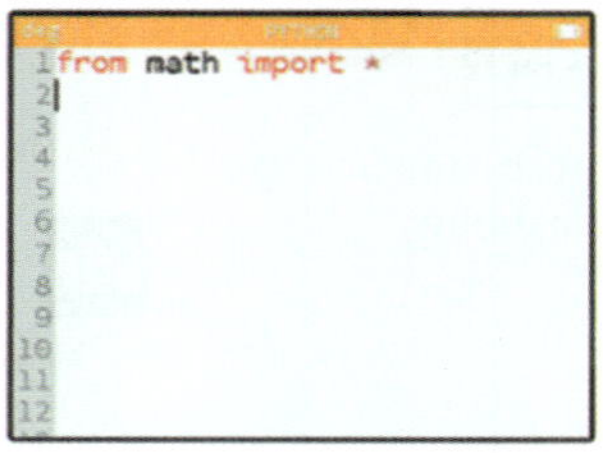

Effacez la ligne 1 avec la touche (⌫).

- Choisir les instructions : touche Outils (Outils)

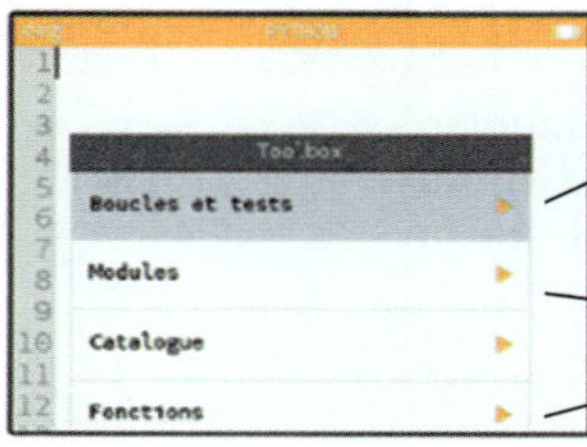

for, if, while et conditions ($x==y$, $x!=y$, $x>y$, $x>y$, $x>=y$, $x<=y$, and, or et not)

random

def function(x) : et return

- Rédiger le script (Exemple : $P = m \times 9{,}81$)

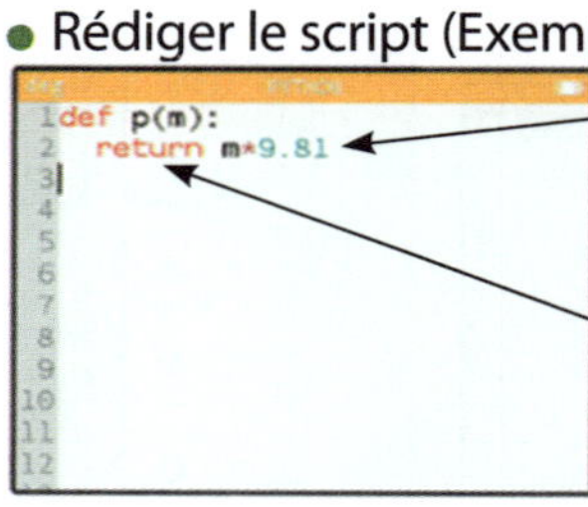

Variables et calculs avec le clavier (touche (alpha) pour les lettres).

Instructions (en rouge) à l'aide de la touche Outils (Outils).

- Exécuter le programme

Affichez la fenêtre des programmes avec (OK).

Sélectionnez les trois points sur la ligne du programme puis (EXE).

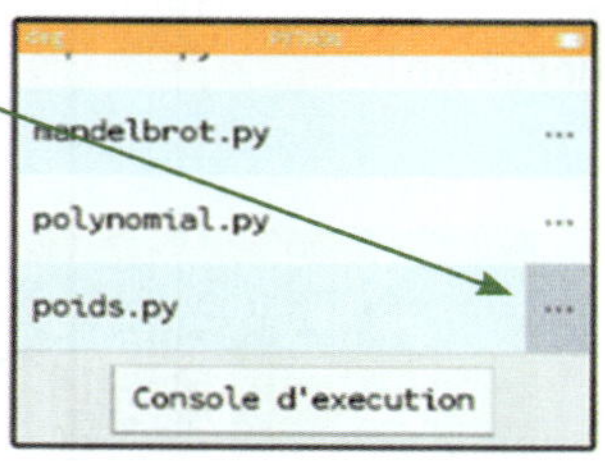

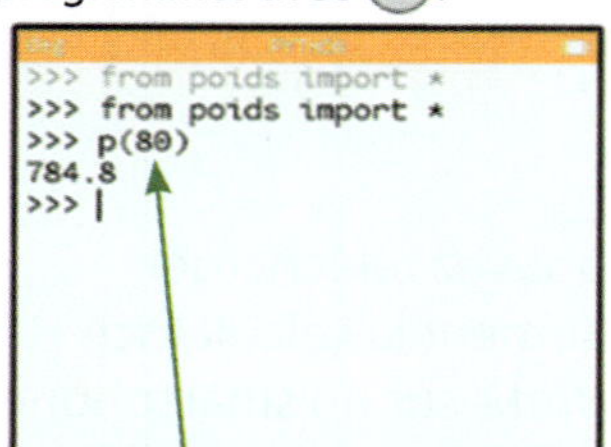

Saisissez le nom de la fonction et la valeur de la variable puis (OK) pour afficher le résultat.

Calculatrice graphique Casio Graph 25+ E

1 Construire un nuage de points

Exemple

Le tableau présente les valeurs x_i et y_i de deux caractères d'une série statistique à deux variables.

x_i	0	2	4	5	5	6	8	9	10	11	12
y_i	4	5	7	8	9	10	12	13	14	16	16

Construire le tableau statistique à deux variables

- Tapez sur MENU, puis sélectionnez STAT.
- Saisissez dans la colonne **List 1** les valeurs des abscisses x_i.
- Saisissez dans la colonne **List 2** les valeurs des ordonnées y_i.

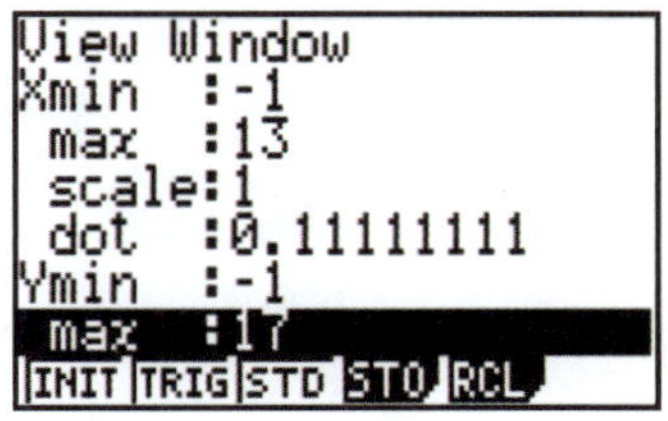

Construire le nuage de points

- Tapez sur SHIFT F3 (V-WIN).
- Pour choisir l'échelle, entrez les valeurs ci-dessous :
  $x_{min} = -1$; $x_{max} = 13$; $scale = 1$; $y_{min} = -1$; $y_{max} = 17$; $scale = 1$.
- Tapez EXE et F6 (▷) puis F1 (GRPH).
- Tapez F4 (SEL).
- Mettez en surbrillance StatGraph1 : DrawOn.
- Tapez sur EXIT, puis sur F6 (SET).
- Mettez en surbrillance Graph type puis tapez F6 (▷) et F1 (Scat).
- Mettez en surbrillance XList puis tapez F1 (List), 1 et EXE.
- Mettez en surbrillance YList puis tapez F1 (List), 2 et EXE.
- Tapez EXIT, puis F1 (GPH1) pour afficher le nuage de points.

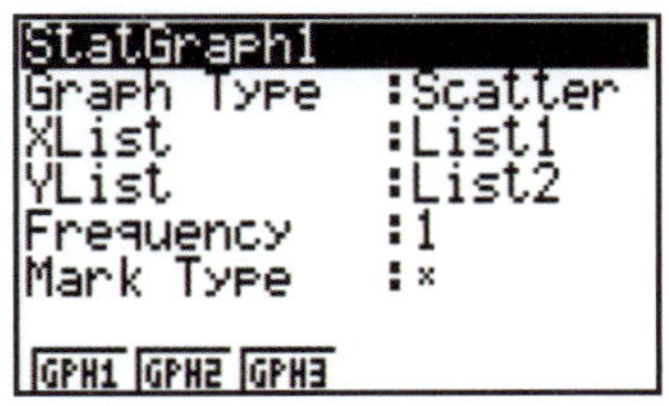

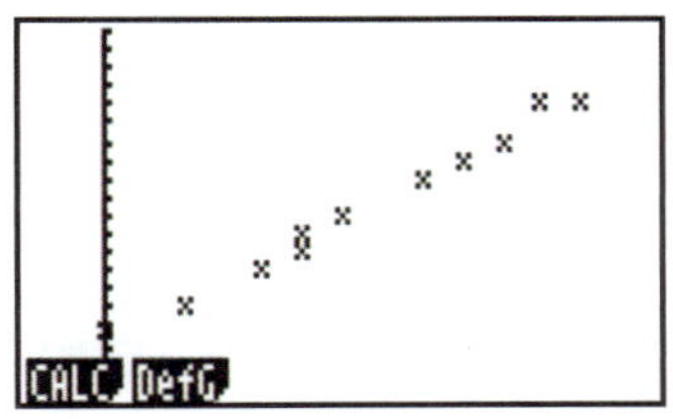

2 Afficher l'équation de la droite d'ajustement

Le nuage de points est celui construit au paragraphe précédent.

- Tapez sur F1 (CALC), puis sur F2 (X) et sur F1 $(ax + b)$;
- Les coefficients a et b de l'équation $y = ax + b$ s'affichent :
  $a = 1{,}09045226 \approx 1{,}09$ et $b = 3{,}22613065 \approx 3{,}23$;
- Le coefficient de détermination R^2 s'affiche :
  $R^2 = 0{,}98595058 \approx 0{,}985$
- Tapez sur F6 (DRAW), la droite d'ajustement affine d'équation $y = 1{,}09x + 3{,}23$ apparaît à l'écran.

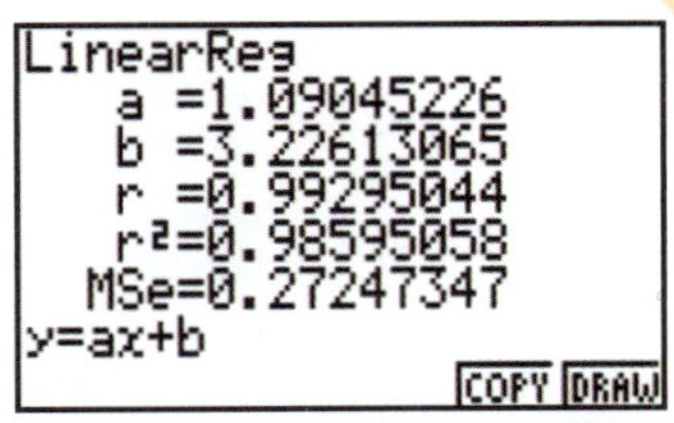

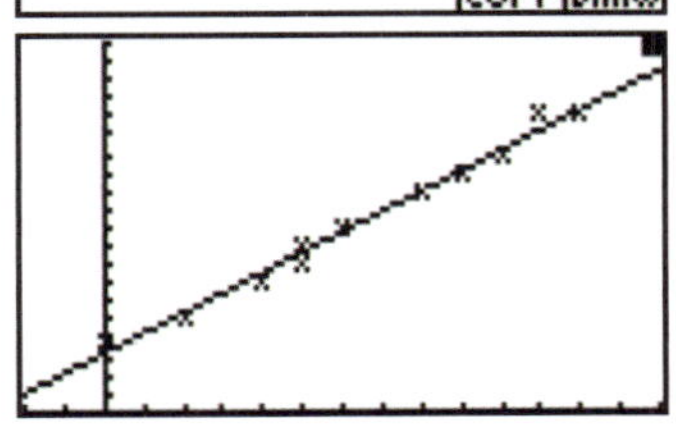

Calculatrice graphique Casio Graph 25+ E

3 Générer et représenter graphiquement les premiers termes d'une suite numérique

Exemple

Générer les 10 premiers termes de la suite arithmétique (u_n) définie par $u_1 = 25$ et $r = 4$.

Générer le tableau de valeurs

- Tapez MENU, sélectionnez TABLE puis validez avec la touche EXE.
- Tapez 2 5 + (X,θ,T – 1) × 4 EXE pour saisir **25+(X–1)×4** en **Y1:**.
- Pour définir de 1 à 10 les rangs étudiés, tapez F5 (SET) puis pour **Start:** 1 EXE, pour **End:** 1 0 EXE et pour **Step:** 1 EXE.

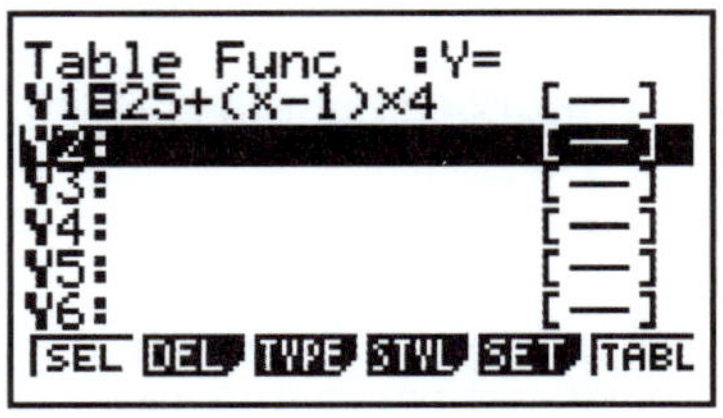

- Tapez F6 (TABL) pour faire apparaître les 10 premiers termes en colonne.
- À l'aide des touches du curseur ▼ et ▲, faites défiler la liste des termes obtenus.

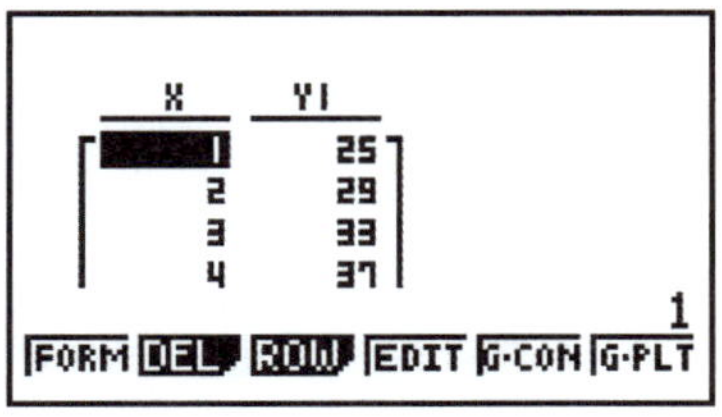

Représenter graphiquement les termes

- Tapez SHIFT F3 (V-Window), l'écran **View Window** apparaît.
- Saisissez les valeurs suivantes : **Xmin :** 0 ; **max :** 10 ; **scale :** 1 ; **dot :** 0,1 ; **Ymin :** 0 ; **max :** 100 et **scale :** 20 puis tapez EXIT.
- Tapez F6 (TABL) puis F6 (G-PLT) pour afficher la représentation graphique de la suite.

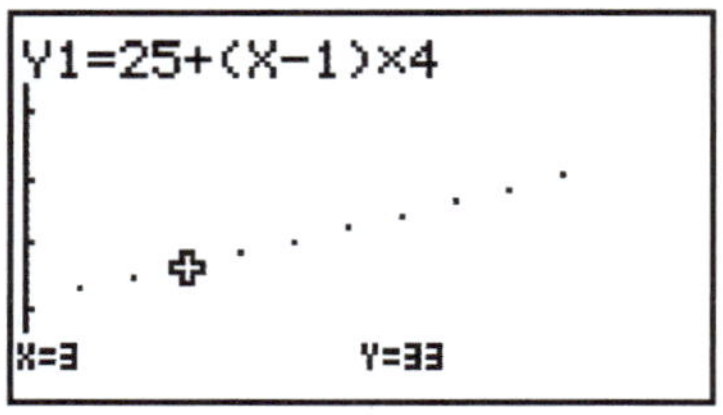

Remarque

Tapez SHIFT puis F1 (TRCE) pour lire les coordonnées des points.

4 Calculer un nombre dérivé

Exemple : calcul de $f'(5)$ pour $f(x) = x^3$.

- Tapez sur MENU, puis sélectionnez RUN.
- Tapez sur OPTN, puis sur F3 (CALC).
- Tapez sur F2 (d/dx), puis sur X,θ,T ^ 3.
- Tapez sur , (la virgule qui est au dessus de la touche DEL), puis 5 et EXE : le résultat 75 s'affiche.

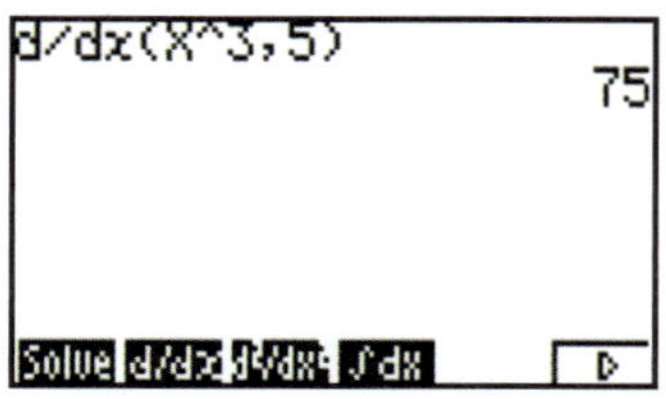

Calculatrice graphique TI-83 Premium CE

1 Réaliser un ajustement affine

Exemple :

x_i	1	2	3	4	5	6	7
y_i	87	92	98	103	114	119	122

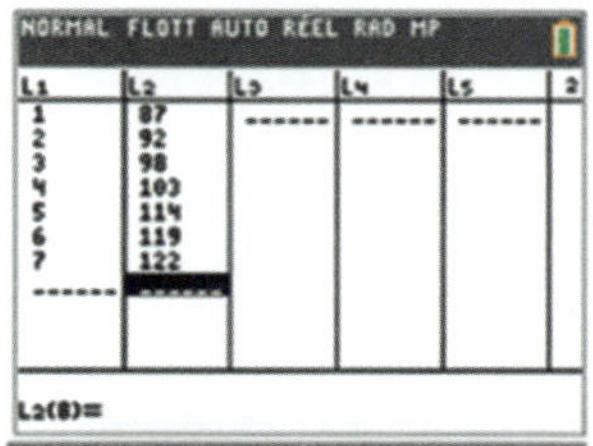

①

Pour saisir les valeurs des deux variables

- ① Tapez stats, mettez en surbrillance EDIT et sélectionnez **1:Modifier** puis tapez entrer.
Saisissez les valeurs de x_i dans la colonne **L1** et celles de y_i dans **L2**.
- ② Tapez 2nde f(x) puis entrer. Réglez la fenêtre **Graph1** comme sur la copie d'écran.

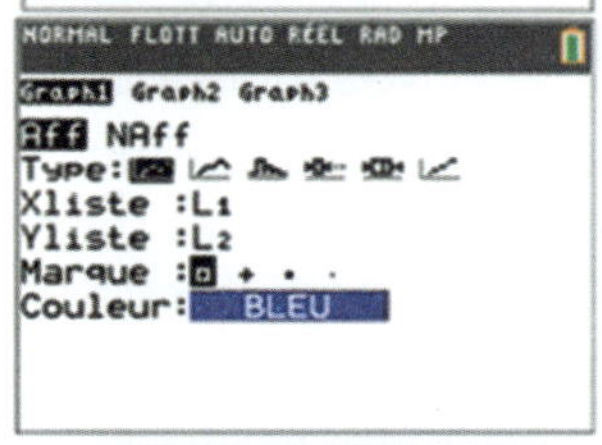

②

Pour afficher l'équation de la droite d'ajustement et le coefficient de détermination

- ③ Tapez stats, mettez en surbrillance CALC puis sélectionnez **4:RegLin(ax+b)** et tapez entrer.
Complétez la fenêtre qui apparaît comme sur la copie d'écran :
– tapez 2nde 1 pour **L1** et 2nde 2 pour **L2**.
– pour écrire **Y1**, tapez entrer, mettez en surbrillance VAR Y puis sélectionnez **1:Fonction** et tapez deux fois entrer.
- ④ Mettez en surbrillance Calculer puis tapez entrer : les coefficients *a* et *b* de l'équation $y = ax + b$, ainsi que le coefficient de détermination R^2 s'affichent.

③

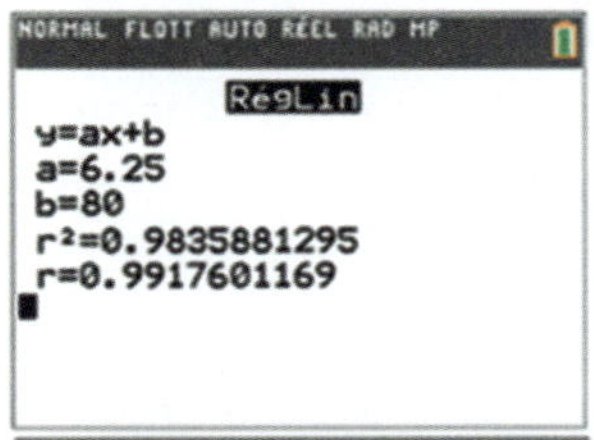

④

Pour afficher le nuage de points et la droite d'ajustement

⑤ Tapez f(x) var puis sélectionnez 5:Statistiques. Mettez en surbrillance ÉQ et sélectionnez **1:ÉQRég** puis tapez entrer graphe.

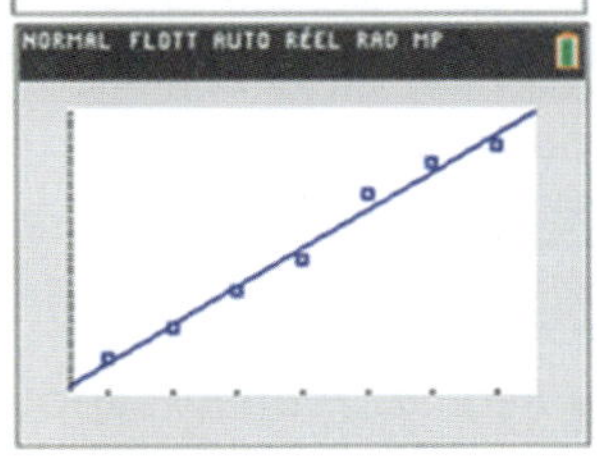

⑤

2 Générer et représenter graphiquement les termes d'une suite numérique

Exemple : Soit (u_n) la suite définie pour tout entier n par :
$u(n) = 5 + (n + 1) \times 3$

- Appuyez sur la touche mode puis, avec le pavé directionnel, sélectionnez **SUITE** sur la 5e ligne.
- Appuyez sur la touche f(x) et saisissez l'expression de la suite **u(*n*)**.
- Appuyez sur 2nde graphe pour faire apparaître le tableau de valeurs.
- Appuyez sur graphe pour afficher la représentation graphique.
- Appuyez sur la touche trace pour faire apparaître le curseur. Utilisez le pavé directionnel pour le déplacer sur les points et afficher le rang *n* et les coordonnées.

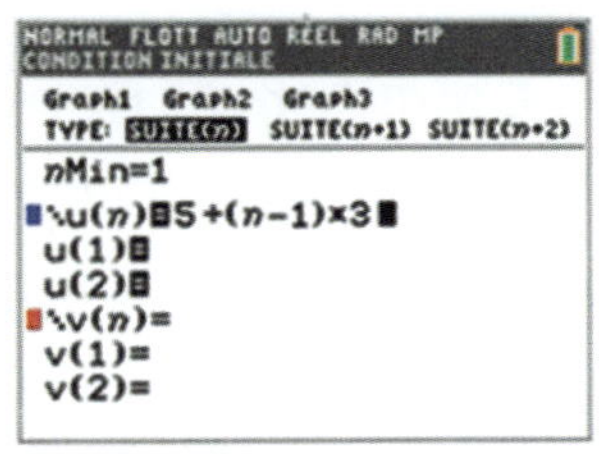

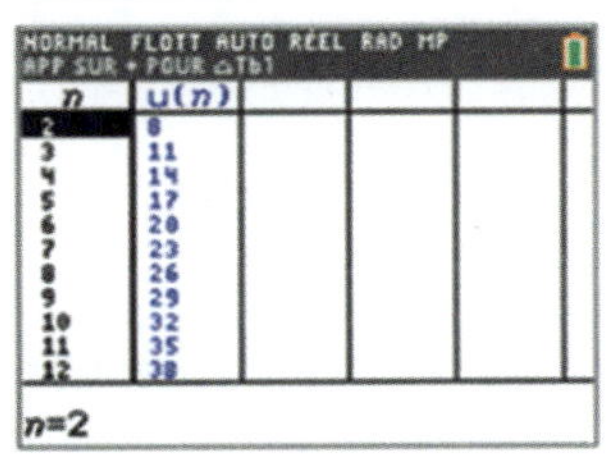

Calculatrice graphique TI-83 Premium CE

3 Représenter graphiquement une fonction, une tangente à une courbe

Exemple : Soit f la fonction définie par $f(x) = x^2$.

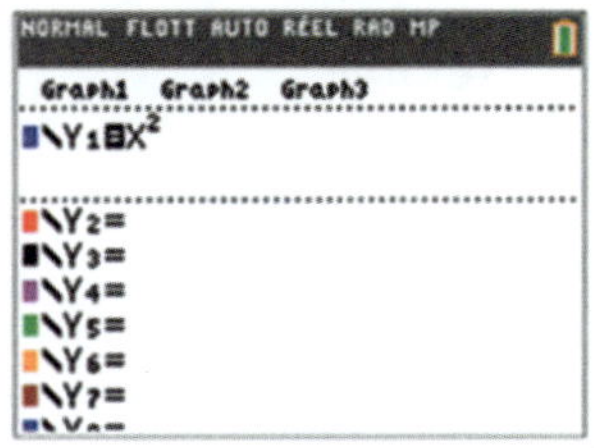

Pour représenter graphiquement une fonction

- Appuyez sur la touche f(x) et saisissez l'expression de la fonction avec les touches : X, T, θ, n ^ 2 .
- Appuyez sur la touche graphe pour afficher la courbe.
- Appuyez sur la touche trace pour faire apparaître le point « curseur » sur la courbe avec ses coordonnées. Utilisez le pavé directionnel pour le déplacer sur la courbe.

La touche entrer centre la fenêtre sur la position du curseur.

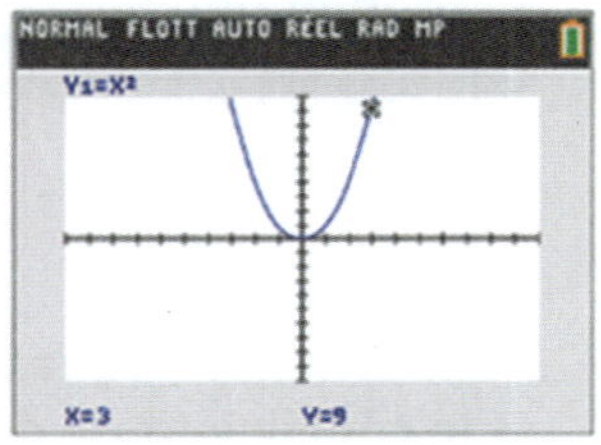

Pour tracer la tangente en un point à une courbe

- Affichez la fenêtre graphique.
- Appuyez sur les touches 2nde prgm puis sélectionnez **5:Tangente(**. Placez le curseur sur le point voulu, puis tapez entrer pour afficher la droite et son équation.

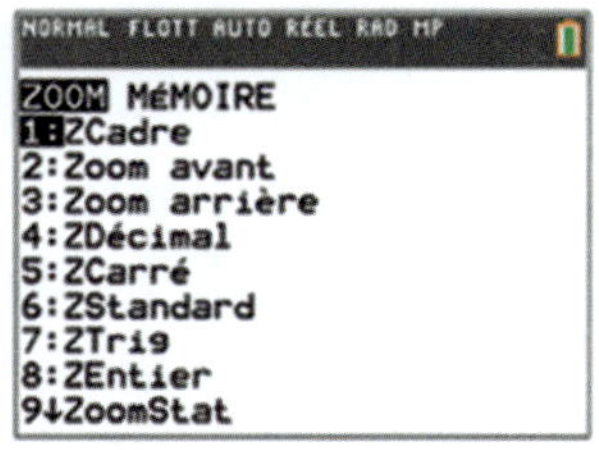

Pour régler la fenêtre graphique

- *Réglage automatique* :

Appuyez sur la touche zoom puis mettez en surbrillance le type de zoom :

ZCadre : choix d'une zone rectangulaire en déplaçant le curseur et en validant avec la touche entrer la position du rectangle.

Zoom avant et **Zoom arrière** : zoom avant ou arrière centré sur la position du curseur.

ZCarré : pour un repère orthonormé.

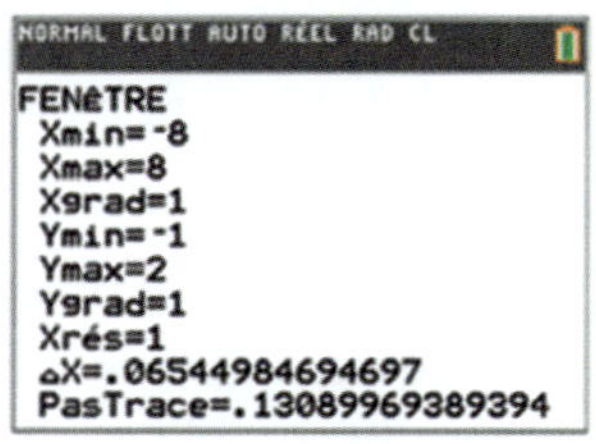

ZStandard : fenêtre standard Xgrad = Ygrad =1, Xrés = 1, Xmin = Ymin = –10, Xmax = Ymax = 10.

- *Réglage manuel* : appuyez sur la touche fenêtre puis saisissez les valeurs des bornes **Xmin**, **Xmax**, **Ymin**, **Ymax** de la fenêtre de tracé.

4 Calculer un nombre dérivé

- Tapez math, mettez en surbrillance **8:nbreDérivé(**.
- Saisir la variable X, l'expression de la fonction et l'abscisse du point.

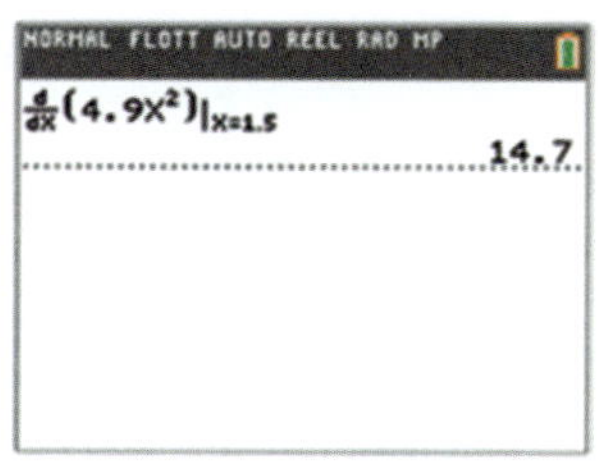

Exemple : $f(x) = 4{,}9x^2$ et $f'(1{,}5) = 14{,}7$.

5 Programmer en langage Python

Le modèle TI-83 Premium CE Édition Python permet la programmation en langage Python. Pour le modèle sans l'option, le logiciel d'exploitation est téléchargeable gratuitement sur le site de Texas Instruments.

Programmer en langage Python
Lien vidéo
4 min 41 s
hachette-clic.fr/21mab012

Imprimé en Italie par L.E.G.O. S.p.a.
Dépôt légal : Mars 2021 - Edition n° 1 - 17/3292/8